"十二五"普通高等教育本科国家级规划教材

机械设计基础

Jixie Sheji Jichu

第五版

同济大学　东北大学　中国石油大学(华东)　编

奚　鹰　李兴华　主编

U0260208

高等教育出版社·北京

内容提要

本书是"十二五"普通高等教育本科国家级规划教材,是在第四版的基础上,根据教育部有关规划教材编写的要求和《高等学校机械设计基础课程教学基本要求》(少学时)的精神,结合本书的使用实践修订而成的。

本次修订,在保持本书简明、少而精特点的同时,适当拓宽了知识面。本书共14章,第一章总论,第二章平面机构的运动简图及其自由度,第三章平面连杆机构,第四章凸轮机构及间歇运动机构,第五章螺纹连接和螺旋传动,第六章带传动和链传动,第七章齿轮传动,第八章轮系、减速器和无级变速器,第九章轴和联轴器,第十章轴承,第十一章弹簧,第十二章机械的平衡和调速,第十三章导轨,第十四章机械设计作业。

本书可作为高等学校非机类专业机械设计基础课程的教材,也可供有关工程技术人员参考。

图书在版编目(CIP)数据

机械设计基础/奚鹰,李兴华主编;同济大学,东北大学,中国石油大学(华东)编.--5版.--北京:高等教育出版社,2017.3(2025.3重印)

ISBN 978-7-04-047395-7

Ⅰ.①机… Ⅱ.①奚… ②李… ③同… ④东… ⑤中… Ⅲ.①机械设计-高等学校-教材 Ⅳ.①TH122

中国版本图书馆 CIP 数据核字(2017)第 023447 号

| 策划编辑 | 卢 广 | 责任编辑 | 卢 广 | 封面设计 | 张 志 | 版式设计 | 王艳红 |
| 插图绘制 | 杜晓丹 | 责任校对 | 陈 杨 | 责任印制 | 高 峰 | | |

出版发行	高等教育出版社	网　址	http://www.hep.edu.cn
社　址	北京市西城区德外大街4号		http://www.hep.com.cn
邮政编码	100120	网上订购	http://www.hepmall.com.cn
印　刷	固安县铭成印刷有限公司		http://www.hepmall.com
开　本	850mm×1168mm 1/32		http://www.hepmall.cn
印　张	12.5	版　次	1980年5月第1版
字　数	320千字		2017年3月第5版
购书热线	010-58581118	印　次	2025年3月第8次印刷
咨询电话	400-810-0598	定　价	23.00元

与本书配套的数字课程资源使用说明

一、注册/登录

访问 http://abook.hep.com.cn/12269364，点击"注册"，在注册页面输入用户名、密码及常用的邮箱进行注册。已注册的用户直接输入用户名和密码登录即可进入"我的课程"页面。

二、课程绑定

点击"我的课程"页面右上方"绑定课程"，正确输入教材封底防伪标签上的 20 位密码，点击"确定"完成课程绑定。

三、访问课程

在"正在学习"列表中选择已绑定的课程，点击"进入课程"即可浏览或下载与本书配套的课程资源。刚绑定的课程请在"申请学习"列表中选择相应课程并点击"进入课程"。

如有账号问题，请发邮件至：abook@hep.com.cn。

第五版序

本书是"十二五"普通高等教育本科国家级规划教材,是根据本书的教学使用情况和目前非机械类专业的课程教学实践,在2010年第四版的基础上修订而成。本次修订原则以继承为主,在着重保持本书简明、少而精等特点的同时,适当拓宽了知识面。本次修订主要做了以下几项工作:

1. 每章节增加内容提要,使读者更易掌握课程重点。

2. 更正了第四版文字、插图与计算中的一些疏漏和错误。

3. 参考新标准更新了附录内容。

4. 增加了与本书配套的电子课件。该课件由李小江主编,吴鹰主审,可登录 http://abook.hep.com.cn/12269364 进行下载。

本版的体系和章节顺序与第四版相同。

本书由同济大学、东北大学、中国石油大学(华东)三所高校相关教师共同修订。参加本版修订工作的有吴鹰、李兴华、虞红根、朱美华、李小江、赵乃素、路永明,由吴鹰、李兴华担任主编。

同济大学徐宝富教授详细审阅了全稿,提出了许多宝贵的修改意见,在此深表谢意。

由于编者水平有限,缺点和错误在所难免,恳请使用本书的读者批评指正。来信请寄:上海同济大学机械与能源工程学院,吴鹰收,邮编:200092,或发电子邮件至 yingxi@tongji.edu.cn。

编者

2016 年 12 月

第四版序

本书是在 2002 年第三版的基础上,根据"十一五"国家级规划教材要求和《高等学校工科本科机械设计基础课程教学基本要求》(少学时)的精神,在总结第三版使用经验的基础上修订而成的。

本书在第二版的基础上新增了第十三章导轨,弥补了移动副应用的空白,使学生更易理解;新增了第十四章机械设计作业,主要考虑到本书第三版的教学使用情况和目前非机械类专业的课程教学实际。本次修订更新了螺纹连接、轴毂连接、V 带传动、常用机械工程材料、钢的热处理、极限与配合及机械零件制造工艺简介等内容,并对平面连杆机构、齿轮传动、轮系、轴、联轴器、轴承及弹簧等章节的一些文字、插图进行了修订。

本版除新增导轨和机械设计作业两章内容外,体系和章节顺序基本上与第三版相同。

全国机械设计教研会名誉理事长、华中科技大学彭文生教授详细审阅了全稿,提出了许多宝贵的修改意见,在此深表谢意。

本书由同济大学、东北大学、中国石油大学(华东)3 所高校相关教师共同修订。参加本版修订工作的有奚鹰、李兴华、虞红根、朱美华、李小江、赵乃素、路永明,并由汪信远、奚鹰担任主编。

本版修订原则以继承为主,在着重保持本教材简明、少而精等特点的同时,适当拓宽了知识面。由于编者水平有限,缺点和错误在所难免,恳请使用本书的教师和读者批评指正。来信请寄:上海同济大学机械工程学院奚鹰收(邮编:200092),或发电子邮件至 yingxi@tongji.edu.cn。

编者
2008 年 12 月

第 三 版 序

本书是在 1985 年第二版的基础上,根据 1995 年审订的《高等学校工科本科机械设计基础课程教学基本要求》(少学时)的精神,结合使用这本教材的实践修订而成的。本版的体系和章节顺序除个别章节作了适当调整之外,基本上与第二版相同,全书篇幅与第二版相当。

这次修订着重在内容上进行了更新,主要有 V 带传动、链传动、渐开线圆柱齿轮承载能力计算方法、蜗杆传动、滚动轴承、螺纹连接、机器和机构的概念以及机械制造常用材料等。本版删去了起重机械零件;对某些章节的插图作了必要的更换和增减;对凸轮轮廓设计、间歇机构等作了适当删减。

考虑到本书第二版的使用情况和目前非机械类专业的课程设置状况,本书保留了机械制造常用材料及钢的热处理、机械零件的结构工艺性以及附录中的极限与配合、机械零件制造工艺简介等内容。

本书带 * 和附录部分为选学内容,可酌情取舍。

使用本书时,教学中若有必要可适当调整章节顺序;对于没有开设金属工艺学课程的专业,组织教学时,建议根据具体条件适当安排机械零件加工工艺实习或见习。

浙江大学全永昕、施高义两位教授对本书进行了细心审阅,提出了很多宝贵意见,在此深致谢意。

本书由同济大学、东北大学、中国石油大学(华东)教师共同修订。参加本版修订的有汪信远、洪孟仁、陈祝林、陈全明、虞红根、朱元毅、王金、赵乃素、张树杰、胡鼎周、路永明、张慧文,由汪信远担任主编。

这次修订,从满足本课程教学基本要求和贯彻少而精原则出发,在精选和更新内容、适当拓宽知识面、保持本教材简明特色等方面作了努力,但错误和不妥之处在所难免。恳切希望使用本书的教师和读者批评指正。对本书的意见请寄：上海　同济大学机械学院（邮编：200092）。

　　本书第一、二版原主编喻怀正教授和第一、二、三版编者胡鼎周教授、原主审陈近朱教授已先后去世，我们对三位教授表示诚挚的悼念。

编者
2001 年 12 月

第 二 版 序

本书是在第一版(1979年11月人民教育出版社)的基础上，根据1980年5月审订的高等工业学校四年制非机类专业试用的《机械原理及机械零件教学大纲(草案)》修订而成的。

相对第一版，本版的章节按照教学大纲作了适当调整，内容作了必要的增加和删减。基于非机类专业的性质和要求，为了加强基础，开拓知识面，本版着重加强对机械的一些基本原理和基本概念的阐述，机构原理部分做了适当补充，在保证有关机械零件结构设计的前提下，对强度等有关计算做了较大简化。此外，鉴于目前非机类专业多数没有开设"金属工艺学"课程，故除在第一章绪论中补充了机械零件的常用材料及热处理概念、机械零件的结构工艺性等基本内容外，并在附录中补充了公差与配合、机械零件制造工艺简介。但为了使学生能很好掌握这部分内容，建议讲授时适当安排机械零件加工工艺实习或见习，以增进感性认识。

书中带＊和附录部分为选学内容，使用本书时可酌情取舍。

为了便于教学，仍部分摘录了国家标准、部标准和规范。每章末附有一定数量的思考题和设计计算习题。

修订中，编者们分别提供了修订初稿、意见或原版稿，此外，同济大学陈全明协助进行本书部分补充内容的编写工作。本书由喻怀正主编。

浙江大学陈近朱、施高义同志对本书进行了审阅，提出许多宝贵意见，在此致以衷心感谢。

限于编者水平，缺点错误在所难免，恳切希望使用本书的教师和读者批评指正，特此先致以谢意。对本书的意见请寄上海同济大学机械系喻怀正收。

编者
1985年1月

第 一 版 序

本书是根据教育部委托召开的高等学校工科基础课机械原理、机械零件、机械设计、工程热力学、传热学教材会议讨论的《机械设计基础》教材编写大纲编写的,作为高等学校工科非机械类专业 65 学时左右"机械设计基础"或"机械原理和机械零件"课程的试用教材。

全书共十八章,包括机械原理和机械零件的一些基本内容及其应用,扼要地介绍了本课程的新发展。在编写中力求简明易懂,图表数据确切实用。每章末附有一定数量的思考题和设计计算习题,供教学中使用。

本书基本上采用国际单位制,并尽量采用国际通用的符号和脚注(滚动轴承考虑目前我国有关标准的实际情况,仍保留原用工程单位制和符号)。

由于非机械专业面广,各专业要求不同,因此,本书除反映其通用性外,还在内容取舍、例题和习题选择上,尽可能照顾各专业的要求。本书的内容是按 80 学时的要求编写的,为了便于教学,还部分地摘录了国家标准、部标准和规范。在使用时,可根据专业要求和学时数进行取舍和调整,有的内容还可以自学,必要时也可在教学过程中作些补充。

参加本书审稿的有清华大学、北京钢铁学院、北京航空学院、北京化工学院、天津大学、太原工学院、大连工学院、哈尔滨建筑工程学院、上海交通大学、上海化工学院、上海工业大学、上海业余工业大学、南京工学院、合肥工业大学、浙江水产学院、江西冶金学院、华中工学院、武汉地质学院、武汉钢铁学院、中南矿冶学院、广西大学、郑州工学院、西安交通大学、西安工业学院、成都科学技术大学、重庆大学、中国矿业学院以及其他兄弟院校的同志,由浙江大学陈近朱、施高义,西安冶金建筑学院高毅男、赵万鑫主审。1978 年 10 月在广西南宁、1979 年 4 月在上海先后召开了两次审

稿会,对本书进行了初审和复审,提出了许多很好的意见。主审于
1979 年 6 月至 7 月还对全书进行了认真、细致的审阅。在编写过
程中,许多兄弟院校和单位的同志对本书提供了许多有益的意见。
对以上所有单位和同志,在此一并致谢。

　　参加本书编写的有:同济大学喻怀正(绪论、第二章、九章、十
一章、十八章)、洪孟仁(第五章、十章)、朱元毅(第十六章)、汪信远
(第八章)、梅扬武(第三章、十五章),东北工学院王世钊(第一章)、
丁津元(第十四章)、王金(第六章、十三章),华东石油学院胡鼎周
(第四章、十七章)、张慧文(第十二章)、路永明(第七章)。此外,本
书定稿前,同济大学陆敬严、田淑荣、刘春元,华东石油学院王锡庶
等先后参与了整理和修改工作。本书由喻怀正主编。

　　由于编者水平所限,加以时间仓促,缺点错误在所难免,切望
使用本书的同志批评指正。

编者

1979 年 7 月

目　录

第一章 总 论

[内容提要]

1. 介绍机械设计基础课程的研究对象、主要内容、零件和构件的基本概念；

2. 介绍机械设计的基本要求、机械零件设计的基本要求以及机械设计的一般程序；

3. 介绍机械零件所受的载荷和应力的类型以及许用应力和安全系数；

4. 介绍常用机械工程材料、钢的热处理及机械零件材料的选择要求；

5. 介绍为满足机械零件的结构工艺性所必须注意的几个事项。

§1-1 本课程的研究对象和内容

人类为了代替或减轻人的劳动、提高生产率,创造和发展了种类繁多的机械。机械工业担负着为国民经济各部门提供技术装备的重要任务。机械工业的发展水平是社会生产力发展水平的重要标志之一。

机械是机器和机构的总称。机器是执行机械运动的装置,用来变换或传递能量、物料与信息。机器一般可以分为原动机(发动机)和工作机两类。将非机械能变换成机械能的机器称为原动机,例如内燃机、电动机等。用来改变被加工物料的位置、形状、性能、尺寸和状态的机器称为工作机,例如:用来运输和传送物料的输送机(起重机、汽车等),用来改变物料外形、尺寸的金属切削机床,用来获得或变换信息的信息机(录音机、计算机等)。

图1-1a所示为内燃机,它由气缸体1、活塞2、连杆3、曲轴4、齿轮5和6、凸轮7、进气阀推杆8(排气阀部分在图中未画出)

等组成。燃气推动活塞 2 在气缸体 1 中作往复直线移动,通过连杆 3 使曲轴 4 作连续转动,从而将燃气的热能转换为机械能。

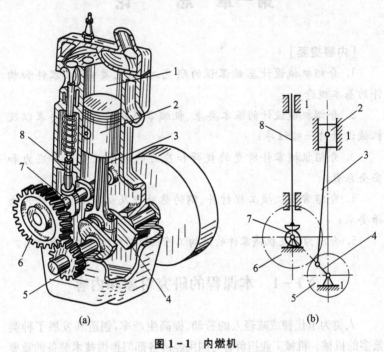

(a)　　　　　　　　　　　(b)

图 1-1　内燃机

图 1-2a 所示为颚式破碎机,它由机架 1、偏心轴 2、动颚 3、肘板 4 等组成。由电动机通过 V 带(图中未画出)驱动带轮 7(与偏心轴的一端固连,偏心轴的另一端与飞轮 6 固连),使偏心轴随之转动,将置于动颚 3 与定颚板(与机架固连)5 之间的物料破碎。

机构是机器的组成部分。机构是由构件以可动连接方式连接起来的、用来传递运动和力的构件系统。一部机器包含一个或若干个机构。机器中常用的机构有连杆机构、凸轮机构、齿轮机构、间歇运动机构等。

图 1-1 和图 1-2 所示的两种机器都包含了许多能够相对运动的构件,它们分别组成了若干个机构。例如图 1-1 所示的内燃

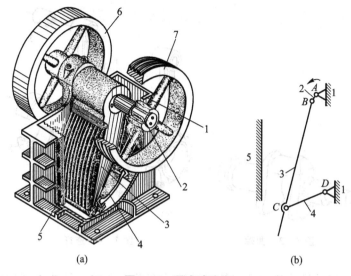

(a)　　　　　　　(b)

图1-2　颚式破碎机

机中就包含了曲柄滑块机构1-2-3-4、齿轮机构1-5-6及凸轮机构1-7-8。而图1-2所示的颚式破碎机中包含了曲柄摇杆机构1-2-3-4和带传动机构(图中未全部画出)。

应当指出,机器除了包含一个或若干个机构之外,还包含电气装置等。

构件是机构中运动的基本单元。构件可以是单一的整体,也可以是由几个零件组成的刚性结构。如图1-3所示内燃机的曲轴,它是单一的整体构件,而图1-4a所示的连杆,因为结构、工艺等方面的原因,是由连杆体1,连杆盖2,轴瓦3、4、5,螺栓6,螺母7,开口销8等零件组成的刚性构件。因此,构件与零件的区别在于:构件是运动单元,零件是制造单元。

零件按其用途不同,可分为通用零件和专用零件。各种机械中都经常使用的零件,称为通用零件,例如齿轮、轴、螺钉、键等。只在某些机械中使用的零件,例如曲轴、连杆、汽轮机叶片、纺锭等,称为专用零件。

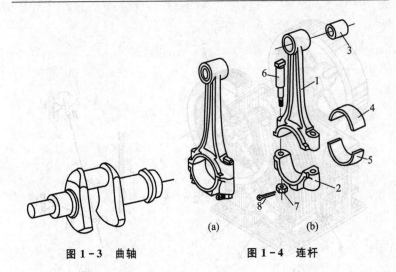

图 1-3　曲轴　　　　　　图 1-4　连杆

　　机械设计基础是高等工科院校有关专业的一门技术基础课程。本课程主要阐述一般机械中的常用机构和通用零件的工作原理、结构特点、基本的设计理论和计算方法,同时扼要地介绍与本课程有关的国家标准和规范。

　　本课程的先修课程是机械制图、工程力学(或理论力学和材料力学)、金属工艺学等。通过本课程的教学,可使学生获得认识、使用和维护机械设备的一些基本知识,并培养学生初步具有运用有关设计手册、图册等技术资料,设计简单的机械传动装置的能力。

§1-2　机械设计的基本要求和一般程序

一、机械设计的基本要求

机械设计应满足的基本要求主要有以下几个方面。

1. 实现预定的功能,工作可靠

　　所设计的机械应能实现预定的功能,达到预期的使用目的,并在规定的工作期限内可靠地工作。

2. 经济性

机械的经济性是一项综合性指标,除考虑制造成本外,还应考虑机械的使用经济性。要求机械设计和制造的周期短、成本低,所设计的机械应当生产率高、能耗低、维护管理费用低。

3. 操作方便,运行安全

机械的操作应方便省力、劳动强度低,符合人机工程学要求;同时应保证操作安全,符合安全运行要求。对可能危及操作人员安全的部位,应设置防护装置。为防止误操作引起事故,应设置报警装置和保险装置。

4. 标准化

设计机械时应贯彻标准化原则,以简化设计工作,提高产品质量,保证互换性,便于维修,并能有效地降低机械的制造成本和维修费用。

5. 其他要求

机械应符合环保要求,控制噪声,避免废气、废液对环境的污染。机械的外观造型要匀称大方,色彩协调美观。

此外,还应注意各种机械的特殊要求。例如机床应能在规定的使用期限内保持精度,经常搬动使用的机械(如塔式起重机、钻探机等)应便于安装、拆卸和运输,食品、医药、印刷和纺织机械等应能保持清洁,不得污染产品等。

二、机械零件设计的基本要求

机械零件既要工作可靠又要成本低。设计机械零件时应正确选择材料,合理设计零件的结构,使其具有良好的工艺性,以降低制造成本。为了使机械零件在规定的使用条件下能可靠地工作而不发生失效,设计机械零件时应满足的基本要求如下。

1. 强度

强度是指零件在载荷作用下抵抗断裂或塑性变形的能力。强度是保证零件工作能力的最基本要求。零件的强度不够时,不仅会使机械不能正常工作,还可能导致严重事故,所以应保证零件具有足够的强度。

2. 刚度

刚度是指在一定载荷作用下零件抵抗变形的能力。刚度的反义词是柔度,其大小等于刚度的倒数。当零件的刚度不足时,将影响机械的正常工作。例如机床的主轴和螺杆,若弹性变形过大就会影响加工精度。对于这类零件应保证具有足够的刚度。

3. 耐磨性

耐磨性是指在载荷作用下相对运动的两零件接触界面的抗磨损能力。当接触界面上磨损过度时,不仅削弱零件的强度,降低机械的精度和效率,还会影响机械的正常工作。因此,必须提高零件界面的耐磨性。

4. 耐热性

温度对机械零件正常工作的影响是多方面的。高温会改变材料的力学性能,同时会出现蠕变(应力数值不变,塑性变形缓慢而连续增加的现象称为蠕变),使零件产生过大的热变形和附加热应力,降低零件材料的抗氧化能力等。这些都会降低高温下零件的承载能力,降低运转精度,甚至发生失效。

为了保证零件在高温下能正常工作,应选择合适的材料并进行必要的热变形计算和高温下的强度计算,还可以采取适当的降温措施。

三、机械设计的一般程序

机械设计的一般程序可参见表 1 - 1。

表 1 - 1　机械设计的一般程序

阶　　段	工　作　内　容
确定设计任务	根据市场的需要,确定机械的功能和技术经济指标,研究实现的可行性,编制设计任务书
方案设计	根据设计任务书要求,提出多种设计方案,经过评价比较,选取最佳方案
技术设计	在方案设计基础上,进行分析计算,确定机械各部分的结构和尺寸,进行技术经济评价;完成施工所需的装配图、零件工作图和技术文件
样机试制	进行样机试制,对样机进行试验、测定,从技术、经济上作出评价,提出改进措施

应当指出,机械设计各个阶段的工作内容是相互联系的,常需交叉进行,整个设计过程是一个不断修改、完善的过程。即使所设计的机械产品正式投产以后,还应结合制造和使用中出现的问题,不断加以改进。

§1-3 机械零件的强度

强度是保证机械零件工作能力的最基本要求。设计机械零件时必须满足强度条件

$$\sigma \leqslant [\sigma] \tag{1-1}$$

式中:σ 为零件危险截面上的最大应力;$[\sigma]$ 为零件材料的许用应力。

进行强度计算时,必须判明机械零件所承受的载荷和应力的性质,并合理选定许用应力。

一、载荷和应力的类型

零件所受的载荷可分为静载荷和变载荷两类。不随时间变化或变化很小的载荷称为静载荷。随时间变化的载荷称为变载荷,其变化可以是周期性的或非周期性的。

在载荷作用下零件截面内产生的应力可分为静应力和变应力。不随时间变化或变化很小的应力称为静应力,如图 1-5a 所示。随时间变化的应力称为变应力。具有周期性的变应力称为循环变应力。图 1-5b~d 示出了循环变应力的三种基本类型。

循环变应力的最大值 σ_{max} 和最小值 σ_{min} 的绝对值大小相等而方向相反时(图 1-5b),称为对称循环变应力。例如在转动轴上作用一径向静载荷时,轴上的弯曲应力为对称循环变应力。

循环变应力的最小值 σ_{min} 为零时(图 1-5c),称为脉动循环变应力。例如单向传动的齿轮轮齿上的应力为脉动循环变应力。

循环变应力的最大值 σ_{max} 和最小值 σ_{min} 的绝对值不相等时(图 1-5d),为循环变应力的一般形式,称为非对称循环变应力。例如转轴上同时作用径向静载荷和轴向静载荷时,轴上的应力为非对称循环变应力。

循环变应力的平均应力 σ_m 和应力幅 σ_a 分别为

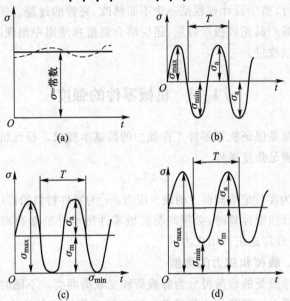

图 1-5　应力的类型

$$\sigma_\mathrm{m} = \frac{\sigma_\mathrm{max} + \sigma_\mathrm{min}}{2} \tag{1-2}$$

$$\sigma_\mathrm{a} = \frac{\sigma_\mathrm{max} - \sigma_\mathrm{min}}{2} \tag{1-3}$$

应力幅 σ_a 表征循环应力中的变动部分,平均应力 σ_m 表征循环应力中的不变部分。

应力循环中的 σ_min 和 σ_max 之比称为变应力的循环特性 r,即

$$r = \frac{\sigma_\mathrm{min}}{\sigma_\mathrm{max}} \tag{1-4}$$

循环特性 r 可表示循环变应力的变化情况和不对称程度:对于对称循环变应力,$r=-1$;脉动循环变应力,$r=0$;静应力可看做变应力的特例,即 $r=+1$;非对称循环变应力,r 值随具体应力情

况不同在$-1\sim+1$之间。

上述循环变应力的五个参数（σ_{max}、σ_{min}、σ_a、σ_m 和 r），已知其中两个参数，即可求出其余参数。

以上仅谈及正应力 σ，至于切应力 τ，其情况类似。

二、许用应力和安全系数

许用应力是零件设计的最大条件应力。合理确定许用应力可以使零件既有足够的强度和寿命，又不至于结构尺寸过大。许用应力取决于零件材料的极限应力和安全系数，由下式确定

$$[\sigma]=\frac{\sigma_{lim}}{S} \tag{1-5}$$

式中：σ_{lim} 为材料的极限应力；S 为安全系数。

1. 极限应力

在静应力下工作的零件，其损坏形式为断裂或塑性变形。对于脆性材料制造的零件，为防止发生断裂，应取材料的强度极限 σ_b 作为极限应力；对于塑性材料制造的零件，则取材料的屈服极限 σ_s 作为极限应力。

在变应力下工作的零件，其损坏形式是疲劳破坏。材料的疲劳破坏是一种损伤积累。初期损坏现象是在零件表面产生微细裂纹，随着应力循环次数的增加，裂纹逐渐扩展，因而承载的有效截面积逐渐减小以致突然发生断裂。所以疲劳断裂与一般静力断裂不同，它和应力循环次数密切相关。

当循环特性 r 一定时，经过 N 次应力循环材料不发生破坏时的应力最大值称为疲劳极限，用 σ_{rN} 表示。应力循环特性 r 不同，疲劳极限数值也不同。在对称循环变应力下，材料的疲劳极限最低。

材料的疲劳极限由疲劳试验测定。表示疲劳极限与应力循环次数之间的关系曲线，称为疲劳曲线，如图 1-6 所示。

由图 1-6 可见，应力愈小，试件能经受的应力循环次数就愈多。对于一般钢材，当应力循环次数 N 超过某一数值 N_0 以后，曲线趋向水平，即可以认为试件经受"无限次"循环也不会断裂。N_0

称为循环基数,对应于 N_0 的应力称为材料的疲劳极限 σ_r,也称为材料的持久疲劳极限,如 σ_{-1} 表示对称循环应力下材料的疲劳极限;σ_0 表示脉动循环应力下材料的疲劳极限。

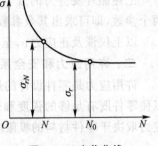

图 1-6　疲劳曲线

因此,在变应力作用下,为防止疲劳破坏,应取材料的疲劳极限作为极限应力。当不具体考虑应力循环次数的影响时,就取相应于循环基数 N_0 时的疲劳极限 σ_r(如 σ_{-1}、σ_0)作为极限应力。

需要指出,零件的疲劳强度还受到应力集中、尺寸大小和表面状态等因素的影响。因此,零件的疲劳极限与材料试件的疲劳极限是不相同的。当不必作精确计算时,可用增大安全系数(降低许用应力)的办法加以考虑。

2. 安全系数

安全系数是考虑材料力学性能的离散性、计算方法的准确性、零件的重要性等多种不确定因素的影响而确定的。安全系数取值过大,将使零件结构笨重,浪费材料;若安全系数取值过小,零件可能容易损坏而不安全。一般应在保证安全可靠的前提下,尽量选用较小的安全系数。

实际工作中,安全系数 S 常可用下述方法确定。

(1)查表法　在不同的工业部门,根据长期生产实践经验和试验研究,常制订有适合本部门的安全系数(或许用应力)规范(图表)。这种规范虽然各有其适用范围,但具有数据具体和使用方便等优点。本书主要采用查表法。

(2)部分系数法　是用一系列系数分别考虑各种因素的影响,然后取其乘积来综合表示总的安全系数。例如 S_1 考虑零件的重要性,S_2 考虑零件材料的性能和材质的不均匀性,S_3 考虑计算方法的准确性等,则总的安全系数 $S = S_1 S_2 S_3$。各个系数的具体数值可参阅有关资料。

§1-4 常用机械工程材料和钢的热处理

一、常用机械工程材料

常用的机械工程材料主要是钢和铸铁,其次是有色金属合金和非金属材料。

1. 钢

碳含量小于 2% 的铁碳合金称为钢。钢的强度高,具有良好的塑性和韧性,并可通过热处理方法改善其力学性能,因而在机械工程中获得广泛应用。

钢按用途不同,可分为结构钢、工具钢和特殊性能钢。结构钢用于制造机械零件和工程结构的构件;工具钢用于制造量具、刃量和模具等工具;特殊性能钢是指具有特殊的物理、化学性能的钢,如不锈钢、耐热钢等。

钢按化学成分不同,可分为碳素钢和合金钢两类。

碳素钢的性能主要取决于碳含量和热处理状态。在平衡状态下,当碳含量小于 0.9% 时,随着碳含量的增加,钢的强度和硬度增加,塑性和韧性降低。当碳含量大于 0.9% 时,随着碳含量的增加,其硬度继续提高,而强度、塑性、韧性同时降低。因此,工业用钢的碳含量一般不超过 1.35%。

碳素钢按碳含量不同,可分为低碳钢(碳含量≤0.25%)、中碳钢(碳含量>0.25%~0.6%)和高碳钢(碳含量>0.6%)。钢中还含有硅、锰、硫和磷等杂质。其中硫和磷是有害杂质,钢中含硫、磷量通常要严格控制。

为了改善钢的性能,特意在钢中加入一种或几种合金元素,这种钢称为合金钢。目前常用的合金元素有锰(Mn)、硅(Si)、铬(Cr)、镍(Ni)、钼(Mo)、钨(W)、钒(V)、铝(Al)、钛(Ti)、硼(B)等。

钢的品种繁多,下面仅简略介绍机械工程常用钢种。

(1) 碳素结构钢　碳素结构钢的牌号由 Q(钢材屈服极限的"屈"字汉语拼音字首)、屈服极限、质量等级符号、脱氧方法符号等四部分按顺序组成。其中质量等级符号分为 A、B、C、D 四级;脱氧方法符号分别用"F"表示沸腾钢,"Z"表示"镇静钢","TZ"表示特殊镇静钢,若为"Z"或"TZ"可以省略。例如,Q235A 表示屈服极限 $\sigma_s \geqslant 235$ MPa、镇静钢、A 级质量的碳素结构钢。碳素结构钢常用于制造工程结构件和一般要求的机械零件。

(2) 优质碳素结构钢　优质碳素结构钢中有害杂质硫、磷的含量较少,质量较高。根据钢中含锰量的不同,优质碳素结构钢又分为普通含锰量钢和较高含锰量钢两种。优质碳素结构钢的牌号用两位数字表示,这两位数字代表钢中的平均碳含量,以万分之几的数字表示。例如,45 钢表示平均碳含量为 0.45% 的优质碳素结构钢。如果是较高含锰量钢,则在两位数字后面附以"Mn",如45Mn 等。优质碳素结构钢可用于制造较重要的机械零件,是机械工程中广泛采用的钢种。

(3) 合金结构钢　合金结构钢中含有一定数量的合金元素,故其牌号采用"数字+化学元素+数字"的表示方法:前面的数字代表钢中平均碳含量,以万分之几的数字表示;化学元素用化学符号表示;后面的数字代表该合金元素的平均含量,并规定当平均含量小于 1.5% 时,省略不注,当平均含量等于或大于 1.5%、2.5%、…时,则相应以 2、3、…表示。例如 40Cr 表示平均碳含量为 0.40%、平均铬含量小于 1.5% 的铬钢。合金结构钢常用于制造重要的或有特殊性能要求的机械零件。

(4) 铸钢　一般工程用铸造碳钢的牌号由"ZG"("铸钢"两字的汉语拼音字首)和两组数字组成。前一组数字表示最小屈服极限(σ_s),后一组数字表示最低抗拉强度(σ_b)。例如,ZG230 - 450表示 $\sigma_s \geqslant 230$ MPa、$\sigma_b \geqslant 450$ MPa 的一般工程用铸造碳钢。铸钢主要用于制造形状复杂,需要一定强度、塑性和韧性的机械零件。

2. 铸铁

碳含量大于 2% 的铁碳合金称为铸铁。铸铁的抗拉强度、塑性和韧性较差,无法进行锻造,但它的抗压强度较高,具有良好的铸造性能、切削加工性能和减摩性能等,而且价格低廉,常用于制造承受压力的基础零件或形状复杂、对力学性能要求不高的机械零件。铸铁有灰铸铁、可锻铸铁、球墨铸铁和合金铸铁等。一般常用的是灰铸铁和球墨铸铁。

(1) 灰铸铁 灰铸铁中的碳主要以片状石墨形式存在,因断口呈灰色而得名。灰铸铁是制造机械零件的主要铸造材料,常用于制造带轮、轻载低速大齿轮、机座和箱体等。灰铸铁的牌号由"HT"(为"灰铁"两字的汉语拼音字首)和一组数字组成,数字表示最低抗拉强度(σ_b)。例如,HT200 表示 $\sigma_b \geqslant 200$ MPa 的灰铸铁。

(2) 球墨铸铁 球墨铸铁中的碳主要以球状石墨形式存在。石墨呈球状,对铸铁基本组织的割裂作用较片状大为减轻,从而提高了铸铁的强度,并具有较好的塑性和韧性。球墨铸铁常被用于代替铸钢和锻钢,制造某些机械零件,如曲轴、连杆和凸轮轴等。球墨铸铁的牌号由"QT"(为"球铁"两字的汉语拼音字首)和两组数字组成:前一组数字表示最低抗拉强度(σ_b),后一组数字表示伸长率(δ)。例如,QT600 - 3 表示 $\sigma_b \geqslant 600$ MPa、$\delta \geqslant 3\%$ 的球墨铸铁。

3. 有色金属合金

在工业上,把黑色金属(钢、铁)以外的金属及其合金统称为有色金属及其合金。有色金属合金具有一些特殊性能,如高的导电性、导热性、耐蚀性和减摩性等,因而成为现代工业中不可缺少的材料。但有色金属合金稀少,价格较贵,只有在需要满足特殊要求时才予采用。

常用的有色金属合金有铜合金和铝合金。铜合金可分为黄铜(铜和锌组成的合金)和青铜(原指铜和锡组成的合金,目前以铝、硅、铅等元素代替锡的铜合金也称为青铜)两大类。黄铜主要用于制造弹簧、垫片、衬套及要求耐蚀的零件等,青铜主要用于制造轴瓦、蜗轮及要求耐磨、耐蚀的零件等。铝合金可分为变形铝合金和铸造铝合金两大类。变形铝合金主要用于生产各种型材和结构的零件,如各种容器、热交换器、飞机翼肋等,铸造铝合金主要用于制造活塞、气缸体等。

4. 非金属材料

橡胶、塑料、陶瓷、木材、纸板和棉、麻等都是常用的非金属材料。

橡胶广泛用于制造轮胎、传动带、软管、密封件、绝缘件和减振弹性元件等。塑料由于具有许多优异性能,而且比重小、易于成型,所以在机械中应用范围日益扩大,广泛用于制作传动件、摩擦片、轴承衬、密封件、耐蚀件、绝缘件、透明件、壳体等。陶瓷具有坚硬、耐磨、耐高温、耐蚀、绝缘等特性,常用来制造化工容器、耐高温器件、绝缘件、耐磨密封件、金属切削刀具和磨具等。

二、钢的热处理

钢的热处理是将钢在固态下,通过加热、保温和不同的冷却方式,以改变其内部组织结构,从而获得所需性能的一种工艺方法。常用的热处理方法有退火、正火、淬火及回火、表面热处理等。

1. 退火

退火是将钢加热到一定温度,保温一段时间,然后缓慢冷却(一般为随炉冷却)的热处理方法。通过退火可以消除内应力和降低硬度,以利于切削加工,提高塑性和韧性,改善组织,为进一步热处理(如淬火等)做好准备。

2. 正火

正火的方法与退火相似,但正火时钢是在空气中冷却。由于正火的冷却速度比退火快,钢的硬度和强度较高,但消除内应力不如退火彻底。正火时钢在炉外冷却,不占用设备,生产率较高,故低碳钢大多采用正火来代替退火。对于一般要求的零件,正火常用于提高其力学性能,作为最终热处理。

3. 淬火及回火

淬火是将钢加热到相变温度以上,保温一段时间,然后在水或油中快速冷却的热处理方法。

淬火后,钢的硬度急剧增加,但存在很大的内应力,脆性也相应增加。为了减小内应力、脆性和获得良好的力学性能,淬火后一般均需回火。

回火是将淬火钢重新加热到某一低于 Ac_1 临界点的温度,保温一段时间,然后冷却到室温的热处理方法。

钢经退火、正火或淬火等热处理后,其硬度随冷却速度加快而增加。但回火后钢的硬度,一般不取决于冷却速度,而是随加热温度升高而降低。根据加热温度不同,回火可分为低温回火、中温回火和高温回火三种。低温回火的加热温度为 150~250℃,淬火钢经低温回火后,可以减小内应力和脆性,仍能保持淬火钢的高硬度和耐磨性,适用于处理刀具、量具等工具;中温回火的加热温度为350~500℃,淬火钢经中温回火后,提高了弹性,但硬度有所降低,适用于处理有弹性要求的零件,如弹簧等;高温回火的加热温度为500~650℃,淬火钢经高温回火后,可以获得强度、硬度、塑性和韧性等都较好的综合力学性能,适用于各种重要的机械零件,如齿轮、轴等。生产上习惯把淬火后高温回火的热处理方法称为调质处理。

4. 表面热处理

表面热处理是强化零件表面的重要手段,常用的有表面淬火和化学热处理两种。

表面淬火是将机械零件表面迅速加热到淬火温度,不等热量传至中心,即快速冷却的热处理方法。通常采用的加热表面的方法为火焰加热或感应电流加热(根据电流频率又有高频、中频和工频三种)。进行表面淬火的钢材一般为中碳结构钢或中碳合金结构钢,如 45、40Cr、40MnB、35SiMn 等。零件进行表面淬火及低温回火后,表面变硬而耐磨,心部仍保持原有韧性。机床中的齿轮、内燃机中的曲轴轴颈等常采用这种热处理方法。

化学热处理是将钢件放在含有一种或几种化学元素(如碳、氮、铝、硼、铬等)的介质中加热和保温,使该元素的活性原子渗入到零件表面的热处理方法。根据渗入元素的不同,有渗碳、渗氮和碳氮共渗等。

进行渗碳的材料一般为低碳结构钢或低碳合金结构钢,如20、20Cr、20CrMnTi 等。工件经渗碳后,表面为高碳组织,为了进一步提高其硬度和耐磨性,需要进行淬火及低温回火,而心部仍为低碳组织,保持原有的韧性和塑性,这种方法常用于处理汽车、拖拉机中的齿轮、凸轮等。

进行渗氮的工件需要采用专门的氮化钢,如 38CrMoAlA 等。机械零件经渗氮后,表面形成一层氮化物,不需淬火便具有高的硬度、耐磨性、耐蚀性和抗疲劳性能等。此外,由于渗氮温度较低(一般为 500~570℃),零件变形小。渗氮广泛用于处理精密量具,高精度机床主轴等。

碳氮共渗中的高温碳氮共渗以渗碳为主,低温碳氮共渗以渗氮为主。

三、机械零件材料的选择

设计机械零件时,要选择合适的材料。机械零件材料的选择通常应考虑零件的使用要求、工艺性和经济性等方面的要求。

使用要求包括零件的受载情况(载荷大小和应力种类)、工作条件(温度、介质、摩擦磨损情况)、对零件尺寸和重量的限制、零件的重要程度以及特殊要求(如导电性、热膨胀等)。选择材料时应合理考虑材料的力学性能和物理、化学性能,以满足使用要求。工艺性要求是指所选用的材料,从毛坯到成品都便于制造。经济性不仅要考虑材料本身的相对价格,还要考虑加工费用。此外,选择材料还要从实际情况出发,考虑国家资源和本地区的供应情况,品种应尽量少,以便于生产管理。如何合理地选择材料是一项较复杂的技术经济工作,应综合考虑各种要求进行分析比较,以选择合适的材料。

§1-5 机械零件的结构工艺性

机械零件的结构工艺性是指零件的结构在满足使用要求的前提下,能用生产率高、劳动量小、材料消耗少和成本低的方法制造出来。凡符合上述要求的零件结构被认为具有良好的工艺性。

机械制造包括毛坯生产、切削加工和装配等生产过程。设计时,必须使结构在各个生产过程中都具有良好的工艺性。

一、便于制造毛坯

机械零件的毛坯制造方法有铸造、锻造和焊接等,应根据零件的使用要求、生产批量和具体制造条件进行选择。当毛坯制造方法确定后,则必须充分考虑其工艺特点,设计出相应的零件结构,以便容易地制造出来。如图 1-7 所示为连杆的三种结构方案,图 a 为采用铸造,图 b 为采用自由锻造,图 c 为用型材焊接而成。

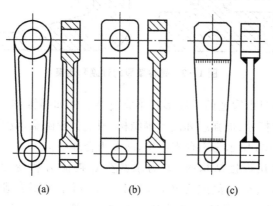

(a)   (b)   (c)

图 1-7 连杆的三种结构方案

铸造可以制造形状复杂的毛坯。为了避免产生浇不足的缺陷,铸件的壁厚不宜过薄。此外,还应考虑液态金属在冷却凝固时会产生收缩,故铸件的壁厚应尽量均匀。如图1-8a所示的结构,因壁厚相差悬殊,容易在厚壁处形成缩孔;应改成图b的结构,使壁厚均匀。当壁厚均匀

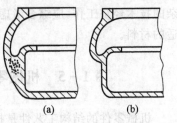

图1-8　铸件壁厚的均匀性

不易做到时,在壁厚变化处要逐渐过渡,壁的连接处应有结构圆角(图1-9)。铸件的结构还应该有利于造型、起模和清理等各个铸造环节,做到工艺简单,保证质量。

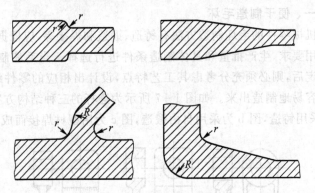

图1-9　铸件壁厚的过渡和连接

采用自由锻造的毛坯形状不宜复杂。例如圆锥体、圆柱体与圆柱体交接处、加强肋和凸台等结构,锻造都较困难,应设法避免。如图1-10a所示为不合理结构,图b为合理结构。

当采用焊接结构时,要力求减少焊接应力和变形。例如,焊缝不宜过分密集或交叉,如图1-11a所示为不合理结构,图b为合理结构;焊缝应尽量对称布置,如图1-12a所示为不合理结构,图b为合理结构。此外,还应考虑焊接时操作方便。

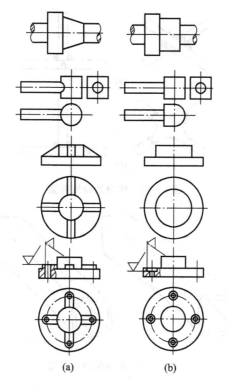

图 1-10 自由锻件的结构工艺性

如图 1-13a、c 所示的结构,焊条无法伸入焊接接头处进行焊接,应分别改成图 b、d 所示的结构,留出伸入焊条的空间,以便于操作。

二、便于切削加工

机械零件的结构设计应便于机械零件的切削加工。

(1) 尽可能减少加工面积 如图 1-14 所示的零件,将图 a 的结构改成图 b 的结构,以减少加工面积。

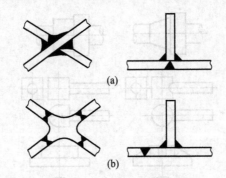

图 1-11　焊缝的分散布置

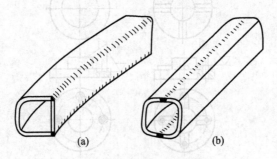

图 1-12　焊缝的对称布置

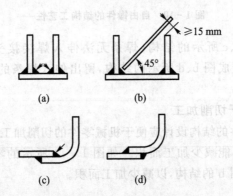

图 1-13　便于操作的焊缝位置

（2）尽量采用标准刀具和减少刀具的种类　如图1-15所示用钻头加工的孔,应设计成标准直径,以便采用标准钻头,而且孔的底部形状应与钻头顶角形状相符,图a所示为不合理结构,图b为合理结构。

（3）应便于装夹工件　如图1-16a所示的结构,难于在刨床上装夹工件,改成图b的结构,由于增加了凸缘,便于装夹。

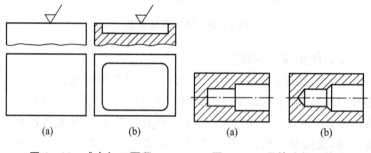

| 图1-14 减少加工面积 | 图1-15 用钻头加工的孔 |

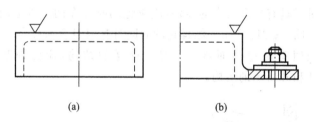

图1-16 便于装夹工件

（4）应便于刀具进入和退出　如图1-17a所示的结构,刀具无法进入加工螺纹孔,可改成图b的结构,增设工艺孔。又如图1-18所示结构,为了便于刀具退出,不损伤零件其他表面,图a为车削螺纹时的退刀槽,图

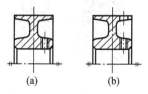

图1-17 便于刀具进入

b 为磨削外圆时的砂轮越程槽,图 c 为刨削平面时的刨刀越程槽。

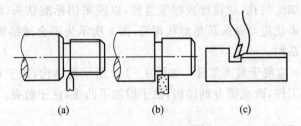

(a)　　　　　　(b)　　　　　　(c)

图 1-18　便于刀具退出

三、便于装拆和维修

　　设计机械零件的结构时,还应注意便于装拆和维修。如布置螺栓、螺钉和确定被连接件的结构尺寸时,要留出装入螺纹连接件和扳手操作的空间。例如图 1-19a 所示的零件,因侧壁内凹处高度不够,无法装入螺钉,应改成图 b 的结构。例如图 1-20a 所示的零件,因螺钉中心过于接近侧壁和底壁,无法操作扳手,应改成图 b 的结构。

　　对于具有配合要求的零件,应避免同时存在两组以上的表面接合。图 1-21a 所示的结构是轴向同时有两组表面接合,图 c 是径向同时有两组表面接合。对于这样的结构,应分别改成图 1-21b 和 d 所示的结构。

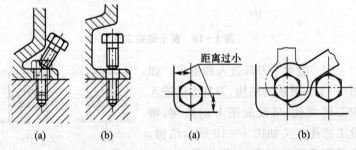

距离过小

(a)　　　　　　(b)　　　　　　(a)　　　　　　(b)

图 1-19　留出装入螺钉空间　　　图 1-20　留出扳手工作空间

对于容易磨损的零件,应便于维修。如图 1-22 所示的齿轮,其孔与轴之间有相对转动,若采用图 a 所示的整体式结构,则孔磨损后需要更换整个齿轮;若改用图 b 所示的镶有铜套的组合结构,不仅工作时由于有铜套可减小摩擦磨损,而且在孔磨损后仅需更换铜套。

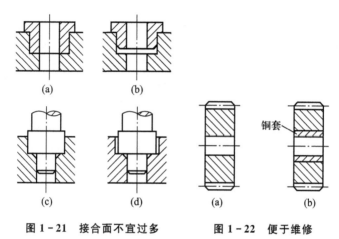

(a)　　(b)

(c)　　(d)

铜套

(a)　　(b)

图 1-21　接合面不宜过多　　　图 1-22　便于维修

习　题

1-1　零件与构件有什么区别?

1-2　机械设计有哪些基本要求?

1-3　为什么在设计机械时要尽量采用标准零件和标准尺寸?

1-4　作用在零件截面上的应力有哪些类型?什么叫应力的循环特性?

1-5　机械零件的疲劳断裂与哪些因素有关?

1-6　机械零件强度计算时的许用应力一般如何确定?

1-7　试指出下列材料牌号的含义:Q235A、45、65Mn、40Cr、ZG310-570、HT250。

1-8　常用的热处理方法有哪几种？各有什么特点？

1-9　选择机械零件的材料时,应考虑哪些原则？

1-10　机械零件的结构工艺性的含义是什么？

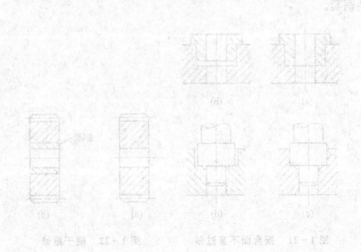

第二章 平面机构的运动简图及其自由度

[内容提要]

1. 介绍运动副的基本概念及其分类；

2. 介绍机构中各种构件的名称术语、构件和运动副的表示符号以及平面机构运动简图绘制；

3. 重点介绍平面机构自由度的计算、机构具有确定的相对运动的条件以及计算平面机构自由度的注意事项。

所有构件都在同一平面或平行平面内运动的机构称为平面机构。

如前所述，机构是一个能够相对运动的构件系统。显然，任意拼凑起来的构件组合不一定能相对运动；即使能动，还要研究机构在什么条件下才具有确定的运动。这对于分析现有机构或创造新机构都是非常重要的。此外，由于实际构件的结构往往比较复杂，为了便于分析和研究，需要用简单的线条和符号来绘制机构的运动简图。

§2-1 运动副及其分类

由若干个构件组成的机构，构件之间彼此需要用某种方式连接起来，这种连接显然不能是固定连接，而应保证构件之间有一定的相对运动。由两个构件直接接触组成的具有一定相对运动的可动连接称为运动副。例如图1-1中的活塞2与连杆3、活塞2与气缸体1、凸轮7和进气阀推杆8之间的连接都是运动副。

一个作平面运动的自由构件有三个独立运动的可能性。如图2-1所示，在

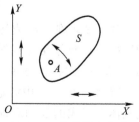

图 2-1 构件的自由度

直角坐标系 OXY 中，构件 S 可随其上任一点 A 沿 X、Y 轴方向移动和在 OXY 平面内绕该点转动。这种可能出现的构件相对于参考系所具有的独立运动称为构件的自由度。所以，一个作平面运动的自由构件有三个自由度。同理，一个作空间运动的自由构件有六个自由度。

　　两构件组成运动副后，它们的独立运动受到约束，但都保留一定的自由度。

　　两个构件组成的运动副，不外乎是通过点、线或面的直接接触连接起来的。按照接触的特性，一般将运动副分为低副和高副两类。

　　1. 低副

　　在平面机构中两个构件通过面接触组成的运动副称为低副。根据它们之间的相对运动形式，又可分为转动副和移动副。

　　（1）转动副　组成运动副的两构件只能绕某一轴线作相对转动的运动副称为转动副，或称为铰链，如图 2-2 所示。在图 1-1 中，曲轴 4 与气缸体 1、活塞 2 与连杆 3、连杆 3 与曲轴 4 构成的均是转动副。

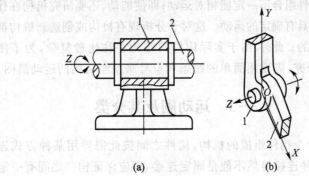

图 2-2　转动副

　　（2）移动副　组成运动副的两构件只能作相对直线移动的运动副称为移动副，如图 2-3 所示。图 1-1 中活塞 2 与气缸体 1 组成的运动副即为移

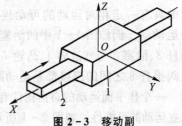

图 2-3　移动副

动副。

2. 高副

两个构件通过点或线接触组成的运动副称为高副。它们之间的相对运动是转动和沿切线方向 t-t 的移动。图 2-4a、b 所示的凸轮 1 与从动件 2、轮齿 1 与 2,分别在其接触点 A 的公切线 t-t 处组成高副。

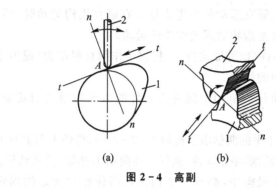

(a)   (b)

图 2-4 高副

此外,常用的运动副还有图 2-5a 所示的球面副,构件 1 和 2 可绕空间坐标系的 X、Y、Z 轴独立转动;图 b 所示螺旋副,其两个构件作螺旋运动,即转动和移动的合成运动。这两种运动副均属空间运动副。

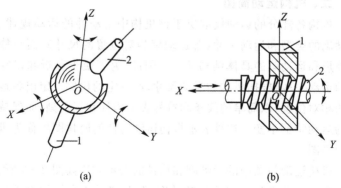

(a)   (b)

图 2-5 球面副和螺旋副

§2-2　平面机构运动简图

一、机构的构件

组成机构的构件可分为三类。

（1）固定构件（机架）　机构中某一选定的构件，用来支承活动构件和作为研究运动的参考坐标。在研究机构运动时，活动构件的运动通常是指相对固定构件的运动。

（2）主动件（也称原动件）　机构中作用有驱动力（或力矩）或运动规律已知的构件。

（3）从动件　机构中随着主动件的运动而运动的其余活动构件。

如图1-1中的曲柄滑块机构1-2-3-4，构件1（气缸体）是固定件，滑块2（活塞）是主动件，连杆3和曲柄4（曲轴）是从动件。

任何一个机构中，必有一个构件被当作相对固定的固定件。例如汽车发动机的机体（与气缸体固连），虽然随着汽车运动，但在研究发动机中各构件的运动时，仍将机体当作固定件。而在活动构件中必须有一个或几个是主动件，其余的都是从动件。

二、机构运动简图

机构各部分的运动仅取决于该机构中主动件的运动规律、各运动副的类型和运动尺寸（各运动副相对位置的尺寸），而与构件的外形和运动副的具体结构无关。因此，为了便于分析和研究机构的运动，只需根据机构的运动尺寸，用一定的比例尺定出各运动副的相对位置，以简单的线条和符号表示构件和运动副，而保持机构的运动特征不变。这种表示机构运动特征的简化图形称为机构运动简图。

机构运动简图中的运动副和构件的表示方法如图2-6所示。图a表示由两个构件组成的转动副，图b表示两个构件组成的移动副，图c表示两个构件组成的高副（一般需将构件接触部分的外形画出),图 d 表示带有两个运动副的构件,图 e 表示带有三个运动副的构件,图 f 所示构件上的阴影线表示该构件是固定件或机架。

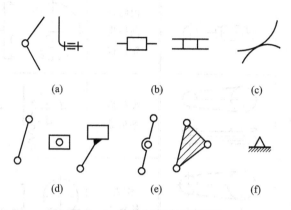

图 2-6 构件和运动副的符号

机构运动简图不仅简明地反映了与原机构完全相同的运动特性,且可用它来对机构进行运动分析和动力分析。若只是为了表明机构的结构特征,也可不按比例绘制简图,这样的简图称为机构简图或称为机构示意图。表 2-1 为部分常用机构运动简图符号。

表 2-1 常用机构运动简图符号(摘自 GB/T 4460—2013)

名 称	代 表 符 号	名 称	代 表 符 号
杆的固定连接		弹性联轴器 一般联轴器 (不指明 类型)	
凸轮机构		啮合式离合器(单向) 摩擦式离合器(单向)	

名　称	代表符号	名　称	代表符号
电动机	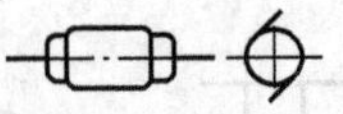	内啮合圆柱齿轮机构	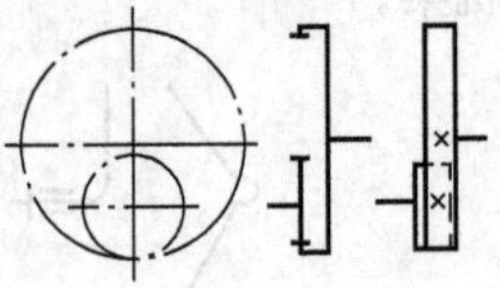
带传动	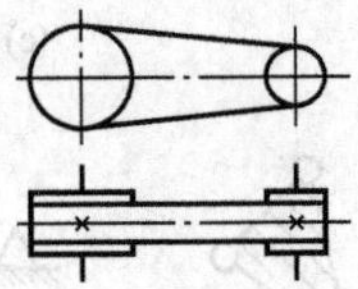	齿轮齿条传动	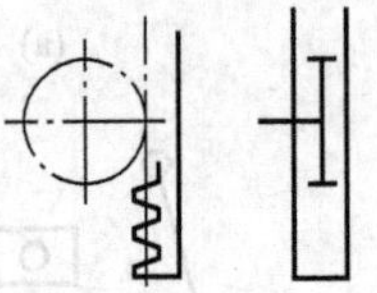
链传动	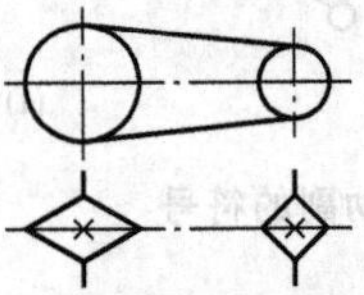	锥齿轮机构	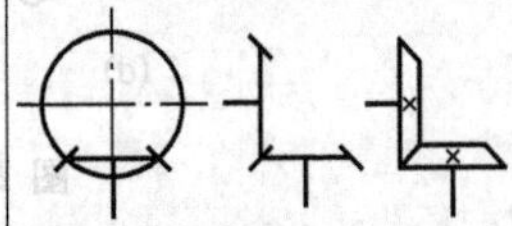
外啮合圆柱齿轮机构	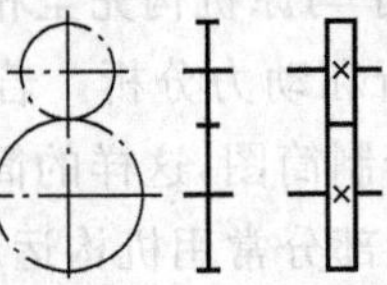	蜗杆蜗轮传动	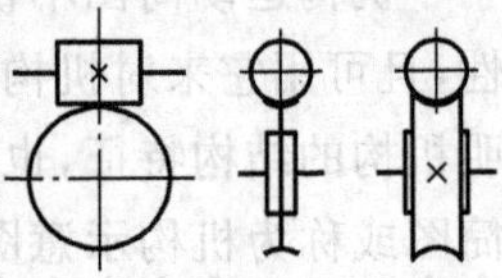

三、机构运动简图的绘制

下面举例说明机构运动简图的绘制方法和一般步骤。

例 2 - 1　试绘制图 1 - 2a 所示颚式破碎机的机构运动简图。

解　(1)分析机构的运动,判别固定件、主动件和从动件,并确定构件的数目。图示颚式破碎机的主体机构由机架 1、偏心轴 2、动颚 3 和肘板 4 组成。机架 1 是固定件,偏心轴 2 是主动件,动颚 3 和肘板 4 都是从动件。飞轮 6 和带轮 7 是与偏心轴固连的,在此机构中无须计入,故共有四个构件。

(2)在固定件的基础上,从主动件开始按照运动的传递顺序,分析各个构件之间相对运动的性质,确定运动副的种类和数目。

此机构中各构件之间的相对运动都是转动,组成四个转动副。

(3) 合理选择视图。为了能清楚地表明各个构件之间的相对运动关系,通常选择平行于构件运动的平面作为视图平面(必要时可补充辅助视图),如图1-2b所示。

(4) 选定适当的比例尺[①],定出各运动副之间的相对位置,用规定的构件和运动副符号绘制机构运动简图。其绘制过程如下:首先画出机架1与偏心轴2组成的转动副中心 A,其次以一定的比例尺画出偏心轴2和动颚3组成的转动副中心 B, B 与 A 之间的距离即是偏心轴的偏心距 e,再以相同的比例尺定出转动副中心 C、D 的位置,最后用机构运动简图的符号将各点连接起来,所形成的图形就是颚式破碎机的机构运动简图,如图1-2b所示。

需要指出:虽然偏心轴2和动颚3是用一半径大于偏心距 e 的转动副连接的,但因运动副的规定符号仅取决于相对运动的性质,而与其具体结构无关,故简图中四个转动副可用四个大小相同的小圆来表示。

例2-2 试绘制图1-1a所示内燃机的机构运动简图。

解 图1-1a所示内燃机是由气缸体1、活塞2、连杆3和曲轴4组成的曲柄滑块机构,由齿轮5(与曲轴4固连)、齿轮6和气缸体1组成的齿轮机构,凸轮7(与齿轮6固连)、进气阀推杆8和气缸体1组成的凸轮机构共同组成的。气缸体是固定件,在燃气推动下的活塞是主动件,其余构件都是从动件。

各构件之间的可动连接方式为:2和3、3和4、4(5)和1、6(7)和1之间组成转动副,2和1、8和1组成移动副,5和6、7和8组成高副。

选择图1-1a所示各构件运动的平面作为视图平面,并选取一定的比例尺,用构件和运动副的规定符号绘出图 b 所示机构运

---

① 长度比例尺 $\mu_l = \dfrac{实际长度}{图示长度}$。

动简图。图中齿轮副采用习惯表示方法,即用两齿轮相切的节圆(点画线)表示。

　　主动件的位置选择不同,所绘制的机构运动简图图形也不同。一般为了能够清楚表明各构件的相互关系,常选择主动件处在适当位置时来绘制机构运动简图。

§2-3　平面机构的自由度

　　机构是将若干构件用运动副连接起来的,有一个构件为机架的,具有相对运动的构件系统。为了判断组合起来的机构是否具有确定的运动,就需要探讨机构的自由度和机构具有确定运动的条件。

一、平面机构的自由度

　　机构的自由度就是机构中各构件相对于机架所能有的独立运动的数目。

　　如前所述,任一个作平面运动的自由构件具有三个自由度。当两个构件组成运动副之后,它们之间的相对运动受到约束,相应的自由度随之减少。运动副的类型不同,引入的约束也不同,保留的自由度也不同。如转动副(图2-2)约束了沿 X 和 Y 轴线方向移动的两个自由度,只保留一个在 XOY 平面内转动的自由度;移动副(图2-3)约束了沿一轴(X 或 Y 轴)线方向移动和在 XOY 平面内转动的自由度,只保留沿另一轴线方向(Y 或 X 轴)移动的自由度;高副(图2-4)则只约束了一个沿接触点 A 处公法线 n—n 方向移动的自由度,保留了绕接触处转动的自由度和沿接触点 A 处公切线 t—t 方向移动的自由度。所以,在平面机构中,每个低副引入两个约束,使构件失去两个自由度;每个高副引入一个约束,使构件失去一个自由度。

　　因为任一平面机构中必然有一个相对的固定件,它受到三个约束,自由度等于零。若一个平面机构有 N 个构件,则该机构的

活动构件数为 $n=N-1$，共有 $3n$ 个自由度。设机构中低副的数目为 p_L 个，高副的数目为 p_H 个，则机构中全部运动副将引入 $2p_L+p_H$ 个约束。所以，活动构件的自由度总数减去运动副引入的约束总数就是该机构的自由度，以 F 表示。即

$$F=3n-2p_L-p_H \tag{2-1}$$

这就是计算平面机构自由度的公式。由公式(2-1)可知，机构的自由度 F 取决于活动构件的数目以及运动副的性质(低副或高副)和数目。

二、机构具有确定运动的条件

机构的自由度必须大于零，才能够运动。同时，要使各构件之间具有确定的相对运动，必须使主动件数等于机构的自由度。例如，当机构的自由度等于1时，主动件数必须为1，构件之间才具有确定的相对运动；机构的自由度等于2时，主动件数必须为2，构件之间才有确定的相对运动。因此，机构具有确定运动的条件是主动件数必须等于机构的自由度。

例2-3 试计算图1-2所示的颚式破碎机机构的自由度。

解 在颚式破碎机机构中，有三个活动构件，即 $n=3$；组成四个转动副，$p_L=4$；没有高副，$p_H=0$。代入式(2-1)可得机构的自由度为

$$F=3n-2p_L-p_H=3\times3-2\times4=1$$

即此机构只有一个自由度。因主动件为偏心轴2，则主动件数等于机构的自由度，故此机构具有确定的运动。当偏心轴2绕轴线 A 转动时，动颚3与肘板4就按照一定的规律作确定的运动。

例2-4 试计算图1-1所示的内燃机机构的自由度。

解 图1-1所示的内燃机，曲轴4与齿轮5、齿轮6与凸轮7分别固连，故分别只能看成是一个构件。故此机构具有五个活动构件，即 $n=5$，组成四个转动副和两个移动副，$p_L=6$；两个高副，$p_H=2$。代入式(2-1)可得机构的自由度为

$$F=3n-2p_L-p_H=3\times5-2\times6-2=1$$

即此机构只有一个自由度。主动件为活塞 2,因主动件数等于机构的自由度,故此机构具有确定的运动。当活塞移动时,曲轴、凸轮和气阀推杆均按一定的规律运动。

如果算得的自由度等于零,则表明各活动构件失去全部自由度,构件之间不再有相对运动。如图 2-7 所示,构件 1、2和 3 用三个转动副分别相连,构件 1 是固定件,该机构的自由度 $F=0$,形成一个静定桁架。如果算得的自由度为负值,则称为超静定桁架。

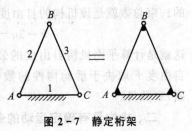

图 2-7　静定桁架

通过上面的讨论可知:在分析现有机构或设计新机构时,可利用计算机构的自由度,来判断、检验或确定该机构的主动件数。

三、计算平面机构自由度时应注意的事项

应用式(2-1)计算平面机构自由度时,必须注意下述几种情况。

1. 复合铰链

三个或更多个构件组成两个或更多个共轴线的转动副就形成复合铰链。图 2-8a 所示为三个构件组成的复合铰链,由图 b 可知,它们共组成两个转动副。同理,当有 K 个构件用复合铰链连接时,组成的转动副数应为($K-1$)个。在计算自由度时,应注意是否存在复合铰链,以免漏算运动副的数目。

例 2-5　图 2-9 所示为一直线机构的运动简图,试计算该机构的自由度。

解　图 2-9 所示的直线机构中有七个活动构件,即 $n=7$;B、C、D 和 E 处都是由三个构件组成的复合铰链,各有两个转动副,所以共有十个转动副,$p_L=10$;没有高副,$p_H=0$。由式(2-1)得

$$F=3n-2p_L-p_H=3\times7-2\times10=1$$

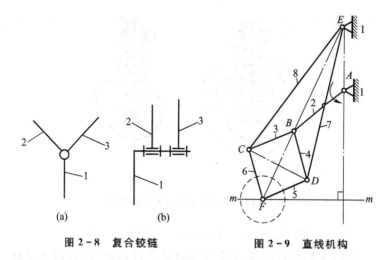

图2-8 复合铰链   图2-9 直线机构

即此机构具有一个自由度。若构件2是主动件,则此机构具有确定的运动。当构件的长度为 $l_{AB}=l_{AE}$、$l_{CE}=l_{DE}$、$l_{BC}=l_{CF}=l_{DF}=l_{BD}$ 时,F 点将沿垂直于 AE 的延长线 $m-m$ 作直线移动。如果在 F 点安装一圆盘锯(图中虚线),则圆盘锯将随 F 点移动锯削物料。

2. 局部自由度

机构中不影响整个机构运动的某些构件的独立运动自由度,称为局部自由度。计算机构自由度时应予减去。

例2-6 图2-10a所示为一带滚子从动件的凸轮机构,试计算该机构的自由度。

解 在图2-10a中,当主动凸轮2绕轴线 O_1 转动时,通过滚子4驱使从动件3按一定的运动规律作往复直线移动。经过分析不难发现,不论滚子4是否转动都不影响从动件3的运动。因此,滚子4绕其中心轴线的转动是一个局部自由度,计算机构自由度时应予减去。也可设想将滚子4与从动件3焊成一体,转动副 B 也随之消失。图2-10a改成图b所示的形式后,$n=2$,$p_L=2$,$p_H=1$,则由式(2-1)得

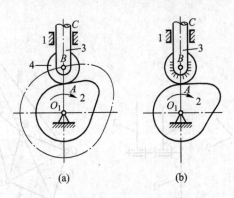

图 2 - 10　滚子从动件平面凸轮机构

$$F = 3n - 2p_L - p_H = 3 \times 2 - 2 \times 2 - 1 = 1$$

上例中局部自由度虽然不影响整个机构的运动，但可使接触处的滑动摩擦转变为滚动摩擦，减小摩擦阻力和磨损。所以，在机械中常常有类似的局部自由度存在，如滚子、滚动轴承、滚轮等。

3. 虚约束

在机构中与其他约束重复而不起独立限制运动作用的约束称为虚约束，应当除去不计。

例 2 - 7　图 2 - 11a 所示为机车车轮的联动机构，图 b 为其机构运动简图。图中的构件长度为 $l_{AB} = l_{CD} = l_{EF}$，$l_{AD} = l_{BC}$，$l_{BE} = l_{AF}$。试计算该机构的自由度。

解　在图 2 - 11b 中，$n = 4$，$p_L = 6$，$p_H = 0$，由式（2 - 1）算得此机构的自由度为

$$F = 3n - 2p_L - p_H = 3 \times 4 - 2 \times 6 = 0$$

表明此机构是不能运动的，这显然与实际情况不相符合。进一步分析后可知机构中存在着虚约束——构件 5 和转动副 E、F。如果去掉构件 5，转动副 E、F 也就不存在，但构件 3 上 E 点相对 F 点的轨迹，仍然是以 F 点为圆心、l_{AB} 或 l_{CD} 为半径的圆。这表明构件 5 和转动副 E、F 存在与否，对整个机构的运动并无影响。因此

计算自由度时,应该除去。在此机构中应按 $n=3, p_L=4, p_H=0$,用式(2-1)计算自由度,即

$$F=3\times3-2\times4=1$$

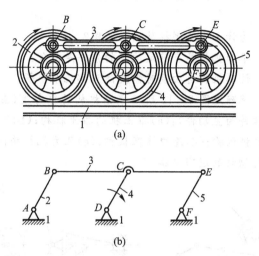

图 2-11 机车车轮的联动机构

　　除上述因运动轨迹重叠产生的虚约束外,又如图 1-1 所示的内燃机中,曲轴 4 与气缸体 1 之间有两个轴承,都是限制曲轴只能绕其轴线转动。从运动观点看,去掉其中一个轴承并不影响曲轴的转动,故曲轴与气缸体之间只能认为是组成一个转动副。另在该图中进气阀推杆 8 与气缸体 1 之间有两个支承,都是限制推杆只能沿其轴线移动,去掉其中一个支承也不影响推杆的移动,故推杆与气缸体之间也只能认为是组成一个移动副。因此,机构中经常有虚约束存在。在计算机构的自由度时,应将不影响其原来运动关系的运动副去掉。但由上述可知虚约束的存在,往往可使机构的受力情况大为改善。

习　题

2-1　什么叫运动副？常见的几种运动副之间有什么区别？

2-2　为什么要绘制机构运动简图？

2-3　平面机构具有确定运动的条件是什么？

2-4　计算机构自由度时需要注意哪几个问题？

2-5　试确定图 2-12 所示平面机构的自由度（图中绘有箭头的活动构件为主动件）：(a)推土机的推土机构；(b)测量仪表机构；(c)锯木机机构；(d)渣口堵塞机构；(e)压力机机构；(f)筛料机机构；(g)缝纫机的送布机构。

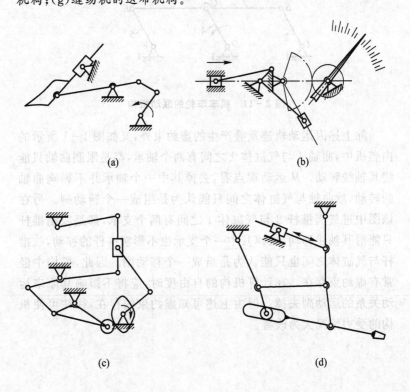

(a)

(b)

(c)

(d)

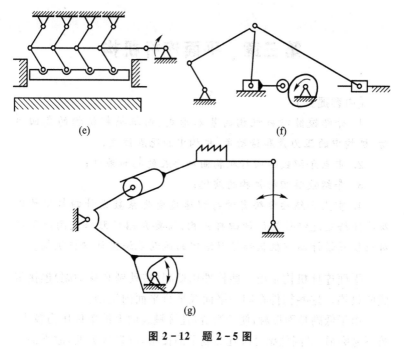

(e)　　　　　　　　　　　　　　(f)

(g)

图 2 – 12　题 2 – 5 图

第三章 平面连杆机构

[内容提要]

1. 介绍铰链四杆机构的基本形式、曲柄摇杆机构的急回运动、机构中的压力角和传动角、机构中的死点位置；

2. 重点介绍铰链四杆机构曲柄存在的判断条件；

3. 介绍铰链四杆机构的演化；

4. 重点介绍按照给定的行程速度变化系数设计四杆机构以及按照给定连杆位置设计四杆机构；简要介绍按照给定两连架杆对应位置设计四杆机构和按照给定的运动轨迹设计四杆机构。

平面连杆机构是由一些构件用低副（转动副和移动副）连接组成的机构。这些构件在同一平面或平行平面内运动。

由于低副是面接触，便于润滑，且接触表面上的单位压力较小，故不易磨损；又因低副是圆柱面或平面接触，制造较方便，故平面连杆机构获得广泛应用。但低副中存在间隙，会引起运动误差，而且连杆机构的设计比较复杂，不容易精确实现较复杂的运动规律。

最常见的平面连杆机构由四个构件组成，称平面四杆机构或简称四杆机构。它不仅应用广泛，而且是组成多杆机构的基础。本章着重讨论平面四杆机构的基本类型、性质，并对常用的设计方法作适当的介绍。

§3-1 铰链四杆机构的基本形式和性质

如图 3-1 所示，当平面四杆机构中的运动副都是转动副时，称为铰链四杆机构。在该机构中，固定不动的杆 1 称为机架；用转动副与机架相铰接的杆 2 和 4 称为连架杆；不与机架直接连接的杆 3 称为连杆（一般作平面运动）。如果连架杆能作整周转动，则称为曲柄；若仅在小于 360°的某一角度范围内作摆动，则称为摇杆。

铰链四杆机构按两连架杆是曲柄或是摇杆可分为三种基本形式：曲柄摇杆机构、双曲柄机构和双摇杆机构。

一、曲柄摇杆机构

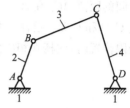

图 3-1 铰链四杆机构

如图 3-1 所示的铰链四杆机构，若两个连架杆中的一杆为曲柄，另一杆为摇杆，则此四杆机构称为曲柄摇杆机构。一般多以曲柄 AB（杆 2）为主动件，作等速转动；而摇杆 CD（杆 4）为从动件，作变速往复摆动。

图 3-2 所示为雷达天线俯仰角调整机构。曲柄 2（主动件）作缓慢的转动，通过连杆 3，带动摇杆 4 在一定角度范围内摆动，从而实现调整雷达天线 5 的俯仰角。

图 3-3 所示为车窗刮水器机构。当曲柄 AB 连续转动时，摇杆 CD 以一定的摆角来回摆动，摇杆上的刮水器随其反复摆动，从而刮去汽车车窗上的雨水。

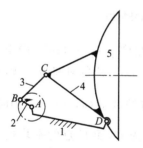

图 3-2 雷达天线俯仰角调整机构

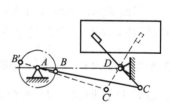

图 3-3 车窗刮水器

曲柄摇杆机构也有以摇杆作主动件的。图 3-4 所示为脚踏砂轮机，曲柄 CD 与砂轮固连在一起，当脚踏板（摇杆 AB）绕 A 轴往复摆动时，砂轮可绕 D 轴连续转动，进行磨削。

曲柄摇杆机构有以下一些基本性质。

1. 急回运动

如图 3-5 所示的曲柄摇杆机构，曲柄 AB

图 3-4 脚踏砂轮机

在转动一周的过程中,有两次与连杆 BC 共线,此时铰链中心 A 与 C 之间的距离 AC_1 和 AC_2 为最短和最长,使摇杆 CD 分别处于极限位置 C_1D 和 C_2D。摇杆在两极限位置之间的摆角为 ψ。摇杆处于两极限位置时,曲柄在相应两位置之间所夹的锐角 θ 称为极位夹角。

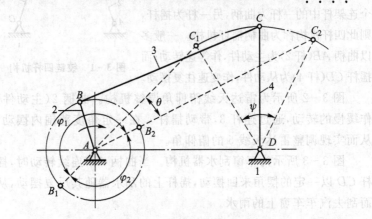

图 3-5　曲柄摇杆机构

当曲柄 AB 顺时针由 AB_1 转过角度 $\varphi_1(\varphi_1 = 180° + \theta)$ 至 AB_2 时,摇杆 CD 由 C_1D 摆过角度 ψ 至 C_2D,对应的时间为 t_1,则 C 点的平均速度为 $v_1 = \dfrac{\overset{\frown}{C_1C_2}}{t_1}$;当曲柄继续转过 $\varphi_2(\varphi_2 = 180° - \theta)$ 时,摇杆自 C_2D 摆回到 C_1D,对应的时间为 t_2,而 C 点的平均速度为 $v_2 = \dfrac{\overset{\frown}{C_2C_1}}{t_2}$。显然 $\varphi_1 > \varphi_2$,$t_1 > t_2$,$v_1 < v_2$,即摇杆往复摆动的平均速度不相等。如果摇杆自 C_1D 摆至 C_2D 为其工作行程,自 C_2D 摆回至 C_1D 为空回行程,则表明 C 点在空回行程时的速度大于工作行程时的速度,即摇杆具有急回运动的性质。生产中常利用这种性质,使设计的机械具有快速的空回行程,可缩短生产中的辅助时间,以提高生产率。

从动摇杆的急回性质,一般用行程速度变化系数 K 表示,即

$$K=\frac{v_2}{v_1}=\frac{\overset{\frown}{C_2C_1}/t_2}{\overset{\frown}{C_1C_2}/t_1}=\frac{t_1}{t_2}=\frac{\varphi_1}{\varphi_2}=\frac{180°+\theta}{180°-\theta} \qquad (3-1)$$

上式表明:曲柄摇杆机构有无急回运动的性质,取决于有无极位夹角 θ。θ 角愈大,K 值愈大,急回运动的性质也愈明显。

将式(3-1)整理后,可得极位夹角

$$\theta=180°\frac{K-1}{K+1} \qquad (3-2)$$

当设计有急回运动要求的机械(如往复式运输机、送料机、牛头刨床、插床等)时,通常先根据所需要的 K 值,由式(3-2)算出 θ 角,然后再确定各杆的尺寸。

2. 压力角和传动角

生产中往往不仅要求机构能实现预定的运动规律,而且希望运转轻便,效率高。如图 3-6 所示的曲柄摇杆机构,若忽略各杆的质量和运动副中的摩擦影响,则原动曲柄 2 通过连杆 3 作用于从动摇杆 4 的力 F 是沿着 BC 方向,它与 C 点的速度 v_C 之间所夹的锐角 α 称为压力角。力 F 在 v_C 方向的有效分力 $F_t=F\cos\alpha$;而在垂直于 v_C 方向,即沿摇杆 CD 方向的分力 $F_n=F\sin\alpha$。显然,压力角愈小,有效力 F_t 就愈大。所以判断一连杆机构是否具有良好的传力性能,可用压力角的大小作为标志。在实际应用中,常以压力角的余角 γ(即连杆与从动摇杆之间所夹的锐角)来判断连杆机构的传力性能,γ 称为传动角。因 $\gamma=90°-\alpha$,故 α 愈小,γ 愈大,机构的传力性能愈好。

机构在运转过程中,传动角是变化的。为了保证机构具有较好的传力性能,一般应使最小传动角 $\gamma_{min}\geqslant40°$。高速和传递功率大时,γ_{min} 应取大一些。

曲柄摇杆机构的最小传动角 γ_{min} 出现在曲柄与机架共线的位置 $AB'C'D$ 或 $B''AC''D$ 处(即当 $\varphi=0$ 或 $\varphi=180°$ 时)。因为曲柄位于上述两个位置时,$\triangle BCD$ 的 BD 边长度达到最小($B'D$)或最大($B''D$),此时 $\angle BCD$ 分别出现最小值($\angle B'C'D$)或最大值($\angle B''C''D$)。传动

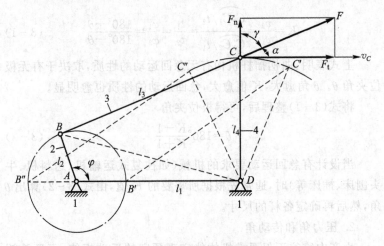

图 3-6　铰链四杆机构的传动角

角 γ 是用锐角表示的。当 $\angle BCD$ 为锐角时，$\gamma = \angle BCD$，$\angle BCD$ 最小值即为 $\gamma_{\min}$；但当 $\varphi = 180°$ 时，$\angle BCD$ 可能为钝角，传动角 $\gamma = 180° - \angle BCD$，因而 $\angle BCD$ 的最大值也可能对应着 $\gamma_{\min}$。图 3-6 所示机构的最小传动角出现在曲柄位于 AB' 处。

3. 死点位置

如取图 3-5 所示的曲柄摇杆机构中的摇杆 4 为主动件，曲柄 2 为从动件，当摇杆摆到极限位置 $C_1 D$ 和 $C_2 D$ 时，连杆 3 和曲柄 2 共线，则摇杆通过连杆传给曲柄的力，将通过铰链中心 A。因此，该力对 A 点不会产生使曲柄转动的力矩，相应的机构位置称为死点位置。机构处在死点位置时将使从动件出现卡死或运动不确定的现象。为了消除死点位置的不良影响，可利用构件本身和飞轮的惯性作用，或对从动曲柄施加额外的力，也可用几个四杆机构组合的方式，来保证机构顺利通过死点位置。

图 3-7 所示为一缝纫机的踏板机构，图左为其机构运动简图。原动摇杆 2（踏板）作往复摆动时，通过连杆 3 使从动曲柄 4 和与其固连的带轮一起作整周转动，再通过带传动使机头主轴转

动。在使用缝纫机时,有时会出现踏不动或带轮反转的现象,这是因为机构正处于死点位置而引起的。为了避免这种现象,这里借助固连在缝纫机机头主轴上的带轮(相当于飞轮)的惯性作用,来使机构顺利通过死点位置。

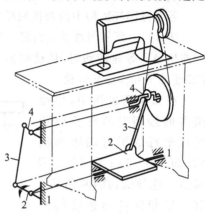

图3-7　缝纫机踏板机构

工程上有时也利用死点位置的性质来满足某些要求。例如图3-8所示的夹紧机构,当工件5受外力 F 作用被夹紧后,铰链中心 B、C、D 处于一条直线上,工件经杆2、杆3传给杆4的力,正好通过杆4的铰链中心 D,故此力不能使杆4转动。因此,夹具在去掉外力 F 后,仍能可靠地夹紧工件。当需要取出工件时,必须向上扳动手柄3(即在手柄上加一与 F 反方向的力),才能松开夹具。

又如图3-9所示的飞机起落架机构,当轮子放下时,BC 杆与 CD 杆成一直线,机构处于死点,起落架不会反转(折回),可使降落更加可靠。

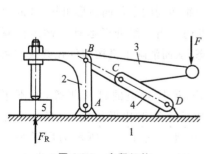

图3-8　夹紧机构

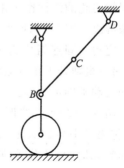

图3-9　飞机起落架机构

二、双曲柄机构

若铰链四杆机构中的两连架杆均为曲柄,则称为双曲柄机构。

图 3-10 所示惯性筛的铰链四杆机构即是双曲柄机构。当主动曲柄 AB 等速转动时,从动曲柄 CD 作变速转动,并通过连杆 CE 使筛子 6 作往复运动。

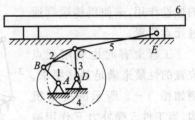

在双曲柄机构中,用得最多的是相对两杆长度相等且平行的平行四边形机构,如图 3-11a 中 AB_1C_1D 所示。这种机构的两曲柄 2 和 4 以相同的角速度同向转动,连杆 3 则作平移运动。

图 3-10　惯性筛机构

机车车轮联动机构(图 3-11)是平行四边形机构的一个应用实例。

平行四边形机构不仅能保持等传动比,而且连杆作平移运动,所以在机械中应用十分广泛。但是在运动过程中,如图 3-11a 所示,原动曲柄 2 转动一周,将与连杆 3、从动曲柄 4 两次共线,即四杆两次同时位于一条直线上。此时,从动曲柄 4 可能发生变向转动,例如从动曲柄可能转到 DC_3',也可能转到 DC_3'',机构将处于运动不确定状态。为了消除这种现象,可用从动曲柄本身的质量或附加飞轮的惯性作用来导向,或用辅助构件组成多组相同的机构来解决。图 3-11b 所示为两组相同的平行四边形机构,彼此错开一定角度固连组成为一个机构。当一组处于运动不确定位置时,另一组则处于正常运转状态,从而消除了机构构件在共线位置时的运动不确定现象。

图 3-12 所示的四杆机构,虽然对边的杆长相等,但不平行,称为逆平行四边形机构(或反平行四边形机构)。当杆 2 作等速转动时,杆 4 作反向变速运动。图 3-13 所示为用逆平行四边形机构设计的一种窗门启闭机构,当主动曲柄 2 转动时,通

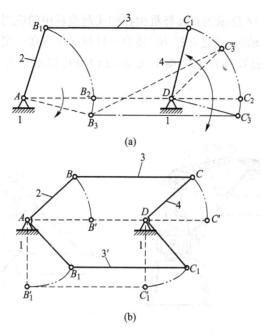

(a)

(b)

图 3-11 平行四边形机构

过连杆 3 使从动曲柄 4 沿相反方向转动,从而保证两扇窗门同时开启或关闭。

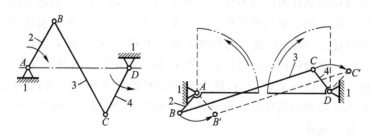

图 3-12 逆平行四边形机构　　　图 3-13 窗门启闭机构

三、双摇杆机构

若铰链四杆机构中的两连架杆均为摇杆,则称为双摇杆机构。

图 3-14 所示为双摇杆机构在鹤式起重机中的应用。当摇杆
CD 往复摆动时,通过连杆 BC 使另一摇杆 AB 也在一定范围内摆
动,可使悬挂在连杆延伸端 E 点的重物沿近似水平直线的方向
移动。

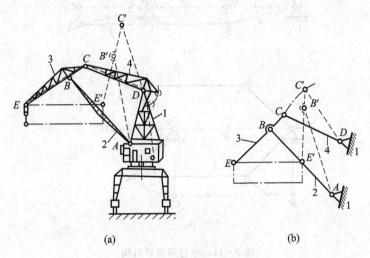

图 3-14　鹤式起重机机构

　　在双摇杆机构中,若两摇杆长度相等,则成为等腰梯形机构,
此机构两摇杆的摆角不相等。图 3-15 所示的轮式车辆的前轮转
向机构采用了等腰梯形机构。当车辆转弯时,由于和两前轮固连
的两摇杆 AB、CD 摆动的角度 β 和 δ 不相等,就有可能实现在任
意位置都能使两前轮轴线的交点 O 落在后轮轴线的延长线上,从
而使车辆绕 O 点转动时,四个车轮都在地面上作纯滚动,避免轮
胎因滑动而引起磨损。当等腰梯形机构设计合理时,能够近似满
足这一要求。

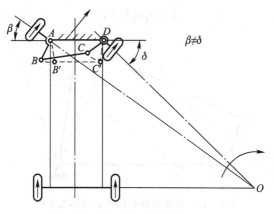

图 3-15 轮式车辆前轮转向机构

§3-2 铰链四杆机构曲柄存在的条件

由上述可知,铰链四杆机构有三种基本形式。它们的区别在于有无曲柄,而有无曲柄则与机构中各杆的相对长度有关。下面讨论铰链四杆机构中曲柄存在的条件。

图 3-16 所示的铰链四杆机构中,各杆的长度分别为 l_1、l_2、l_3、l_4。若 AB 杆为曲柄,则 AB 杆应能绕 A 轴相对 AD 杆作整周转动。如图所示,AB 杆作整周转动时,应能顺利通过与 AD 杆处于一直线上的两个位置 AB' 和 AB'',从而构成 $\triangle B'C'D$ 和 $\triangle B''C''D$。现在分析 AB 杆转至这两个位置时各杆长度的相互关系。

如果 $l_2 < l_1$,根据三角形两边长度之和必大于(极限情况是等于)第三边长度,由 $\triangle B'C'D$ 可得

$$l_3 \leqslant l_4 + (l_1 - l_2) \quad \text{即} \quad l_2 + l_3 \leqslant l_1 + l_4 \qquad (3-3)$$

$$l_4 \leqslant l_3 + (l_1 - l_2) \quad \text{即} \quad l_2 + l_4 \leqslant l_1 + l_3 \qquad (3-4)$$

由 $\triangle B''C''D$ 可得

$$l_2 + l_1 \leqslant l_3 + l_4 \tag{3-5}$$

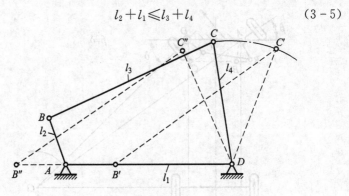

图 3-16　铰链四杆机构的曲柄存在条件

由式(3-3)～式(3-5)得

$$l_2 \leqslant l_1, \quad l_2 \leqslant l_3, \quad l_2 \leqslant l_4 \tag{3-6}$$

这说明 AB 杆为最短杆。

如果 $l_2 > l_1$,这时 B' 点位于 AD 的 D 端外侧,用同样方法可得

$$\left.\begin{array}{l} l_1 + l_3 \leqslant l_2 + l_4 \\ l_1 + l_4 \leqslant l_2 + l_3 \\ l_1 + l_2 \leqslant l_3 + l_4 \end{array}\right\} \tag{3-7}$$

及

$$l_1 \leqslant l_2, \quad l_1 \leqslant l_3, \quad l_1 \leqslant l_4 \tag{3-8}$$

它表明 AD 杆是最短杆。

综合式(3-3)～式(3-8),可得 AB 杆能相对 AD 杆作整周转动的条件是:

(1)最短杆与最长杆长度之和应小于或等于其余两杆长度之和。

(2)两杆中必有一杆为最短杆。

上述条件也就是铰链四杆机构中相邻两杆能互作整周转动的条件。其中条件(1)称为杆长条件。由上述条件可知,如果铰链四杆机构各杆的长度满足杆长条件,则最短杆与相邻杆之间均能互作整周转动,而不与最短杆相邻的两杆之间则不能互作整周转动。例如图 3-16 所示机构,若各杆长度满足杆长条件,AB 杆是最短杆,则 AB 与 AD、BC 均可互作整周转动,而 CD 与 BC、AD 则不能互作整周转动。

由以上分析可得出以下结论:

铰链四杆机构中曲柄存在的条件是:

1)最短杆与最长杆长度之和应小于或等于其余两杆长度之和;

2)连架杆和机架中有一杆为最短杆。

如果铰链四杆机构各杆长度满足杆长条件,当取不同杆作为机架时,可得到不同形式的铰链四杆机构:取最短杆的相邻杆为机架时,成为曲柄摇杆机构;取最短杆为机架时,成为双曲柄机构;取最短杆的相对杆为机架则成为双摇杆机构。

若铰链四杆机构各杆长度不满足杆长条件,则该机构中各相邻杆之间均不能互作整周转动,故不论以任何杆为机架,都不存在曲柄,均成为双摇杆机构。

§3-3　铰链四杆机构的演化

在实际机械中采用着各种形式的平面四杆机构,这些不同形式的四杆机构,可以视为由铰链四杆机构演化而成。

一、曲柄滑块机构

如图 3-17a 所示的曲柄摇杆机构,连杆 3 与摇杆 4 组成的转动副中心 C 的运动轨迹是圆弧 mm。摇杆 4 的长度 l_4 愈长,则 C 点的轨迹 mm 愈趋向平直。当 l_4 增至无穷大时,C 点的轨迹 mm 变成了直线,摇杆 4 与固定件 1 组成的转动副也就演化成图 3-17b 所示的滑块 4 与固定件 1 组成的移动副,机构演变为曲柄滑块机构。根据滑块的导路中心线 mm 是否通过曲柄转动中心 A,可分为图 3-17b 和图 3-17c 所示的对心曲柄滑块机构和偏置曲柄滑块机构(偏距为 e)。

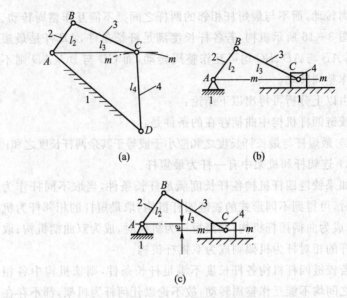

图 3 - 17　曲柄滑块机构

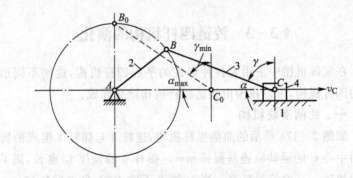

图 3 - 18　曲柄滑块机构的传动角

对心曲柄滑块机构曲柄存在的条件为 $l_2 \leqslant l_3$；偏置曲柄滑块机构曲柄存在的条件为 $l_2 + e \leqslant l_3$，当曲柄等速转动时，偏置曲柄滑块机构可以实现急回运动。

图 3-18 所示曲柄滑块机构中的传动角 γ 是连杆 3 与垂直于
滑块 4 运动方向的夹角。当曲柄 2 的位置与
滑块 4 的运动方向垂直时, γ = γ_min。

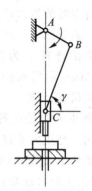

曲柄滑块机构广泛应用于活塞式内燃
机、空气压缩机、冲床等许多机械中。图
3-19 所示为曲柄滑块机构在冲床中的应用。

二、导杆机构、摇块机构和定块机构

导杆机构、摇块机构和定块机构可看作
是由改变曲柄滑块机构中的固定件演化而
成的。

如图 3-20a 所示的曲柄滑块机构, 若改

图 3-19　冲床机构

取杆 2 为固定件, 则得图 b 所示导杆机构。杆
1 称为导杆, 滑块 4 相对导杆 1 滑动并随导杆一起绕 A 点转动。当
$l_2 \leqslant l_3$ 时, 杆 3 和杆 1 均可作整周转动, 称为曲柄转动导杆机构; 当
$l_2 > l_3$ 时, 杆 1 只能作往复摆动, 称为曲柄摆动导杆机构。

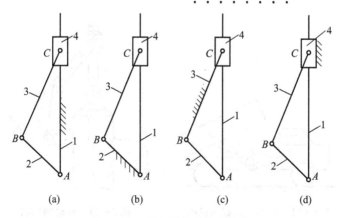

(a)　　　　(b)　　　　(c)　　　　(d)

图 3-20　曲柄滑块机构的演化

在图 3-21 所示的导杆机构中, 极位夹角 θ 等于导杆的摆角
ψ, 故这类机构具有急回运动特性。由图可见, 滑块 4 对导杆 1 的

作用力 F 的方向始终垂直于导杆,即传动角 γ 始终等于 90°,所以具有很好的传力性能。

　　若取图 3-20a 所示曲柄滑块机构中的连杆 3 为固定件,即可得图 3-20c 所示的曲柄摇块机构,或称为摇块机构。图 3-22 所示的自卸卡车翻斗机构是这种机构的一个应用实例。当压力油进入油缸 4 时,推动活塞杆 1,使车厢(即构件 2)绕轴线 B 摆起,实现自动卸料。

　　若取图 3-20a 所示曲柄滑块机构中的滑块 4 为固定件,即可得图 3-20d 所示的定块机构。图 3-23

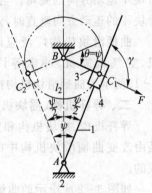

图 3-21　曲柄摆动导杆机构

所示的手动抽水泵即为这种机构的应用实例。当杆 2 往复摆动时,杆 1 作往复移动使水从杆 4(固定件)中抽出。

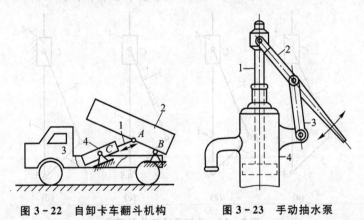

图 3-22　自卸卡车翻斗机构　　**图 3-23　手动抽水泵**

三、偏心轮机构

　　图 3-24a 所示为一偏心轮机构,杆 2 为圆盘,其几何中心为 B 点。运动时,圆盘 2 绕偏心 A 转动,故称为偏心轮。A 点和 B

点之间的距离 e 称为偏心距。这种机构也是由铰链四杆机构演化而来的。它是将图 3-24c 所示的铰链四杆机构中的转动副 B 扩大到包括转动副 A，使杆 2 成为回转轴线在 A 点的偏心轮，故其相对运动不变，所以图 3-24c 和图 3-24a 互为等效机构。

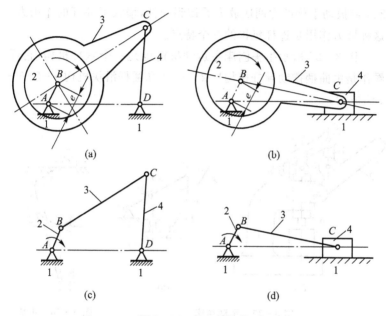

(a)   (b)

(c)   (d)

图 3-24　偏心轮机构

同理，图 3-24d 所示曲柄滑块机构和图 3-24b 所示偏心轮机构也互为等效机构。

当曲柄长度很短时，通常都将曲柄做成偏心轮。这样不仅增大了轴颈尺寸，提高偏心轴的强度和刚度，而且使结构简化。偏心轮机构广泛应用于剪床、冲床、颚式破碎机等机械中。

除上述四杆机构外，还有其他形式的四杆机构，这里不再列举。另外，生产中还常采用多于四杆的机构。

如图 3-25 所示的手动冲床是一六杆机构，它可以看成是两个四杆机构组合而成的。一个是由主动摇杆(手柄)2、连杆 3、从动摇杆 4 和机架 1 组成的双摇杆机构;另一个是由摇杆 4、连杆 5、冲杆 6 和机架 1 组成的曲柄滑块机构。扳动手柄 2,冲杆 6 就随着作上、下移动。由于采用了六杆机构,根据杠杆原理,经过摇杆 2、4 使扳动手柄的力两次放大后传到冲杆,增大了冲杆的作用力。这种增力作用是连杆机构的一个特点。

图 3-26 所示牛头刨床主运动机构也是一个六杆机构,它可看作是由曲柄摆动导杆机构 1-2-3-4 和摇杆滑块机构 3-5-6-4 组成的。

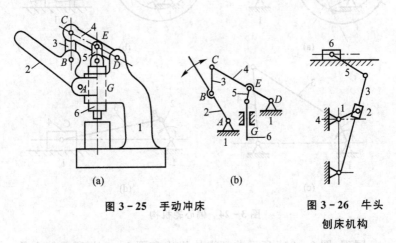

(a)　　　　　　　　　　(b)

图 3-25　手动冲床　　　　　图 3-26　牛头
　　　　　　　　　　　　　　　刨床机构

需要指出,不是所有的多杆机构都能简单地分解为四杆机构。如有必要请参阅有关书籍。

§3-4　平面四杆机构的设计

平面四杆机构的设计主要是根据给定的运动条件,确定机构运动简图的尺寸参数。

生产实践中的要求是多种多样的,给定的条件也各不相同,常碰到的是下面两类问题：① 按照给定从动件的运动规律（如位置、急回特性、速度）设计四杆机构。② 按照给定的轨迹设计四杆机构。

设计机构的方法有解析法、图解法和实验法。设计时采用哪种方法，取决于所给定的条件和机构的实际工作要求。本节仅介绍比较直观、简便的图解法和实验法。

一、按照给定的行程速度变化系数设计四杆机构

设计具有急回运动的四杆机构，一般是根据工作要求，先给定行程速度变化系数 K 的数值，然后由机构在极限位置处的几何关系，结合其他辅助条件，确定机构运动简图的尺寸参数。

一般设计铰链四杆机构的已知条件是摇杆长度 l_4、摆角 ψ 和行程速度变化系数 K。

设计的实质是确定曲柄 2 的固定铰链中心 A 点的位置，进而定出其他三杆的尺寸 l_1、l_2 和 l_3。其设计步骤如下：

1）由给定的行程速度变化系数 K，按式（3-2）计算极位夹角

$$\theta = 180° \frac{K-1}{K+1}$$

2）如图 3-27 所示，任选固定铰链中心 D 的位置，并用摇杆长度 l_4 和摆角 ψ，作出摇杆的两个极限位置 C_1D 和 C_2D。

3）连接 C_1 点和 C_2 点，并过 C_1 点作 C_1C_2 的垂线 C_1M 和过 C_2 点作与 C_1C_2 成 $\angle C_1C_2N = 90° - \theta$ 的直线 C_2N，得交点 P。由三角形的内角之和等于 $180°$ 可知，$\triangle C_1PC_2$ 中的 $\angle C_1PC_2 = \theta$。

4）作 $\triangle C_1PC_2$ 的外接圆，在弧 $\overset{\frown}{C_1PC_2}$ 上任选一点 A 作为曲柄与固定件组成的固定铰链中心，并分别与 C_1、C_2 相连，得 $\angle C_1AC_2$。因同一圆弧的圆周角相等，故 $\angle C_1AC_2 = \angle C_1PC_2 = \theta$。

5）由机构在极限位置处的曲柄和连杆共线的关系可知：$AC_1 = l_3 - l_2$，$AC_2 = l_3 + l_2$，从而得曲柄长度 $l_2 = \dfrac{AC_2 - AC_1}{2} = AB$。（曲柄长度也可用作图法求得，即以 A 点为圆心，AC_1 为半

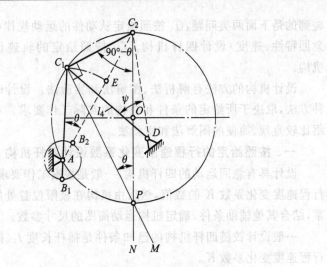

图 3-27　按系数 K 设计铰链四杆机构

径作圆弧与 AC_2 相交于 E,平分 C_2E,得曲柄长度 l_2)。再以 A 点为圆心,l_2 为半径作圆,交 C_1A 的延长线和 C_2A 于 B_1 和 B_2,从而得出 $B_1C_1=B_2C_2=l_3$ 及 $AD=l_1$。

　　由于 $\triangle C_1PC_2$ 的外接圆弧 $\overset{\frown}{C_1PC_2}$ 上任选一点均可作为 A 点,若仅按行程速度变化系数 K 设计,可得无穷多的铰链四杆机构。A 点位置不同,机构传动角的大小也不同。为了获得良好的传动,可按照最小传动角或其他辅助条件(如曲柄条件,AD 的方位等)来确定 A 点的位置。

　　对于曲柄滑块机构,一般已知滑块的行程 H、偏距 e 和行程速度变化系数 K,完全可以参照上述方法进行设计。而对于导杆机构,则可根据已知机架长度 l_1 和行程速度变化系数 K 结合图 3-21 进行设计。

二、按照给定连杆位置设计四杆机构

　　给定连杆位置设计四杆机构的实质在于确定连架杆与机架组成的转动副中心 A 和 D 的位置。

图 3-28 所示为铸工车间造型机的一种翻转机构。根据造型的要求,在用砂箱 7 造型的过程中,振实砂型后起模时,需要翻转砂箱,要求放置砂箱的翻台 8 实现翻转动作。因此,该机构的设计是属于实现连杆两个位置的设计问题。图中所示翻转机构是采用四杆机构 $ABCD$ 来实现翻台的两个位置的。当翻台 8 在图中的实线位置 I 时,翻台 8 上的砂箱 7 在振实台 9 上造型振实。当需要起模时,压缩空气推动活塞 6,通过连杆 5 使摇杆 4 摆动,将翻台与砂箱转到虚线位置 II,然后托台 10 上升接触砂箱而起模。

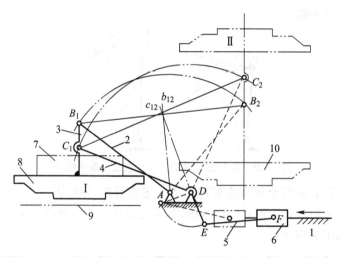

图 3-28　造型机的翻转机构

假设已知与翻台 8 固连的连杆 3 的长度 $l_3 = BC$ 及其两个位置(B_1C_1 和 B_2C_2),由图可知,因为连杆 3 上 B、C 两点的运动轨迹是以 A、D 两点为圆心的两段圆弧,所以 A、D 必然分别位于 B_1B_2 和 C_1C_2 的垂直平分线 b_{12}、c_{12} 上。故其设计步骤如下:

(1)根据已知条件,绘出连杆 3 的两个位置 B_1C_1 和 B_2C_2。

(2)分别作连线 B_1B_2 和 C_1C_2 的垂直平分线 b_{12} 和 c_{12}。

(3)由于固定铰链中心 A 和 D 可在 b_{12} 和 c_{12} 两线上任意选

取,因而可得无穷多的解答。若再给定其他辅助条件,则铰链中心 A、D 就有确定解了。本例要求 A、D 两点在一水平线上,且 $AD = BC$。从而可定出机架上 A、D 两点的位置和铰链四杆机构 $ABCD$ 的各杆长度。

若给定连杆的三个位置,如图 3-29 所示,已知连杆 BC 的三个位置 B_1C_1、B_2C_2、B_3C_3,要求设计四杆机构。其设计过程与上述基本相同。但由于分别通过 B_1、B_2、B_3 和 C_1、C_2、C_3 三点的圆都只有一个,两固定铰链中心 A 和 D 都是一定点,故在这种条件下有唯一解。

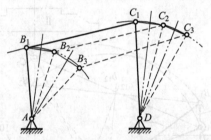

图 3-29　按给定连杆的三个位置设计四杆机构

三、按照给定两连架杆对应位置设计四杆机构

现要设计一铰链四杆机构,其两连架杆 2 和 4 之间的对应转角如下表所示:

连架杆 2(逆时针方向)	φ_{12}	φ_{23}	φ_{34}	φ_{45}
连架杆 4(顺时针方向)	ψ_{12}	ψ_{23}	ψ_{34}	ψ_{45}

下面介绍一种近似设计用的覆盖实验法。具体设计步骤如下:

(1) 如图 3-30a 所示,在图样上任选一点作为连架杆 2 的转动中心 A,并任选 AB_1 作为该杆的长度 l_2,根据已知的 φ_{12}、φ_{23}、φ_{34} 和 φ_{45} 作出 AB_2、AB_3、AB_4 和 AB_5。再选取连杆 3 的适当长度 l_3,以 B_1、B_2、B_3、B_4 和 B_5 各点为圆心,l_3 为半径,作圆弧 k_1、k_2、k_3、k_4 和 k_5。

（2）如图 3-30b 所示，在一张透明纸上，选取一点作为连架杆 4 的转动中心 D，并任选 Dd_1 作为该杆的第一个位置，根据已知的 ψ_{12}、ψ_{23}、ψ_{34}、ψ_{45} 作出 Dd_2、Dd_3、Dd_4 和 Dd_5。再以 D 为圆心，以杆 4 的不同长度为半径作许多同心圆。

（3）将画在透明纸上的图 3-30b 覆盖在图 3-30a 上，如图 3-30c 所示进行试凑。使圆弧 k_1、k_2、k_3、k_4 和 k_5 与杆 4 对应的各位置的交点 C_1、C_2、C_3、C_4 和 C_5 均落在或近似落在以 D 点为圆心的某一圆弧上，则图形 AB_1C_1D 即为所要求的四杆机构，从而定出各杆长度 l_1、l_2、l_3 和 l_4。

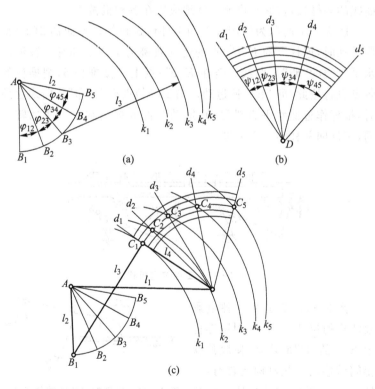

图 3-30 覆盖法设计铰链四杆机构

如果移动透明纸时,杆 4 与杆 3 的相应圆弧 k_1、k_2、k_3、k_4 和 k_5 的交点 C_1、C_2、C_3、C_4 和 C_5 不能同时或近似落在透明纸的某一圆弧上,可适当改变杆 3 的长度 l_3,再重复以上步骤,直到这些交点都同时落在或近似落在透明纸的某一圆弧上为止。

四、按照给定的运动轨迹设计四杆机构

1. 连杆曲线

四杆机构运转时,作平面运动的连杆上任一点都将在平面内描绘出一条封闭曲线,这种曲线称为连杆曲线。连杆曲线的形状随连杆上点的位置以及各杆的相对尺寸的不同而变化。由于连杆曲线的多样性,使它有可能广泛地应用在各种机械上。

图 3-31 所示为生产线上的工件传送机构。当曲柄 2(2′) 整周转动时,连杆上的 $E(E')$ 点的运动轨迹为一在上部有一段近似水平直线的"卵"形曲线。若在 $E(E')$ 点上铰接推杆 5,则推杆的各点也将按此"卵"形轨迹运动。当 $E(E')$ 点行经"卵"形曲线上部时,推杆作近似水平直线移动,推动工件 6 向前移动。曲柄转一周,工件向前移动一个工位。

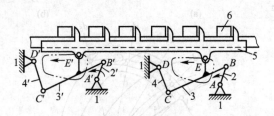

图 3-31　工件传送机构

图 3-32 所示为一种电影放映机的拉片机构,它利用连杆上 E 点的"D"形轨迹,使胶片获得间歇移动。此机构运转时,连杆上 E 点处的拉片爪插入胶片

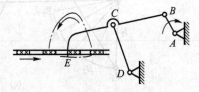

图 3-32　电影放映机的拉片机构

两侧的孔中,沿"D"形轨迹的直线段拉动胶片。曲柄每转一周,使影片移动一张画面。

2. 应用连杆曲线图谱设计四杆机构

按给定的任意轨迹设计四杆机构,是十分复杂的。这里简要介绍工程上常用的一种方法——图谱法。这种设计方法是利用事先编汇成的连杆曲线图谱,从中找出所需的曲线,即可直接查出四杆机构的尺寸参数。

如图 3-33 所示连杆曲线图就是摘自《四连杆机构分析图谱》中的一幅图。图中将主动曲柄 2 的长度作为基准并取其长度等于 1,其他各杆长度以相对曲柄长度的比值表示。图中每一条连杆曲线由 72 根长短不等的短线组成,沿曲线测量相邻两短线对应点之间的距离,可得主动曲柄每转 5°时,连杆上该点的位移。

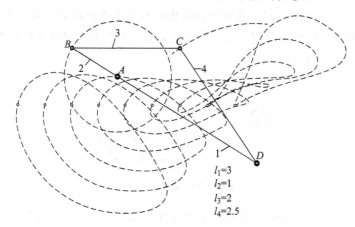

$l_1 = 3$
$l_2 = 1$
$l_3 = 2$
$l_4 = 2.5$

图 3-33 铰链四杆机构的连杆曲线图

若要实现某一给定的轨迹,可先从图谱中查找出与要求实现的轨迹形状相似的连杆曲线及相应四杆机构各杆长度的比值。然后用缩放仪求出图谱中的连杆曲线和所要求的轨迹之间相差的倍数,进而确定四杆机构中各杆尺寸。根据连杆曲线上的小圆圈中心与铰链 B、C 的相对位置,即可确定描绘该轨迹的点在连杆上的位置。

习　题

3-1　铰链四杆机构有哪些基本性质？如何判断它是否具有曲柄？

3-2　各种平面四杆机构是如何由曲柄摇杆机构演化来的？

3-3　已知铰链四杆机构各杆的长度为：$a=40$ mm，$b=70$ mm，$c=90$ mm，$d=110$ mm，各杆按字母顺序布置。试问分别取不同杆为机架时，各获得何种机构？

3-4　已知一曲柄摇杆机构的摇杆长度 $l_4=150$ mm，摆角 $\psi=45°$，行程速度变化系数 $K=1.25$，试确定曲柄、连杆和机架（两固定铰链位于同一水平线上）的长度 l_1、l_2 和 l_3。

3-5　图 3-34 所示曲柄滑块机构的滑块行程 $H=60$ mm，偏距 $e=20$ mm，行程速度变化系数 $K=1.4$，试确定曲柄和连杆的长度 l_2 和 l_3。

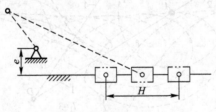

图 3-34　题 3-5 图

3-6　已知一导杆机构的固定件长度 $l_1=1\,000$ mm，行程速度变化系数 $K=1.5$，试确定曲柄长度 l_2 及导杆摆角 ψ。

3-7　图 3-35 所示为一曲柄摇杆机构，摇杆与机架之间的夹角分别为 $\psi_1=45°$、$\psi_2=90°$，固定件长度 $l_1=300$ mm，摇杆长度 $l_4=200$ mm，试确定曲柄和连杆的长度 l_2、l_3。

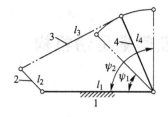

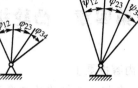

图 3 - 35　题 3 - 7 图　　　　　　图 3 - 36　题 3 - 8 图

　　3 - 8　图 3 - 36 所示一铰链四杆机构两连架杆的四个对应位置间的夹角分别为 φ_{12}、φ_{23}、φ_{34} 和 ψ_{12}、ψ_{23}、ψ_{34}。试确定其四杆长度 l_1、l_2、l_3 和 l_4。

第四章　凸轮机构及间歇运动机构

[内容提要]

1. 介绍凸轮机构的应用和分类；
2. 介绍从动件常用的运动规律；
3. 重点介绍盘形凸轮机构凸轮轮廓曲线的设计；
4. 重点介绍凸轮机构设计中应注意的问题；
5. 简要介绍几种常用的间歇运动机构。

§4-1　凸轮机构的应用和分类

凸轮机构是一种常用的高副机构，广泛用于各种机械和自动控制装置中。

图4-1所示为一内燃机的凸轮配气机构。当凸轮1等速转动时，其轮廓迫使气阀推杆2在固定导路3中作往复移动，从而使气阀开启或关闭。通过正确设计凸轮的轮廓曲线，来控制气阀启闭的时间。

图4-2所示为一绕线机的凸轮绕线机构。绕线时，绕线轴3快速转动并通过齿轮（图中未画出）带动凸轮1转动。凸轮轮廓始终与从动导线叉2接触，迫使其绕O点往复摆动，从而使线均匀地缠在绕线轴3上。

图4-3所示为一缝纫机中的凸轮挑线机构，当具有凹槽的圆柱凸轮1转动时，凹槽迫使挑线杆2绕O点往复摆动，从而实现缝纫时输送和挑紧缝线的要求。

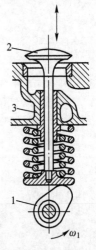

图4-1　内燃机凸轮配气机构

　　凸轮机构主要由凸轮、从动件和机架组成。凸轮是一个具有曲线轮廓或凹槽的构件。当凸轮运动时,通过其轮廓或凹槽与从动件接触,使从动件实现预定的运动。凸轮与从动件之间可以通过弹簧力、重力或几何形状封闭(图4-3)等方法来保持接触。

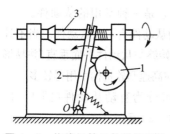

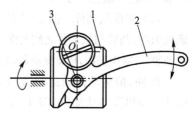

图4-2　绕线机的凸轮绕线机构　　　　图4-3　缝纫机的凸轮挑线机构

　　凸轮机构的主要优点是,可使从动件实现预定的运动规律,而且结构简单、紧凑,工作可靠。但由于凸轮与从动件之间为点接触或线接触,易于磨损。因此,凸轮机构多用于传递动力不大的控制机构和调节机构中。

　　凸轮机构的种类很多,可按如下方法分类。

　　1. 按凸轮的形状分

　　(1) 盘形凸轮　仅具有径向尺寸变化并绕其轴线回转的凸轮,如图4-1、图4-2所示。图4-4中的移动凸轮1可看成是回转中心位于无穷远处的盘形凸轮。

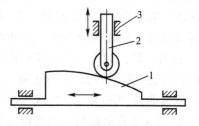

图4-4　移动凸轮机构

　　(2) 圆柱凸轮　轮廓曲线位于圆柱面上并绕其轴线旋转的凸轮,如图4-3所示。圆柱凸轮可以看成是绕在圆柱体上的移动凸轮。

　　2. 按从动件的形式分

　　(1) 尖顶从动件　如图4-2所示的导线叉2就是尖顶从动件。不论凸轮轮廓曲线形状如何,从动件的尖顶都能与凸轮轮廓曲线保持接触，从而保证从动件按预定规律运动。但它易于磨损，故只适用于轻载低速的凸轮机构。

（2）滚子从动件　图 4-4 所示的从动件 2 为滚子从动件。由于从动件的滚子与凸轮轮廓为滚动接触，从而使两者之间的磨损显著减少，故能承受较大的载荷。它是一种常用的从动件。

（3）平底从动件　图 4-1 所示的从动件为平底从动件。当不计摩擦力时，凸轮与从动件之间的作用力始终与从动件平底垂直，并易形成油膜，可减少磨损，传动效率较高，故在高速凸轮机构中用得较多。

此外，按从动件的运动方式，还可分为直动从动件（图 4-1、图 4-4）和摆动从动件（图 4-2、图 4-3）等。

§4-2　从动件常用的运动规律

凸轮的轮廓曲线取决于从动件的运动规律。因此，设计凸轮时，首先需要根据从动件的工作要求确定其运动规律。

图 4-5 所示为一对心尖顶直动从动件盘形凸轮机构。以凸轮的最小向径 r_0 为半径所作的圆称为凸轮的基圆。在图示位置，从动件的尖顶接触于凸轮轮廓上的 B 点（距离凸轮回转中心 O 的最近位置），此时从动件处于运动的起始位置。当凸轮以角速度 ω_1 逆时针转过角度 δ_1 时，从动件被推到距凸轮转动中心最远的位置（其尖顶与凸轮的 C 点接触），从动件远离凸轮轴心的这一过程称为推程，相应移动的距离 h 称为从动件的行程，对应的凸轮转角 δ_1 称为推程运动角。凸轮继续转过角度 δ_2 时，从动件的尖顶和凸轮上以 OC 为半径的 CD 段圆弧接触，从动件在最远位置停留不动，对应的凸轮转角 δ_2 称为远休止角。凸轮再转过角度 δ_3 时，从动件又由最远位置回到起始位置（其尖顶与凸轮 E 点接触），从动件移向凸轮轴线的行程称为回程，对应的凸轮转角 δ_3 称为回程运动角。最后凸轮转过角度 δ_4 时，从动件的尖顶和凸轮上以 r_0 为半径的 EB 段圆弧接触，从动件在起始位置停留不动，对应的凸轮转角 δ_4

称为近休止角。当凸轮连续转动时,从动件重复上述运动。

　　所谓从动件的运动规律,是指从动件 2 在运动过程中,其位移 s_2、速度 v_2、加速度 a_2 随时间 t 变化的规律。由于凸轮 1 一般以等角速度 ω_1 转动,故其转角 δ 与时间 t 成正比。所以,从动件的运动规律一般也可用从动件的上述运动参数随凸轮转角 δ 的变化规律来表示。

　　下面介绍几种常用的从动件运动规律。

一、等速运动规律

　　当凸轮等速转动时,从动件在运动过程中的速度是常数,称为等速运动规律。

　　若以纵坐标表示从动件的位移 s_2、速度 v_2、加速度 a_2,横坐标表示凸轮转角 δ 或时间 t,则从动件推程作等速运动的位移线图、速度线图和加速度线图如图 4-6 所示。

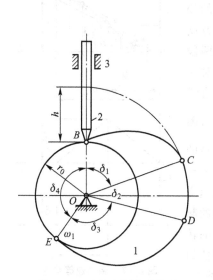

图 4-5　对心尖顶直动从动
　　　　件盘形凸轮机构

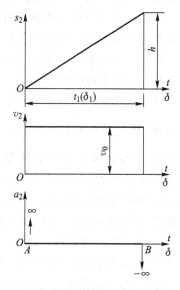

图 4-6　等速运动规律

当从动件作等速运动时,因速度等于常数 v_0,故其推程的速度线图 v_2-t 为平行于横坐标的一段直线;由速度的一次积分得到位移,位移线图 s_2-t 为一段斜直线;因速度等于常数 v_0,故加速度 $a_2=0$,加速度线图 a_2-t 中加速度与横坐标轴重合。由图 4-6 可见,从动件在推程的开始和终止的 A、B 点处,由于其速度发生突变,瞬时加速度在理论上趋于无穷大,实际上虽由于构件的弹性变形起着一定的缓冲作用,但仍将产生极大的惯性力,对凸轮机构造成很大的冲击,这种冲击通常称刚性冲击。刚性冲击会引起机械的振动,加速凸轮的磨损,甚至损坏构件。因此,作等速运动的从动件一般只用于低速和轻载的凸轮机构中。

二、等加速等减速运动规律

等加速等减速运动规律是指从动件在行程 h 中,前阶段作等加速运动,后阶段作等减速运动。

如图 4-7 所示,因从动件的加速度等于常数 a_0,其推程的加速度线图 a_2-t 为平行于横坐标的两段直线;从动件的速度 $v_2=a_0t$,对应的速度线图 v_2-t 是由两段斜直线组成;从动件的位移 $s_2=\frac{1}{2}a_0t^2$,因位移 s_2 与时间 t(或凸轮转角 δ)的平方成正比,故对应的位移线图 s_2-t 是由两段抛物线组成的。由加速度线图可知,这种运动规律在行程的起始、终止点以及等加速与等减速的转换点 O、A、B 处加速度发生有限值的突变,产生一定的惯性力,引起冲击。这种冲击比刚性冲击轻,称为柔性冲击。等加速等减速运动规律适用于中速、轻载的场合。

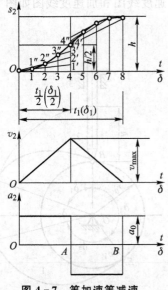

图 4-7　等加速等减速
运动规律

若等加速与等减速段从动件的行程及凸轮的运动角各占一半,则位移线图中等加速段抛物线和等减速段抛物线应在推程转角 $\frac{\delta_1}{2}$ 和行程 $\frac{h}{2}$ 处相连接。等加速段的抛物线可用图中所示方法画出:在横坐标轴和纵坐标轴上截取 $\frac{\delta_1}{2}$ 和 $\frac{h}{2}$,并对应分成相同的若干等份,得分点 $1,2,3,\cdots$ 和 $1',2',3',\cdots$(图中分为 4 等份)。再将点 O 分别与 $1',2',3',\cdots$ 相连,得连线 $O1',O2',O3',\cdots$,这些连线分别与由点 $1,2,3,\cdots$ 作纵坐标轴的平行线交于点 $1'',2'',3'',\cdots$,再将点 $O,1'',2'',3'',\cdots$ 连成光滑曲线,即得等加速段的位移曲线。等减速段的抛物线可用相应的方法画出。

三、余弦加速度运动规律

从动件的加速度按余弦规律变化时,其推程的位移、速度和加速度的方程式为

$$
\left.
\begin{aligned}
s_2 &= \frac{h}{2}\left(1-\cos\frac{\pi}{t_1}t\right) \\
v_2 &= \frac{h\pi}{2t_1}\sin\frac{\pi}{t_1}t \\
a_2 &= \frac{h\pi^2}{2t_1^2}\cos\frac{\pi}{t_1}t
\end{aligned}
\right\} \qquad (4-1)
$$

对应的运动线图如图 4-8 所示。由其加速度线图可知,从动件在行程的开始和终止点处加速度产生有限的突变,引起柔性冲击。

这种运动规律的位移曲线的画法如图所示。以从动件的行程 h 为直径在纵坐标轴上画半圆,将此半圆和横坐标轴上的推程运动角 δ_1 对应分成相同等份(图中为 6 等份),再过半圆周上各分点作水平线与 δ_1 中的对应等分点的垂直线各交于一点,过这些点连成光滑曲线即为所画的推程位移曲线。这与力学中所述质点沿圆周作等速运动,该质点在此圆直径上的投影所形成的运动与简谐运动相同,故余弦加速度运动规律又称简谐运动规律。

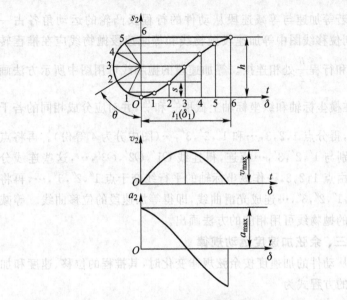

图 4-8　余弦加速度运动规律

为了使加速度保持连续变化，工程上还用到正弦加速度、高次多项式或几种曲线组合起来的运动规律。

§4-3　盘形凸轮轮廓曲线的设计

在根据工作要求合理地选择了凸轮机构的形式和从动件的运动规律，并初步确定凸轮的基圆半径之后，就可以进行凸轮轮廓的设计。设计凸轮轮廓有图解法和解析法。这里只结合盘形凸轮轮廓的设计介绍图解法。

一、对心尖顶直动从动件盘形凸轮

图 4-9a 所示为一对心尖顶直动从动件盘形凸轮机构。若已知从动件的位移线图（图 4-9b，按一定比例尺绘制），凸轮以等角速度 ω_1 逆时针方向回转，凸轮的基圆半径为 r_0，要求设计该凸轮的轮廓曲线。

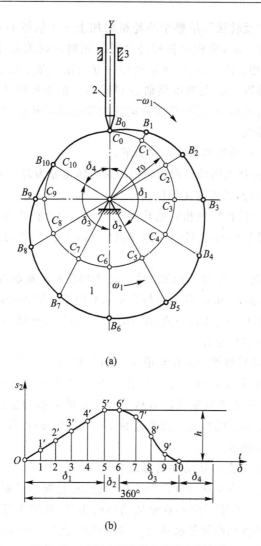

(a)

(b)

图 4 - 9　对心尖顶直动从动件盘形凸轮

　　凸轮机构工作时,凸轮和从动件都在运动。在绘制凸轮的轮廓时,应使凸轮相对于图纸静止不动。根据机构相对运动不变的原理，采用"反转法"，给整个凸轮机构加上一个绕轴心 O 转动的公共角速度 $-\omega_1$，机构中各构件之间的相对运动关系并不改变。此时，凸轮相对固定不动，而从动件一方面在导路上往复移动，同时随着导路以 $-\omega_1$ 角速度绕轴心 O 转动。由于从动件尖顶始终与凸轮轮廓接触，故反转后的从动件尖顶的运动轨迹即为所求的凸轮轮廓曲线。

凸轮轮廓曲线的绘制步骤如下：

1）将位移线图的推程和回程的对应转角分为若干等份（图中推程为 5 等份，回程为 4 等份）。

2）用与位移线图相同的比例尺，以 r_0 为半径作出凸轮的基圆。从动件导路与基圆的交点 $B_0(C_0)$ 即为从动件尖顶的起始位置。

3）在图 4 - 9a 中，自 OB_0 沿 $-\omega_1$ 方向按顺序量取角度 δ_1、δ_2、δ_3 及 δ_4，并将 δ_1 和 δ_3 各分为与图 4 - 9b 中相应的等份，等分线与基圆相交于 C_1、C_2、C_3、…点，则 OC_1、OC_2、OC_3、…就是反转后从动件导路的对应位置。

4）按位移线图中的位移值 s_2，过 C_1、C_2、C_3、…各点沿导路向外分别量取线段 $C_1B_1 = 11'$、$C_2B_2 = 22'$、$C_3B_3 = 33'$、…，所得的 B_1、B_2、B_3、…各点就是反转后从动件尖顶的一系列位置，即对应凸轮轮廓上各点的位置。光滑连接 B_0、B_1、B_2、…各点，即得所求的凸轮轮廓曲线。

二、滚子直动从动件盘形凸轮

对于滚子直动从动件盘形凸轮，其凸轮轮廓的绘制方法如图 4 - 10 所示。将滚子中心看成从动件的尖顶，按照上述方法先求得尖顶从动件的凸轮轮廓曲线 β，再以曲线 β 上各点为圆心，以滚子半径为半径作一系列圆弧，这些圆弧的内包络线 β' 即为滚子从动件凸轮的工作轮廓曲线（也称为实际轮廓曲线），而 β 曲线称为该凸轮的理论轮廓曲线。滚子从动件凸轮的基圆半径 r_0 是指理论轮廓曲线的最小半径。

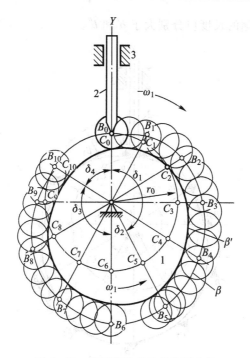

图 4-10 滚子直动从动件盘形凸轮

三、平底直动从动件的盘形凸轮

对于平底直动从动件的盘形凸轮机构,其凸轮轮廓的绘制方法如图 4-11 所示。将从动件的导路中心线与从动件的平底交点 B_0 看作尖顶从动件的尖顶。按照尖顶从动件盘形凸轮轮廓绘制方法,求出平底从动件盘形凸轮的理论轮廓曲线上的 B_1、B_2、B_3、…,过这些点画一系列代表从动件平底的直线,作该直线族的包络线,即为平底从动件凸轮的工作轮廓曲线。由图中还可看出,从动件平底与凸轮工作轮廓曲线的接触点(即平底与凸轮工作轮廓曲线的切点),随从动件位于不同位置而改变。图中平底与凸轮轮廓的切点 B'、B'',是平底左、右两侧最远的两个切点。为了保证从动件平底能始终与凸轮工作轮廓相切,平底左、右两侧的长度应分别大于 b' 和 b''。

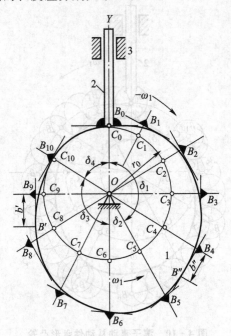

图 4-11　平底直动从动件盘形凸轮

四、摆动从动件盘形凸轮

一尖顶摆动从动件盘形凸轮机构,已知其从动件的角位移线图(图 4-12b),凸轮与摆动从动件的中心距 l_{OD},摆动从动件长度 l_{BD},凸轮基圆半径 r_0 以及凸轮以等角速度 ω_1 逆时针回转。利用"反转法"绘制该凸轮轮廓的步骤如下:

1) 取比例尺,以 O 为圆心,以 r_0 为半径作基圆;以 O 为圆心,以 l_{OD} 为半径作圆,称为中心距圆。在中心距圆上任取 D_0 点作为推程起始点所对应的摆动从动件轴心位置。

2) 自 D_0 点开始,沿 $-\omega$ 方向在中心距圆上取角 δ_1、δ_2、δ_3 和 δ_4,并将 δ_1、δ_3 分成与图 4-12b 中横坐标相对应的等份,得摆杆轴

心在反转中的各个位置 D_1、D_2、D_3、$\cdots$;再以这些点为圆心,以从动件长度 l_{BD} 为半径作弧,与基圆交于 C_1、C_2、C_3、$\cdots$。

3) 以 $C_1 D_1$、$C_2 D_2$、$C_3 D_3$、$\cdots$ 为基准,分别量取与图 4-12b 中对应的摆杆位移角 β_1、β_2、β_3、$\cdots$ 得 $B_1 D_1$、$B_2 D_2$、$B_3 D_3$、$\cdots$,则点 B_1、B_2、B_3、$\cdots$ 即为摆杆的尖顶在反转中依次占据的位置。将 B_0、B_1、B_2、$\cdots$ 连成光滑曲线即为凸轮的轮廓曲线。

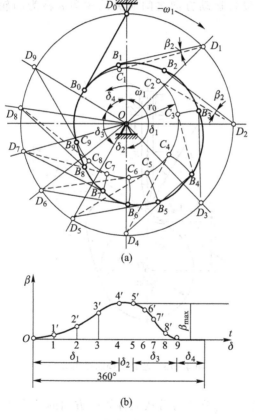

(a)

(b)

图 4-12 摆动从动件盘形凸轮

§4-4　凸轮机构设计中应注意的问题

一、压力角与凸轮的基圆半径

图 4-13 所示为尖顶直动从动件凸轮机构。若不考虑摩擦,凸轮作用于从动件上的力 F_n 沿接触点的法线 $n-n$ 方向。力 F_n 与从动件运动方向之间所夹的锐角 α 称为凸轮机构的压力角。

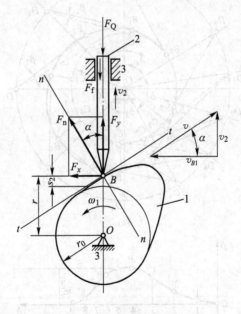

图 4-13　凸轮机构的受力分析

法向力 F_n 可分解为沿从动件导路方向的分力 F_y 和垂直导路方向的分力 F_x。F_y 是推动从动件运动的力,它除了克服作用于从动件上的工作阻力 F_Q 外,还需克服导路对从动件的摩擦阻

力 F_f，而这个摩擦阻力是由 F_x 引起的。由图可见，F_y 和 F_x 的大小分别为

$$F_y = F_n \cos\alpha, F_x = F_n \sin\alpha$$

当 F_n 一定时，分力 F_x 及其在导路中所引起的摩擦力将随着 α 角的增大而增大，而分力 F_y 则随着 α 角的增大而减小。当 α 角增大到某一值时，有可能出现推动从动件运动的分力 F_y 等于或小于摩擦力，此时即使 F_Q 为零，不论凸轮对从动件的作用力有多大，都无法推动从动件运动，即机构发生自锁现象。为了保证凸轮机构的正常工作，必须控制 α 角不宜过大。一般直动从动件推程时的许用压力角 $[\alpha] = 30°$；摆动从动件推程的许用压力角可以大些，一般取 $[\alpha] = 35° \sim 45°$。

对于依靠弹簧或重力保持接触的凸轮机构，在回程时，从动件是在弹簧等作用下返回的，一般不会产生自锁现象，因而可允许有较大的压力角。

压力角的大小与基圆半径有关。从图 4-13 可以看出

$$s_2 = r - r_0$$

式中，s_2 为从动件的位移，一般是根据工作要求给定的；r 为 B 点处的凸轮半径；r_0 为凸轮的基圆半径。如果 r_0 增大，r 也将增大，则凸轮机构的尺寸就会相应地加大。为了使凸轮机构紧凑，r_0 应尽可能取得小一些。但从凸轮机构的运动分析，由图中的速度多边形可知

$$v_2 = v_{B2} = v_{B1} \tan\alpha = \omega_1 r \tan\alpha$$

即

$$r = \frac{v_2}{\omega_1 \tan\alpha}$$

所以

$$r_0 = r - s_2 = \frac{v_2}{\omega_1 \tan\alpha} - s_2 \tag{4-2}$$

由式（4-2）可知，当 ω_1、v_2 和 s_2 为一定时，如果要减小凸轮的基圆半径 r_0，就要增大压力角 α。应在凸轮机构的最

大压力角 α_{max} 不超过许用值的条件下考虑减小基圆半径。由于一般凸轮都安装在轴上，故基圆半径 r_0 必须大于轴或轮毂的半径。设计时可根据结构需要并参照下式初步确定凸轮的基圆半径 r_0

$$r_0 \geqslant r_s + r_k + (2 \sim 5)\ \text{mm} \qquad (4-3)$$

式中：r_s 为凸轮与轴一体时为轴的半径，当凸轮装配在轴上时为凸轮轮毂半径，mm；r_k 为从动件滚子半径，mm。

凸轮轮廓设计后，通常需对推程轮廓各处的压力角进行检查。一般可在轮廓曲线比较陡的地方取若干点进行检验。若 α_{max} 超过许用值，可适当增大基圆半径以减小 α_{max}。

二、滚子半径的选择

采用滚子从动件时，应合理选择滚子半径 r_k。适当增大滚子半径对减小凸轮与滚子间的接触应力是有利的。但是，必须注意滚子半径与凸轮轮廓曲线形状的关系。如图 4-14 所示，当凸轮理论轮廓曲线 β 为内凹曲线时（图 4-14a），其工作轮廓曲线 β' 的曲率半径 ρ' 为 ρ 与 r_k 之和，即 $\rho' = \rho + r_k$。故 r_k 的大小不受 ρ 的限制。当理论轮廓曲线 β 为外凸曲线时，则 $\rho' = \rho - r_k$。此时，若 $r_k < \rho_{min}$（图 4-14b），则可完整地绘出工作轮廓曲线 β'；若 $r_k = \rho_{min}$（图 4-14c），即工作轮廓曲线 β' 将出现 $\rho' = 0$ 的尖点，由于尖点处的压力理论上为无穷大，故极易磨损而会改变预定的从动件运动规律；若 $r_k > \rho_{min}$（图 4-14d），则 $\rho' < 0$，作图时工作轮廓将出现交叉现象，在交叉点以上部分的工作轮廓曲线加工时将被切去，致使从动件不能实现预期的运动规律而发生运动失真现象。所以，在设计时必须使 r_k 小于 ρ_{min}，一般选用 $r_k \leqslant 0.8\rho_{min}$。为了防止凸轮过快磨损，工作轮廓曲线上的最小曲率半径不宜过小。另外，从结构和强度考虑，滚子半径 r_k 也不能太小。必要时可加大凸轮基圆半径 r_0，以免 ρ 和 r_k 过小。

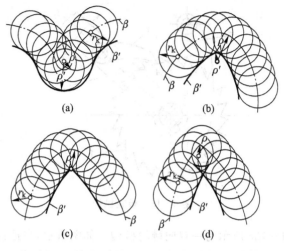

图 4-14 滚子半径的选择

§4-5 间歇运动机构

在许多机械中,常要求主动件作连续运动时,从动件作周期性的间歇运动,这类输出运动具有停歇特性的机构称为间歇运动机构。例如自动机床的进给、送料和刀架的转动机构,包装机械的送进机构等等,都广泛应用着各种间歇运动机构。本节只简单介绍几种常用的间歇运动机构。

一、棘轮机构

图 4-15 所示的棘轮机构由棘轮 4、棘爪 3、止动爪 5 和机架组成。棘轮 4 与轴 1 固连,摇杆 2 空套在轴 1 上,可以自由摆动。当摇杆作逆时针方向摆动时,与摇杆铰接的棘爪 3 借助弹簧或自重插入棘轮 4 的齿槽,推动棘轮逆时针转过一定角度。若摇杆顺时针方向摆动时,由于止动爪 5 阻止棘轮 4 顺时针转动,棘爪 3 沿棘轮 4 的齿背滑过,从而实现当摇杆往复摆动时,棘轮作单向间歇转动。

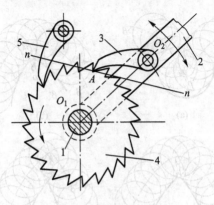

图 4-15 棘轮机构

图 4-16a 所示为一双向棘轮机构。如图所示,在摇杆上装一双向棘爪 1,棘轮 2 的齿形为矩形,当棘爪处于实线位置摆动时,棘轮沿逆时针方向作间歇转动;棘爪处于虚线位置摆动时,棘轮沿顺时针方向作间歇转动,从而实现棘轮作双向间歇转动。图 4-16b 所示为另一种双向棘轮机构。当棘爪 1 在图示位置摆动时,棘轮 2 将沿逆时针方向作间歇运动。若将棘爪 1 提起并绕本身轴线 Y 转过 180°再插入轮齿,棘爪摆动时,棘轮将作反向间歇运动。若将棘爪提起绕轴线 Y 转过 90°,棘爪被架在壳体平台 X 上与棘轮脱开,则棘爪摆动棘轮静止不动。这种棘轮机构常用于牛头刨床工作台的进给装置中。

上述棘轮机构,棘轮的转角都是相邻两齿所夹中心角的倍数,这表明棘轮的转角是有级改变的。要实现转角的无级改变,可采用如图 4-17 所示的摩擦式棘轮机构。通过凸块 2(相当于棘爪)与轮 3(相当于棘轮)之间的摩擦力来传递运动,4 为止动块。这种机构在传动过程中可避免棘轮每次运动开始和终止时轮齿与棘爪之间的冲击,故噪声小。

当棘轮的直径为无穷大时,就成为棘条机构,它可以获得间歇的直线运动,常用于千斤顶中。

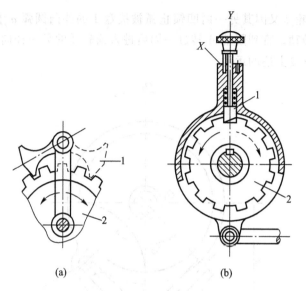

(a)　　　　　　　　　(b)

图 4 - 16　双向棘轮机构

　　为了防止棘轮机构工作时,棘爪从棘轮齿槽中脱出,如图4-15所示,棘爪与棘轮齿接触处 A 点的法线 $n—n$ 必须位于棘爪轴心 O_2 和棘轮轴心 O_1 之间,否则棘轮的反作用力将使棘爪从棘轮齿槽中脱出。

二、槽轮机构

　　图 4 - 18 所示的槽轮机构主要由具有径向槽的槽轮 2、带有圆销的拨盘1 和机架组成。主动拨盘 1 作等速转动时,从动槽轮 2 作间歇转动。当拨盘1 的圆销未进入槽轮 2 的径向槽时,槽

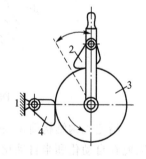

图 4 - 17　摩擦式棘轮机构

轮 2 由于其内凹的锁止弧 β 被拨盘 1 的外凸圆弧 α 卡住静止不动。图中所示为圆销 A 开始进入槽轮 2 的径向槽的位置,锁止弧被松开,槽轮 2 受圆销 A 驱动而转动。当圆销 A 脱出径向槽的同

时,槽轮 2 又因其另一内凹锁止弧被拨盘 1 的外凸圆弧 α 卡住而停止转动。直到圆销 A 转过一周后进入槽轮 2 的另一径向槽时,又将重复上述的运动。

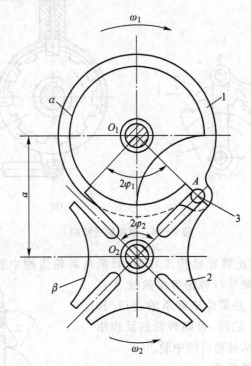

图 4 - 18　槽轮机构

槽轮机构结构简单,机械效率高,且能平稳地实现间歇运动,因此在自动化和半自动化机械中应用比较广泛。

图 4 - 19 所示为电影放映机中的槽轮机构。为了适应人眼的视觉暂留现象,要求影片作间歇移动。槽轮 2 上有四个径向槽,拨盘 1 每转一周,圆销 A 将拨动槽轮转过 $\frac{1}{4}$ 周,胶片移过一幅画面,并停留一定的时间。

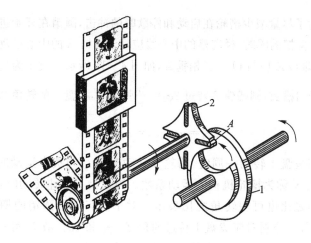

图 4-19 电影放映机中的槽轮机构

图 4-20 所示为转塔车床刀架的转位机构。刀架(与槽轮固连)的六个孔中装有六种刀具(图中未画出),相应的槽轮 2 上有六个径向槽。拨盘 1 转动一周,圆销 A 将拨动槽轮转过 $\frac{1}{6}$ 周,刀架也随着转过 $60°$,从而将下一工序的刀具转换到工作位置。

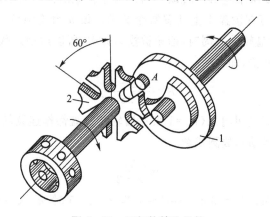

图 4-20 刀架的转位机构

　　为了尽量减少槽轮在启动和停歇时的冲击,圆销在开始进入或脱出径向槽的瞬时,径向槽的中心线应切于圆销 A 的中心运动的轨迹圆,即 O_2A 应与 O_1A 互相垂直,如图 4 - 18 所示。设 z 为均匀分布的径向槽数,则槽轮 2 转过 $2\varphi_2 = \dfrac{2\pi}{z}$ 弧度时,拨盘 1 的转角 $2\varphi_1$ 为

$$2\varphi_1 = \pi - 2\varphi_2 = \pi - \frac{2\pi}{z}$$

　　当拨盘 1 转动一周时,槽轮 2 运动时间 t_d 与拨盘运动时间 t_j 之比值 K 称为槽轮机构的运动系数。当拨盘 1 等速转动时,这两个时间之比也可用转角之比表示。对于只有一个圆销的槽轮机构,t_d 和 t_j 分别对应拨盘 1 转过的角度 $2\varphi_1$ 和 2π。故 K 可写为

$$K = \frac{t_d}{t_j} = \frac{2\varphi_1}{2\pi} = \frac{\pi - \dfrac{2\pi}{z}}{2\pi} = \frac{1}{2} - \frac{1}{z} = \frac{z-2}{2z} \tag{4-4}$$

　　要保证槽轮运动,K 应大于零。由上式可知,相应径向槽的数目应等于或大于 3,又由上式可知,这种槽轮机构的 K 总是小于 0.5,即槽轮每次转动的时间总是小于停歇时间。

　　如果要求槽轮每次转动的时间大于停歇时间,即运动系数 K 大于 0.5,可在拨盘 1 上装置数个圆销。设 n 为均匀分布的圆销数,则当拨盘转动一周时,槽轮被拨动 n 次,所以运动系数 K 是单圆销时的 n 倍,即

$$K = \frac{n(z-2)}{2z} \tag{4-5}$$

　　由于 K 总小于 1($K=1$ 表示槽轮与拨盘都作连续转动,不能实现间歇运动),故圆销数

$$n < \frac{2z}{z-2} \tag{4-6}$$

由上式可知,当 $z=3$ 时,$n=1\sim5$;当 $z=4\sim5$ 时,$n=1\sim3$;当 $z\geqslant6$ 时,$n=1\sim2$。

　　当拨盘的角速度一定时,槽轮的角速度及角加速度的变化与

槽轮的槽数 z 有关。$z=3$ 时槽轮的角速度和角加速度的变化很大,随着槽数的增多,角速度的变化将减小。但槽数越多,槽轮的尺寸也越大;而当槽数 $z>9$ 时,运动系数 K 的变化较小,对改变间歇运动的特性作用不大。因此,槽轮的槽数 z 常取为 $4\sim8$。

图 4-21 所示为 $z=4$ 和 $n=2$ 的槽轮机构,它的运动系数 $K=0.5$,即槽轮转动和停歇的时间相等。

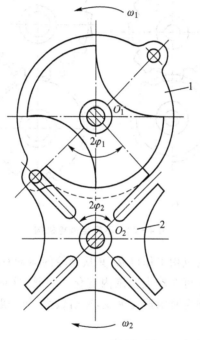

图 4-21 双销槽轮机构

三、不完全齿轮机构

图 4-22 所示为不完全齿轮机构。它的主动轮 1 是只有一个齿或几个齿的不完全齿轮,从动轮 2 是由正常齿和带锁止弧的厚齿彼此相间组成。当主动轮 1 上的齿与轮 2 的大齿相啮合时,驱使从动轮 2 转动,当轮 1 的圆弧部分与轮 2 接触时,从动轮停歇不

动,因此当主动轮连续转动时,从动轮作间歇运动。主动轮连续转

过一周时,图 4-22a 和 b 中的从动轮分别间歇地转过 $\frac{1}{8}$ 和 $\frac{1}{4}$ 周。

为了防止从动轮在停歇期间游动,两轮轮缘上分别装有锁止弧。

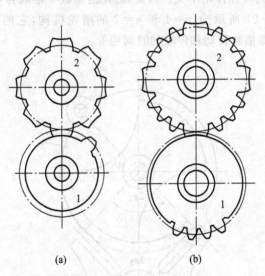

(a)　　　　　　　　　　　(b)

图 4-22　不完全齿轮机构

　　不完全齿轮机构工作可靠,其从动轮的运动时间、停歇时间及
每次转动的角度可在较大范围内变化。但是,这种机构的从动轮
在进入和脱离啮合时因速度突变,冲击较大,故一般只适用于低速
轻载的场合。

四、凸轮式间歇运动机构

　　图 4-23 所示为凸轮式间歇运动机构。主动凸轮 1 驱动从动
转盘 2 上的滚子,将凸轮的连续转动变换为转盘的间歇转动。

　　图 a 中,主动凸轮 1 呈圆柱形,从动转盘 2 的端面均布着若干
滚子,其轴线平行于转盘的轴线,称为圆柱凸轮间歇运动机构。图
b 中,主动凸轮 1 的形状像圆弧面蜗杆,从动转盘 2 的圆柱表面均
布着若干滚子,其轴线垂直于转盘的轴线,称为蜗杆凸轮间歇运动

机构。这种蜗杆凸轮间歇运动机构,可以通过调整凸轮与转盘的中心距来调节滚子与凸轮轮廓之间的间隙,以保证机构的运动精度。

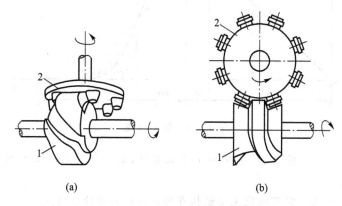

(a)   (b)

图 4-23 凸轮式间歇运动机构

凸轮式间歇运动机构传动平稳,工作可靠,常用于传递交错轴间的分度运动和高速分度转位的机械中。

习 题

4-1 凸轮机构有何特点?

4-2 什么是刚性冲击和柔性冲击?

4-3 何谓凸轮机构的压力角? 压力角的大小对凸轮机构传动性能和凸轮尺寸有何影响?

4-4 试设计一对心直动尖顶从动件的盘形凸轮机构。已知凸轮沿递时针方向作等角速度转动,从动件的行程 $h=32$ mm,凸轮的基圆半径 $r_0=40$ mm,从动件的位移线图如图 4-24 所示。

4-5 滚子从动件凸轮机构中,如何确定滚子的半径?

4-6 何谓凸轮的理论轮廓曲线、工作轮廓曲线?

4-7 将题 4-4 改为滚子从动件。如已知滚子半径为 10 mm,试设计其凸轮工作轮廓曲线。

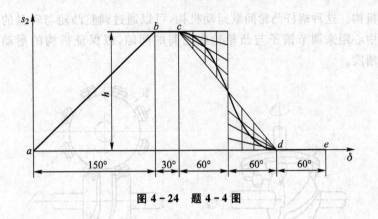

图 4 - 24　题 4 - 4 图

4 - 8　将题 4 - 4 改为平底从动件，试设计其凸轮工作轮廓曲线。

4 - 9　常用间歇运动机构有哪几种？各有什么特点？

4 - 10　棘轮机构中棘爪的轴心位置应如何安排？

4 - 11　何谓槽轮机构的运动系数？它与槽轮的槽数有何关系？槽轮的槽数常取多少？

第五章　螺纹连接和螺旋传动

[内容提要]

1. 介绍螺纹的形成、分类和主要参数,机械设备中常用螺纹的类型、特点和应用;

2. 重点介绍螺旋副的受力分析、效率和自锁,螺纹连接的基本类型,根据螺纹连接的工作特点进行受力分析和强度计算的方法以及设计螺纹连接时应注意的问题;

3. 简述螺旋传动的类型、结构和应用。

机械是由许多零件以一定方式连接而成的。按照拆开的情况不同,连接可以分为两大类。当拆开时不需要损坏任何零件的连接称为可拆连接,如螺纹连接、键连接、销连接、楔连接等。当拆开时至少要损坏连接中的某一部分的连接称为不可拆连接,如焊接、铆接和胶接等。

本章主要介绍以螺纹为基础的螺纹连接和螺旋传动。

§5-1　螺纹的主要参数和常用类型

如图 5-1 所示,将一倾斜角为 λ 的直线绕在圆柱体上就形成一条螺旋线。取一平面图形(三角形、矩形、梯形、锯齿形等),使其沿螺旋线运动(运动时保持图形平面通过圆柱体的轴线),其在空间的轨迹即为螺纹。按平面图形的形状,相应可得三角形螺纹以及矩形、梯形或锯齿形螺纹等。

在圆柱表面上形成的螺

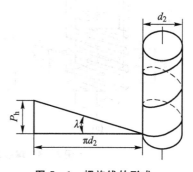

图 5-1　螺旋线的形成

纹称为外螺纹,如螺栓的螺纹,在圆柱孔内壁上形成的螺纹,称为
内螺纹,如螺母的螺纹。

　　按螺纹的绕行方向,螺纹可分为右旋(图 5 - 2a、c)和左旋(图
5 - 2b)螺纹,常用的是右旋螺纹。

　　按照螺旋线的数目,螺纹还分为单线螺纹(图 5 - 2a)、双线螺
纹(图 5 - 2b)和三线螺纹(图 5 - 2c)等。从便于制造考虑,一般不
采用四线以上的螺纹。

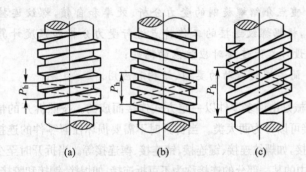

图 5 - 2　不同旋向和线数的螺纹

　　现以圆柱螺纹为例说明螺纹的主要参数(见图 5 - 3):

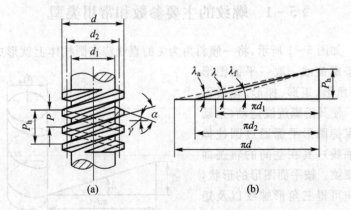

图 5 - 3　螺纹的主要参数

大径 $d(D)$　与外螺纹牙顶(或内螺纹牙底)相切的圆柱体的直径,通常定为螺纹的公称直径。

小径 $d_1(D_1)$　与外螺纹牙底(或内螺纹牙顶)相切的圆柱体的直径。

中径 $d_2(D_2)$　处于大径和小径之间的一个假想圆柱面的直径。在该圆柱的母线上螺纹牙厚度与牙槽宽度相等。

螺距 P　相邻两螺纹牙上对应点之间的轴向距离。

导程 P_h　螺纹上任一点沿螺旋线绕一周所移过的轴向距离,$P_h = zP$,z 为螺纹的线数。

升角 λ　螺旋线的切线与垂直于螺纹轴线的平面之间的夹角。在螺纹的不同直径处,螺纹升角是不同的(图 5-3b)。通常是用中径处的升角 λ 表示

$$\tan\lambda = \frac{P_h}{\pi d_2} \qquad (5-1)$$

牙型角 α　在螺纹轴线平面内螺纹牙两侧面的夹角。螺纹牙侧边与螺纹轴线的垂线间的夹角称为牙型斜角 γ。

表 5-1 列出了常用螺纹的类型、牙型、特点和应用。前两种螺纹主要用于连接,后三种主要用于传动,除矩形螺纹外,都已标准化。

表 5-1　常 用 螺 纹

类　别	牙　型　图	特点和应用
普通螺纹		牙型角 $\alpha = 60°$。牙根较厚,牙根强度较高。当量摩擦系数较大,主要用于连接。同一公称直径按螺距 P 的大小分粗牙和细牙。一般情况下用粗牙;薄壁零件或受动载荷的连接常用细牙

续表

类　别	牙型图	特点和应用
圆柱管螺纹		牙型角 $\alpha=55°$。螺纹尺寸代号用管子公称孔径英寸数值表示。多用于压力在 1.57 MPa 以下的管子连接
矩形螺纹		螺纹牙的剖面通常为正方形,牙厚为螺距的一半,尚未标准化。牙根强度较低,难于精确加工,磨损后间隙难以补偿,对中精度低。当量摩擦系数最小,效率较其他螺纹高,故用于传动
梯形螺纹		牙型角 $\alpha=30°$。效率比矩形螺纹低,但可避免矩形螺纹的缺点。广泛用于传动
锯齿形螺纹		工作面的牙型斜角 $\gamma=3°$,非工作面的牙型斜角 $\gamma=30°$,兼有矩形螺纹效率高和梯形螺纹牙根强度高的优点,但只能用于单向受力的传动

表 5-2 列出标准粗牙普通螺纹的基本尺寸。

表 5-2　粗牙普通螺纹的基本尺寸　　　　　　　　mm

公称直径(大径)d	螺距 P	中径 d_2	小径 d_1
6	1	5.350	4.918
8	1.25	7.188	6.647
10	1.5	9.026	8.376
12	1.75	10.863	10.106
16	2	14.701	13.835
20	2.5	18.376	17.294

续表

公称直径（大径）d	螺距 P	中径 d_2	小径 d_1
24	3	22.051	20.752
30	3.5	27.727	26.211
36	4	33.402	31.670

注：粗牙普通螺纹的代号用"M"及"公称直径"表示，例如大径 $d=20$ mm 的粗牙普通螺纹的代号为 M 20。

§5-2　螺旋副的受力分析、效率和自锁

一、矩形螺纹

图 5-4a 所示为具有矩形螺纹的螺母和螺杆组成的螺旋副，螺母上作用有轴向载荷 F_Q。当在螺母上作用一转矩 T，使螺母等速旋转并沿力 F_Q 的反向移动（相当于拧紧螺母）时，可看为如图 5-4b 所示的一滑块在水平力 F_t 推动下沿螺纹上移。若将螺纹沿中径展开，则相当于图 5-5a 所示滑块沿斜面等速上升。这时作用在滑块上的摩擦力 $F_f = F_{Rn} f$ 沿斜面向下（式中 F_{Rn} 为法向反力，f 为摩擦系数），斜面对滑块的总反作用力 F_R 与 F_Q 之间的夹角等于升角 λ 与摩擦角 ρ（$\rho = \arctan f$）之和。作用于滑块上的 F_Q、F_R 和 F_t 三力保持平衡关系，由力三角形得

$$F_t = F_Q \tan(\lambda + \rho) \qquad (5-2)$$

旋转螺母（或拧紧螺母）克服螺纹中阻力所需的转矩为

$$T = F_t \frac{d_2}{2} = F_Q \tan(\lambda + \rho) \frac{d_2}{2} \qquad (5-3)$$

旋转螺母一周，输入的驱动功 $W_1 = 2\pi T$，有效功 $W_2 = F_Q P_h$，因此螺旋副效率为

$$\eta = \frac{W_2}{W_1} = \frac{F_Q P_h}{2\pi T} = \frac{F_Q \pi d_2 \tan\lambda}{F_Q \pi d_2 \tan(\lambda + \rho)} = \frac{\tan\lambda}{\tan(\lambda + \rho)} \qquad (5-4)$$

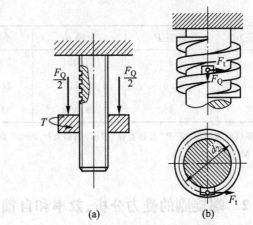

图 5 - 4　矩形螺纹的螺旋副

当螺母等速旋转并沿力 F_Q 方向移动（相当于松脱螺母）时，其受力情况相当于图 5 - 5b 所示滑块在力 F_Q 作用下沿斜面等速下降时的受力情况。此时滑块上的摩擦力 $F_f = F_{Rn}f$ 沿斜面向上，斜面对滑块的总反作用力 F_R 与 F_Q 之间的夹角为 $\lambda - \rho$。由力三角形得水平力

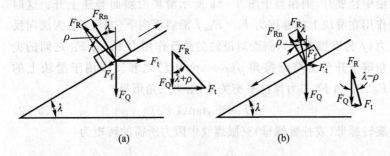

图 5 - 5　滑块沿斜面移动的受力分析

$$F_t = F_Q \tan(\lambda - \rho) \qquad (5-5)$$

由式(5-5)可知，若 $\lambda \leqslant \rho$，则 F_t 为负值。这表明要使滑块沿斜面等速下滑，必须加一反方向的水平拉力 F_t，若不加拉力 F_t，则

不论力 F_Q 有多大,滑块也不会在其作用下自行下滑,即不论有多大的轴向载荷 F_Q,螺母都不会在其作用下自行松脱。这就出现所谓自锁现象。螺旋副的自锁条件为

$$\lambda \leqslant \rho \qquad (5-6)$$

二、非矩形螺纹

非矩形螺纹的螺旋副受力分析与矩形螺纹的相似。由于非矩形螺纹的牙型斜角不等于零(图 5-6b),所以在同样的轴向载荷 F_Q 的作用下,螺纹工作表面上的法向反力与矩形螺纹工作表面上的法向反力不相等。若忽略螺纹升角的影响(即认为 $\lambda = 0$),则由图 5-6 可求得矩形螺纹和非矩形螺纹工作表面上法向反力分别为

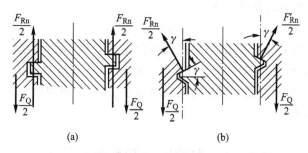

(a)　　　　　　(b)

图 5-6　矩形螺纹与非矩螺纹的比较

$$F_{Rn} = F_Q \quad \text{和} \quad F'_{Rn} = \frac{F_Q}{\cos\gamma}$$

因而当螺旋副作相对运动时,工作表面上的摩擦力分别为

$$F_f = F_{Rn} f = F_Q f \quad \text{和} \quad F'_f = F'_{Rn} f = \frac{F_Q}{\cos\gamma} f$$

式中,f 为摩擦系数。由上式可见,在 F_Q 和 f 相同的条件下,$F'_{Rn} > F_{Rn}$,$F'_f > F_f$。若用符号 f_v 代替 $\dfrac{f}{\cos\gamma}$,则

$$F'_f = F'_{Rn} f = F_Q f_v$$

式中,f_v 称为当量摩擦系数。当量摩擦角 $\rho_v = \arctan f_v$。比较

$F_t = F_Q f$ 和 $F'_t = F_Q f_v$ 两式可见,它们具有相同的形式。因此,非矩形螺纹上作用力的计算可借用矩形螺纹相应的计算公式,仅需将 f 改为 f_v,ρ 改为 ρ_v。故得非矩形螺纹相应的力计算公式如下。

当螺母旋转并沿力 F_Q 的反向移动时,作用于螺纹中径处的水平力 F_t、克服螺纹中阻力所需的转矩 T 和螺旋副的效率 η 分别为

$$F_t = F_Q \tan(\lambda + \rho_v) \tag{5-7}$$

$$T = F_t \frac{d_2}{2} = F_Q \tan(\lambda + \rho_v) \frac{d_2}{2} \tag{5-8}$$

$$\eta = \frac{\tan\lambda}{\tan(\lambda + \rho_v)} \tag{5-9}$$

螺旋副的自锁条件为

$$\lambda \leqslant \rho_v \tag{5-10}$$

由以上分析可知,螺纹工作面的牙型斜角 γ 愈大,则 f_v 和 ρ_v 愈大,效率愈低,但自锁性能愈好。此外,一般升角 λ 愈小,螺纹效率愈低,愈易自锁。故单线螺纹多用于连接,多线螺纹 λ 大,则常用于传动。

§5-3　螺纹连接和螺纹连接件

一、螺纹连接的基本类型

1. 螺栓连接

螺栓连接(图 5-7a、b)是利用螺栓穿过被连接件的孔,拧上螺母,将被连接件连成一体。螺母与被连接件之间常放置垫圈。这种连接由于不需要加工螺纹孔,比较方便,广泛用于被连接件不太厚,并能从连接两边进行装配的场合。通常,采用图 5-7a 所示的结构。当需要借助螺栓杆承受横向载荷或固定两被连接件的相对位置时,则采用图 b 所示铰制孔用螺栓连接。此时,孔与螺栓多采用过渡配合。

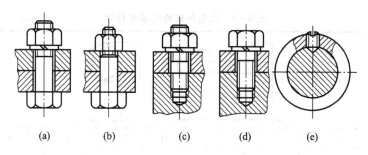

(a)　　　　(b)　　　　(c)　　　　(d)　　　　(e)

图 5 - 7　螺纹连接的基本类型

2. 双头螺柱连接

双头螺柱连接(图 5 - 7c)是将螺柱一端旋紧在一被连接件的螺纹孔内,另一端穿过另一被连接件的孔,旋上螺母将被连接件连成一体。这种连接用于被连接件之一太厚不便穿孔,且需经常装拆或结构上受限制不能采用螺栓连接的场合。

3. 螺钉连接

螺钉连接如图 5 - 7d 所示,不用螺母,而是直接将螺钉拧入被连接件之一的螺纹孔内。它也用于被连接件之一较厚的场合,由于常常装拆很容易使螺纹孔损坏,故宜用在不经常装拆的场合。

4. 紧定螺钉连接

紧定螺钉连接如图 5 - 7e 所示,是利用紧定螺钉旋入一零件,并以其末端顶紧另一零件来固定两零件之间的相互位置,可传递不大的力及转矩,多用于轴与轴上零件的连接。

二、螺纹连接件

螺纹连接件的种类很多,其结构形式和尺寸都已标准化,可根据有关标准选用。螺栓、螺钉、螺母等分为 A、B、C 三个产品等级,A 级精度最高,C 级最低。

(1)螺栓　螺栓杆部可制出一段螺纹或全螺纹,螺纹可用粗牙或细牙。六角头螺栓应用最广,常用六角头螺栓的基本尺寸见表 5 - 3。

表 5 - 3　六角头螺栓的基本尺寸　　　　　mm

d	8	10	12	16	20	24	30	36
s	13	16	18	24	30	36	46	55
k	5.3	6.4	7.5	10	12.5	15	18.7	22.5
e	14.2	17.59	19.85	26.17	32.95	39.55	50.85	60.79
r	0.4	0.4	0.6	0.6	0.8	0.8	1	1
l	40~80	45~100	50~120	60~160	80~200	90~240	110~300	140~360
b　$l \leqslant 125$	22	26	30	38	46	54	66	78
$125 < l \leqslant 200$	28	32	36	44	52	60	72	84
$l > 200$				57	65	73	85	97
l 系列	30,35,40,45,50,(55),60,(65),70~160(10 进位),180~360(20 进位)(尽量不采用括号内规格)							

（2）双头螺柱　双头螺柱两端均制有螺纹（参看图 5 - 7c），两端螺纹可相同或不同（例如一端为粗牙，另一端为细牙）。

（3）地脚螺栓　地脚螺栓是将机座固定在地基上的一种特殊螺栓，图 5 - 8 所示为其常见结构。

（4）螺钉　螺钉的头部有多种形式，如图 5 - 9 所示。头部的起子槽有一字槽、十字槽和内六角槽等。十字槽拧紧时对中性好，十字槽不易损坏，安装效率高。紧定螺钉的头部和末端都有多种形式，图 5 - 10 为

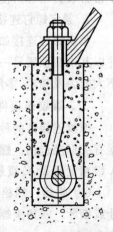

图 5 - 8　地脚螺栓

几种常见末端形状。

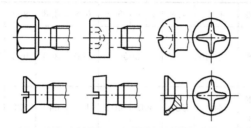

图 5 - 9 螺钉的头部

（5）螺母 螺母有六角螺母、方螺母、圆螺母等多种，应用最多的是六角螺母。

（6）垫圈 垫圈有平垫圈（图 5-11）、弹簧垫圈（图 5-20）和各种止动垫圈等。垫圈起保护支承面的作用，弹簧垫圈和止动垫圈还起着阻止螺纹连接松动的作用（参阅本章第 5 节）。当被连接件表面倾斜时（如槽钢），应采用斜垫圈（图5-12）。

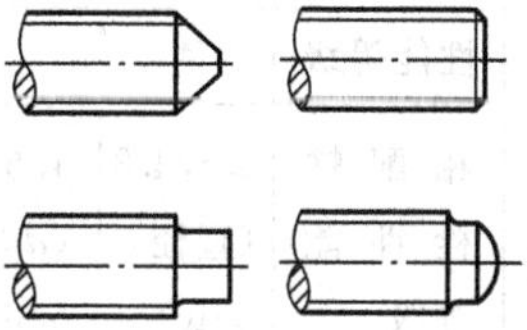

图 5 - 10 紧定螺钉的末端

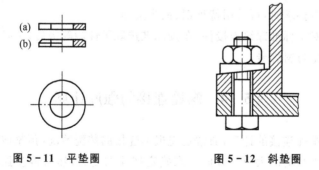

图 5 - 11 平垫圈　　　**图 5 - 12 斜垫圈**

三、螺纹连接件的性能等级和材料

国家标准将螺纹连接件按力学性能分级，见表 5 - 4。

表 5-4 螺栓、螺母性能等级

	性能等级	4.6	4.8	5.6	5.8	6.8	8.8	9.8	10.9	12.9
螺栓	公称抗拉强度 σ_b/MPa	400		500		600	800	900	1 000	1 200
	屈服极限 σ_s/MPa	240	320	300	400	480	640	720	900	1 080
	推荐材料	低碳钢,中碳钢					中碳钢,低碳合金钢		中碳钢,低碳合金钢,合金钢	
螺母	性能等级	4		5		6	8	9	10	12
	相配螺栓性能等级	4.6,4.8 (直径 d >16)	4.6, 4.8 ($d \leqslant 16$); 5.6,5.8			6.8	8.8	9.8	10.9	12.9

　　制造螺纹连接件常用的材料有低碳钢和中碳钢,如 Q215、Q235、10、35 和 45 钢等。对于承受冲击、变载荷的重要螺纹连接件,可采用合金钢,如 20Cr、40Cr、30CrMnSi 等。有防蚀、耐高温、导电等要求时,可采用特种钢、铜合金等。

　　对于标准螺纹连接件,在按标准选取了性能等级后,不必再具体选定材料牌号。

§5-4　螺栓连接的强度计算

　　螺栓连接的计算,通常是先根据连接的装配情况(预紧或不预紧)、外载荷的大小和方向 等来确定螺栓的受力,然后再按强度条件确定(或校核)螺栓危险截面的尺寸。螺栓的其他尺寸以及螺母、垫圈的尺寸均可随强度条件由标准选定。

一、松螺栓连接

松螺栓连接在装配时不拧紧。如图 5-13 所示,吊环的螺栓连接中的螺栓仅受拉力 F_Q(N)。其强度条件为

$$\sigma = \frac{F_Q}{A} = \frac{4F_Q}{\pi d_1^2} \leqslant [\sigma]$$

式中:σ 为工作应力,MPa。

因此

$$d_1 \geqslant \sqrt{\frac{4F_Q}{\pi [\sigma]}} \qquad (5-11)$$

式中:A 为螺栓螺纹部分危险截面的面积,mm^2;d_1 为螺栓螺纹的小径,mm;$[\sigma]$ 为螺栓的许用拉应力,MPa,见表 5-5。

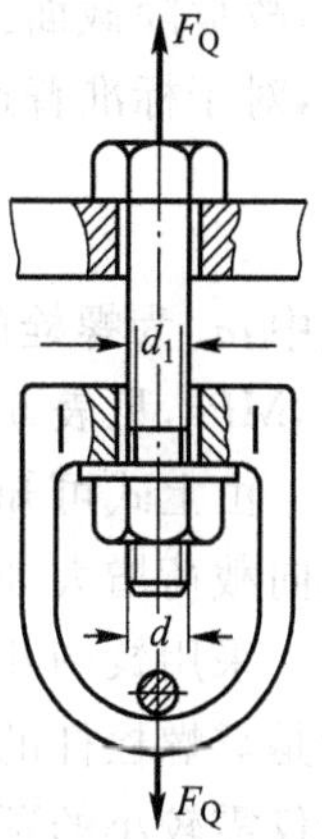

二、紧螺栓连接

紧螺栓连接在装配时需要拧紧,因此加外载荷之前,螺栓已受预紧力。这种连接应用广泛。

图 5-13 吊环的
螺栓连接

1. 受横向载荷的紧螺栓连接

如图 5-14 所示,外载荷 F 与螺栓轴线垂直,螺栓杆与孔之间留有间隙。这种连接的外载荷靠被连接件接合面间的摩擦力传递,因此在施加外载荷前后螺栓所受拉力不变,均等于预紧力 F_{Q0}。为了防止被连接件之间发生相对滑动,接合面之间的最大摩擦力必须大于外载荷 F,即要满足如下条件:

$$n F_{Q0} f \geqslant SF$$

或

$$F_{Q0} \geqslant \frac{SF}{nf} \qquad (5-12)$$

式中:f 为被连接件接合面之间的摩擦系数,对于钢或铸铁零件,当接合面干燥时,$f = 0.10 \sim 0.16$;接合面沾有油时,$f = 0.06 \sim 0.10$。n 为接合面数,对于图 5-14 的情形,$n=1$。S 为防滑系数,

通常取 $1.1 \sim 1.3$。

拧紧时,螺栓既受拉伸,又因旋合螺纹处的力矩作用而受扭转,故危险截面上既有拉应力,又有扭转切应力。根据第四强度理论,对于标准普通螺纹的螺栓,其螺纹部分的强度条件可简化为

$$\sigma_v = \frac{4 \times 1.3 F_{Q0}}{\pi d_1^2} \leqslant [\sigma] \tag{5-13}$$

式中:σ_v 为螺栓的当量拉应力,MPa;$[\sigma]$ 为紧连接螺栓的许用拉应力,MPa,见表 5-5。

由上式可知,扭转切应力对强度的影响在数学式上表现为将轴向载荷增大 30%。

采用铰制孔用螺栓连接时(图 5-15),被连接件上的横向载荷是靠螺栓杆的剪切及螺栓杆与被连接件的挤压来承受的,故连接仅需较小的预紧力。如忽略接合面间的摩擦,则剪切及挤压的强度条件分别为

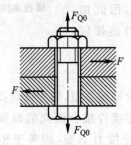

图 5-14　受横向载荷的
紧螺栓连接

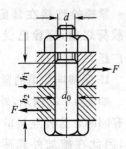

图 5-15　铰制孔用
螺栓连接

$$\tau = \frac{4F}{\pi d_0^2} \leqslant [\tau] \tag{5-14}$$

$$\sigma_p = \frac{F}{d_0 h} \leqslant [\sigma_p] \tag{5-15}$$

式中:τ 和 σ_p 为工作切应力和挤压应力,MPa;d_0 为螺栓杆的直径,mm;h 为螺栓杆与孔壁挤压面的高度(当两被连接件与螺栓杆接触高度不等时,取小值),mm;$[\tau]$ 为螺栓杆的许用切应力,MPa;

$[\sigma_p]$为螺栓杆或孔壁的许用挤压应力,MPa,见表5-6。

2. 受轴向载荷的紧螺栓连接

图5-16所示的压力容器螺栓连接是受轴向载荷的紧螺栓连接的典型实例,其外载荷与螺栓轴线一致。加上外载荷之后,被连接件的接合面之间仍须保持有一定的压紧力。下面取螺栓组中的一个螺栓来分析它的受载情况。

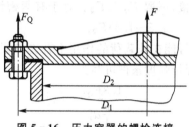

图5-16 压力容器的螺栓连接

图5-17a所示为螺母与被连接件接触,但尚未拧紧。图5-17b所示为已拧紧,但尚未施加外载荷,此时被连接件受预紧力F_{Q0},压缩量为δ_2,螺栓因受拉力F_{Q0},伸长量为δ_1。图5-17c所示为已加上外载荷F_Q,此时螺栓伸长量增加$\Delta\delta$,其拉力由F_{Q0}增至$F_{Q\Sigma}$;被连接件因螺栓伸长而稍被放松,其压缩量减小$\Delta\delta$,压力由F_{Q0}减至F_{Qr},F_{Qr}称为剩余预紧力。因此,加上外载荷后螺栓所受拉力$F_{Q\Sigma}$应为F_Q与F_{Qr}之和,即

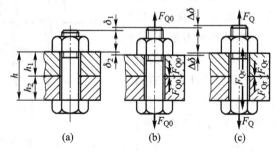

图5-17 螺栓和被连接件的受力和变形

$$F_{Q\Sigma} = F_Q + F_{Qr} \qquad (5-16)$$

为了防止外载荷 F_Q 骤然增大时接合面间产生缝隙和保证连接的紧密性(如压力容器及管道的螺栓连接要求不泄漏),受轴向载荷的紧连接必须维持一定的剩余预紧力 F_{Qr},其大小可按连接的工作条件根据经验选定。对于一般连接,外载荷稳定时,可取 $F_{Qr} = (0.2 \sim 0.6)F_Q$;外载荷有变动时,可取 $F_{Qr} = (0.6 \sim 1.0)F_Q$。对于地脚螺栓连接,可取 $F_{Qr} \geqslant F_Q$。对于有紧密性要求的螺栓连接,通常可取 $F_{Qr} = (1.5 \sim 1.8)F_Q$。

考虑到连接可能在外载荷的作用下补充拧紧,与受横向载荷的紧连接相似,螺栓强度条件可写为

$$\sigma_v = \frac{1.3 F_{Q\Sigma}}{\dfrac{\pi}{4} d_1^2} \leqslant [\sigma] \qquad (5-17)$$

3. 预紧力及拧紧力矩

要使紧螺栓连接能正常工作,必须给以适当的预紧力 F_{Q0}。对于一般的连接,预紧力凭装配工人的经验在拧紧时控制;对于重要的连接(如气缸盖的螺栓连接),必须控制预紧力(如用定力矩扳手或测力矩扳手拧紧,或测量螺栓在拧紧后的伸长量等方法)。

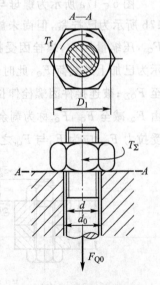

如图 5-18 所示,为获得一定的预紧力 F_{Q0},所需的拧紧力矩 T_Σ 由两部分组成,一部分等于螺纹中的阻力矩 T,另一部分等于螺母支承表面上的摩擦阻力矩 T_f,即 $T_\Sigma = T + T_f$。T 按式(5-8)计算,T_f 可按下式计算:

$$T_f = F_{Q0} f r_f \qquad (5-18)$$

式中:f 为支承表面的摩擦系数,对

图 5-18　螺纹连接拧紧力矩的计算

加工后的表面可取 0.2；r_f 为摩擦半径，m，对于螺母的环形支承表面，可取 $r_f = \dfrac{D_1 + d_0}{4}$，式中 D_1 和 d_0 分别为环形支承表面的外径和内径，mm。

应当指出，拧紧螺栓时，直径小的螺栓容易发生过载拧断。因此，对于重要的螺栓连接，在预紧力不能严格控制时，不宜采用小于 M12 的螺栓。

三、螺栓连接的许用应力

螺栓的许用应力与材料、载荷性质、螺栓尺寸、装配情况（松连接或紧连接）等因素有关。

螺栓连接的许用应力按表 5-5、表 5-6 选取。表中 σ_s、σ_b 分别为材料的屈服极限和抗拉强度极限。

表 5-5　螺栓的许用拉应力$[\sigma]$　　　　　　MPa

载荷性质	螺栓大径 d	紧连接（不控制预紧力）		松连接
		材料		材料
		碳素钢	合金钢	钢
静载荷	M6～M16	$(0.25～0.33)\sigma_s$	$(0.2～0.25)\sigma_s$	$(0.6～0.83)\sigma_s$
	M16～M30	$(0.33～0.5)\sigma_s$	$(0.25～0.4)\sigma_s$	
	M30～M60	$(0.5～0.77)\sigma_s$	$0.4\sigma_s$	
变载荷	M6～M16	$(0.1～0.15)\sigma_s$	$(0.13～0.2)\sigma_s$	—
	M16～M30	$0.15\sigma_s$	$0.2\sigma_s$	

表 5-6　铰制孔用螺栓连接的许用应力　　　　MPa

载荷性质	材料	许用切应力$[\tau]$	许用挤压应力$[\sigma_p]$
静载荷	钢	$0.4\sigma_s$	$0.8\sigma_s$
	铸铁	—	$(0.4～0.5)\sigma_b$
变载荷	钢	$(0.2～0.3)\sigma_s$	按静载荷降低
	铸铁	—	20%～30%

　　上面介绍了单个螺栓连接的计算。实际上,螺栓往往成组使用,形成螺栓组连接。计算螺栓组连接时,首先要根据结构及工作情况等确定螺栓的分布和数目,再按连接的外载荷及结构情况,求出受力最大的螺栓处所承受的载荷,然后根据单个螺栓连接的计算方法确定它的直径。为了减少零件的尺寸规格和便于制造装配,其他受力较小的螺栓通常也取相同的直径。

　　例　图 5-19 所示,凸缘联轴器用 8 个螺栓连成一体。已知螺栓中心圆直径 $D = 195$ mm,联轴器传递的转矩 $T = 1.1$ kN·m,试确定螺栓直径。

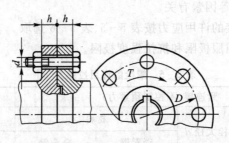

图 5-19　凸缘联轴器中的螺栓连接

　　解　作用于联轴器上的转矩 T 通过螺栓连接传递,因此连接受到与螺栓轴线垂直并与直径为 D 的圆相切的圆周力。总的圆周力 $F_\Sigma = \dfrac{2T}{D}$。由于各螺栓受力情况相同,故每个螺栓连接处受到的载荷为 $\dfrac{F_\Sigma}{8}$。由于螺栓杆与孔之间有间隙,圆周力需靠接合面间的摩擦力来传递,为此,螺栓装配时必须拧紧。所以,这是用受横向载荷的紧螺栓连接,如按式(5-13)确定螺栓直径。

　　(1) 每个螺栓连接处受到的外载荷 F

$$F = \frac{F_\Sigma}{8} = \frac{T}{4D} = \frac{1.1}{4 \times 0.195} \text{ kN} = 1.41 \text{ kN}$$

　　(2) 每个螺栓的预紧力 F_{Q0}

螺栓连接的接合面数 $n=1$，接合面间的摩擦系数 f 取为 0.15，防滑安全系数 S 取为 1.2，根据式（5-12）得

$$F_{Q0}=\frac{SF}{nf}=\frac{1.2\times1.41}{1\times0.15}\ kN=11.28\ kN$$

（3）螺栓的直径

选用性能等级为 5.6 级的螺栓，由表 5-4 查得 $\sigma_s=300\ MPa$。

假定螺栓直径 $d=16\ mm$，按表 5-5 取 $[\sigma]=0.33\ \sigma_s=99\ MPa$。由式（5-13）计算螺栓直径

$$d_1=\sqrt{\frac{4\times1.3F_{Q0}}{\pi[\sigma]}}=\sqrt{\frac{4\times1.3\times11.28\times10^3}{3.14\times99}}\ mm\approx13.74\ mm$$

由表 5-2 查得粗牙普通螺纹公称直径 $d=16\ mm$，小径 $d_1=13.835\ mm$，与计算出的 $d_1\approx13.74\ mm$ 接近，故原假定合理，采用 M16 螺栓。

§5-5　设计螺纹连接时应注意的问题

一、防松

在静载荷和温度变化不大的情况下，拧紧的螺纹连接件因满足自锁条件一般不会自动松脱。但在冲击、振动或变载荷作用下，螺纹之间的摩擦力可能瞬时消失，连接有可能自动松脱，将影响正常工作，甚至发生严重事故。当温度变化较大或高温条件下工作时，由于螺栓等螺纹件与被连接件的温度变形差异或材料的蠕变，也可能导致自松。为了保证安全可靠，对螺纹连接要采取必要的防松措施。

具体的防松措施很多，按工作原理常用的可分为三类。

1. 摩擦防松

这类防松措施是使拧紧的螺纹之间不因外载荷变化而失去压力，始终有摩擦阻力防止连接松脱。常用的措施如下：

　　(1) 弹簧垫圈　如图 5-20 所示,这种垫圈富有弹性,螺母拧紧后,因垫圈的弹性反力,使螺母与螺栓的螺纹之间产生压力,能防止螺母松脱。另外,垫圈斜口的尖端抵着螺母和被连接件的支承面,也有助于防松。弹簧垫圈结构简单,使用方便,应用较广。

　　(2) 双螺母　如图 5-21 所示,在螺母 2 上拧紧螺母 1,两螺母间产生对顶压力,使两螺母的螺纹分别与螺栓 3 的螺纹互相压紧,防止连接松动。

　　图 5-20　弹簧垫圈　　　　　图 5-21　双螺母防松

　　(3) 尼龙圈锁紧螺母　将末端嵌有尼龙圈的螺母拧紧在螺栓上(图 5-22),利用尼龙圈的弹性箍紧螺栓,防松作用良好。

　　2. 机械防松

　　机械防松措施是利用各种止动零件,以阻止拧紧的螺纹零件相对转动。这类防松方法相当可靠,应用很广。下面的几种是常见的。

　　(1) 开口销与开槽螺母　如图 5-23 所示,开口销穿过螺母上的槽和螺栓末端上的孔后,尾端掰开,使螺母与螺栓不能相对转动,能可靠地防止松动,适用于有振动的高速机械。

　　(2) 止动垫圈　如图 5-24 所示,将止动垫圈的双耳分别折弯并贴紧螺母和被连接件,以固定螺母与被连接件的相对位置。

　　(3) 串联钢丝　利用低碳钢丝穿入各螺栓头部(图 5-25),使一组螺栓相互制动。

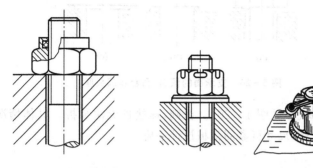

图 5 - 22　尼龙圈锁紧螺母　　　　图 5 - 23　开口销与开槽螺母

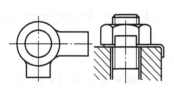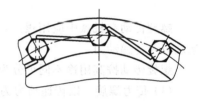

图 5 - 24　止动垫圈　　　　　　图 5 - 25　串联钢丝

3. 粘合防松

在旋合的螺纹之间涂以粘合剂防松,效果良好。

二、支承面应平整

若被连接件或螺母、螺栓头部的支承面不平(图 5 - 26a),将使螺栓受到偏心载荷,引起附加弯曲应力,其数值可能远大于正常承载情况下产生的拉应力,这将大大降低连接的承载能力。因此,必须注意使支承面保持平整。例如,在不平整的被连接件支承处设置加工过的凸台(图 5 - 26b)或沉头座(图 5 - 26c)以及采用合适的垫圈(如斜垫圈,见图 5 - 12)等,都是有效的措施。

三、扳手空间

设计螺纹连接时要考虑到装拆。在布置螺栓位置、确定被连接件结构尺寸时,要注意应使扳手有一定的扳动角,即要留出足够

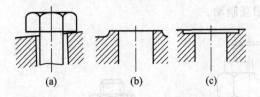

图 5-26　支承面的倾斜,凸台和沉头座

的扳手空间(参见图 1-20)。否则,连接件无法装拆。具体情况下的扳手空间尺寸可参阅机械设计手册。

§5-6　螺 旋 传 动

螺旋传动在机械中应用很广,主要用于将回转运动变为直线运动以及传递动力。

螺旋传动按其用途不同可分为三类:

(1)传力螺旋　以传递动力为主,如螺旋起重器(图 5-27)、螺旋压力机等。

(2)传导螺旋　以传递运动为主,如机床进给机构的螺旋(图 5-28)等。

(3)调整螺旋　用作调整并固定零部件间的相对位置。

螺旋传动按其螺旋副内的摩擦性质不同,又可分为滑动螺旋、滚动螺旋和静压螺旋(液体摩擦)。

螺旋传动的主要运动方式有:

1)螺母固定,螺杆旋转并移动;

2)螺杆旋转,螺母移动;

3)螺母旋转,螺杆移动。

滑动螺旋传动结构简单,制造方便,工作平稳噪声低,承载能力较强,易于实现自锁。其缺点是摩擦阻力大,磨损快,效率低。

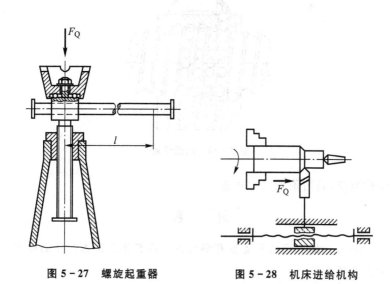

图 5-27　螺旋起重器　　　　图 5-28　机床进给机构

为了减小摩擦和磨损,螺杆和螺母的材料除应具有足够的强度外,还应具有较好的减摩性和耐磨性。一般的螺杆常采用 45 钢、50 钢;重要的螺杆可采用 40Cr、65Mn、20CrMnTi、9Mn2V、38CrMoAl等。螺母常用材料为铸造青铜 ZCuSn10P1、ZCuSn5Pb5Zn5;重载低速时可用高强度铸造铝铁青铜 ZCuAl10Fe3;轻载低速时可采用耐磨铸铁。

如图 5-29 所示,滚动螺旋在螺杆与螺母之间的螺纹滚道内充填滚珠,当螺杆与螺母相对转动时,滚珠沿滚道滚动。为了使滚珠能循环滚动,螺母上有回程通道。滚动螺旋传动摩擦损失小,效率在 0.9 以上,传动精度较高,工作可靠,但结构复杂,制造较困难,抗冲击性能较差。

静压螺旋传动是在螺杆与螺母的螺牙之间引入压力油,利用油压来平衡外载荷并隔开螺杆和螺母的螺牙接触面。这种螺旋传动的摩擦小,磨损小,寿命长,效率高(η 可达 0.99),精度高,但其

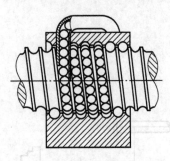

图 5-29　滚动螺旋

结构复杂,且需附加供油系统。

习　题

5-1　常用螺纹的类型有哪几种?各有什么特点?分别适用于什么场合?

5-2　如何判别左旋螺纹和右旋螺纹?

5-3　两个牙型和中径相同的螺旋副,一个导程比另一个大,而轴向载荷 F_Q 以及其他条件均相同,试问旋转哪一个螺旋副的螺母所需的力矩较大?为什么?

5-4　图 5-27 所示螺旋起重器,其额定起重量 $F_Q=50$ kN,螺旋副采用单线标准梯形螺纹 Tr60×9(公称直径 $d=60$ mm,中径 $d_2=55.5$ mm,螺距 $P=9$ mm,牙型角 $\alpha=30°$),螺旋副中的摩擦系数 $f=0.1$,若忽略不计支承载荷的托杯与螺杆上部间的滚动摩擦阻力,试求:1) 当操作者作用于手柄上的力为 150 N 时,举起额定载荷时力作用点至螺杆轴线的距离 l;2) 当力臂 l 不变时,下降额定载荷所需的力。

5-5　螺旋副的效率与哪些参数有关?为什么多线螺纹多用于传动,普通螺纹主要用于连接,而梯形、矩形、锯齿形螺纹主要用于传动?

5-6　螺旋副的自锁条件是什么?

5-7 题 5-3 中的两个螺旋副,哪一个效率较高? 若它们均为自锁的,哪一个自锁性能更好?

5-8 螺纹连接的基本类型有哪些? 各适用于什么场合?

5-9 螺纹连接件(螺栓、螺母、螺钉等)上的螺纹是否满足自锁条件? 为什么螺纹连接要采取防松措施?

5-10 如图 5-30 所示,某机构上拉杆的端部采用粗牙普通螺纹连接。已知:拉杆所受最大载荷 $F_Q=15$ kN,载荷很少变动,拉杆材料为 Q235,其屈服极限为 235 MPa。试确定拉杆螺纹的直径。

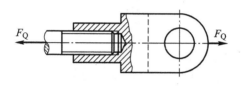

图 5-30 题 5-10 图

5-11 如图 5-31 所示螺栓连接,螺栓的个数为 2,螺纹为 M20,许用拉应力 $[\sigma]=160$ MPa,被连接件接合面间的摩擦系数 $f=0.15$。若防滑系数 $S=1.2$,试计算该连接允许传递的静载荷 F。

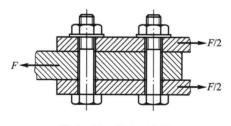

图 5-31 题 5-11 图

5-12 例 5-1 中的凸缘联轴器由 HT200 制成,凸缘高度 $h=30$ mm,传递的转矩是变动的。若改用四个铰制孔用螺栓连接,试确定螺栓的直径。

5-13 图 5-16 所示压力容器的螺栓连接,已知容器内的压力 $p=1.6\,MPa$,且压力可视为不变,缸体内径 $D_2=160\,mm$,螺栓 8 个,沿直径为 D_1 的圆周均布。若螺栓的性能等级为 4.8 级,试确定螺栓的直径。

5-14 试述螺旋传动的类型及其应用,比较滑动螺旋传动和滚动螺旋传动的优缺点。

第六章　带传动和链传动

[内容提要]

1. 阐述带传动的类型、特点、特性和应用；
2. 分析带传动的受力、应力和失效形式，确定带传动的设计准则；
3. 重点介绍普通 V 带传动的设计计算方法；
4. 重点介绍链传动的结构特点、类型和工作、受力情况；
5. 阐明滚子链传动的设计计算方法；
6. 简介链传动的润滑和布置。

带传动和链传动都是利用中间挠性件（带或链）进行传动的，适用于两轴中心距较大的传动，并且都具有结构简单、维护方便和成本低廉等优点，因此在生产中获得广泛应用。

§6-1　带传动的类型和应用

一、带传动的类型

带传动由主动带轮 1、从动带轮 2 和传动带 3 组成（图6-1a）。一般带传动是将传动带以一定的预紧力 F_0 张紧在带轮上，靠带与带轮接触面间的摩擦力将主动轴的运动和动力传给从动轴。图6-2 所示为同步带传动，它是靠有齿的带与带轮轮齿相啮合来传递运动和动力的。同步带传动无滑动，能保持恒定的传动比，但制造和安装要求较高。本章主要介绍靠摩擦力工作的带传动。

靠摩擦传动的带按其截面形状可分为平带、V 带、圆形带和多楔带等，如图 6-1b 所示。

一般用的平带是有接头的胶帆布带、编织带，因此平带传动不够平稳，不适于高速传动。高速带传动采用没有接头的薄而轻、挠性好的环形平带，如丝（麻）编织带、锦纶编织带、薄型强力锦纶带

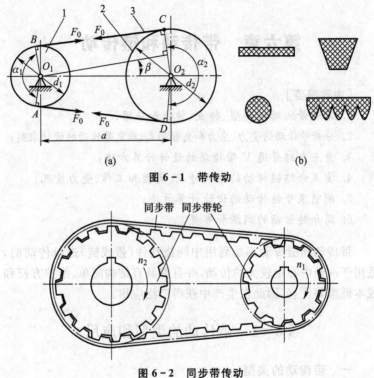

图 6-1　带传动

图 6-2　同步带传动

和高速环形胶带等。

　　V 带是以带的侧面与带轮槽接触，带的侧面是工作面。如图6-3所示，当带对带轮的压力均为 F_Q 时，平带接触面上的摩擦力 $F_f = F_n f = F_Q f$。V 带由于带两侧面与轮槽侧面的楔形作用，其摩擦力

$$F_f = 2\,\frac{F_n}{2}f = \frac{F_Q}{\sin\dfrac{\varphi}{2}}f = F_Q f_v$$

这里 $f_v = \dfrac{f}{\sin\dfrac{\varphi}{2}}$，称为当量摩擦系数。通常楔角 $\varphi \approx 40°$，显然 $f_v >$

f。可见，在压紧力 F_Q 和摩擦系数 f 相同的情况下，V 带产生的

摩擦力比平带大。所以 V 带的传动能力大,且又无接头、传动平稳,故应用最广。

多楔带兼有平带和 V 带的优点,其挠性好,摩擦力大,可用于传递较大功率又要求结构紧凑的场合。圆形带只用于小功率传动。

带传动的主要优点是:

1) 带有良好的弹性,可以缓和冲击和吸收振动,尤其是 V 带无接头、运转平稳、噪声小;

2) 适用于两轴中心距较大的传动;

3) 靠摩擦传动,过载时带在带轮上打滑,可防止损坏其他零件,起安全保护作用;

4) 结构简单,加工和维护方便、成本低。

主要缺点是:

1) 结构的外廓尺寸较大;

2) 传动效率较低;

3) 带传动工作时有弹性滑动(见§6-2),不能保证恒定的传动比;

4) 带的寿命短,易于老化。

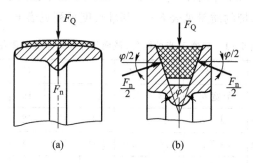

图 6-3　平带与 V 带比较

二、V 带

V 带有普通 V 带、窄 V 带、宽 V 带、齿形 V 带、联组 V 带等多种类型,其中普通 V 带应用最多。

普通 V 带的结构如图 6-4 所示,它由顶胶 1、抗拉体 2、底胶 3

和包布 4 组成。抗拉体可以是帘布结构（图 6 - 4a）或绳芯结构（图 6 - 4b）。绳芯结构挠性好，适用于转速较高和带轮直径较小的传动。

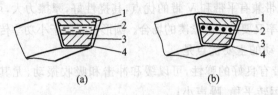

图 6 - 4　普通 V 带的结构

当 V 带弯曲时，带中长度不变的中性层称为节面，节面的宽度称为节宽 b_p（表 6 - 1 附图）。相对高度 $\dfrac{h}{b_p}$（h 为 V 带截面高度）约为 0.7 的 V 带称为普通 V 带。

V 带轮上与 V 带节宽 b_p 对应处的带轮直径称为基准直径 d_d。V 带在规定的预紧力下，位于带轮基准直径上的周线长度称为基准长度 L_d。

普通 V 带已标准化，按截面尺寸不同分为七种型号，其截面尺寸和每米带的质量见表 6 - 1，基准长度系列见表 6 - 2。

表 6 - 1　普通 V 带的型号、截面尺寸和每米长的质量　　mm

型号	Y	Z	A	B	C	D	E
节宽 b_p	5.3	8.5	11	14	19	27	32
顶宽 b	6	10	13	17	22	32	38
高度 h	4.0	6.0	8.0	11	14	19	23
每米质量 q /(kg/m)	0.023	0.06	0.105	0.170	0.300	0.630	0.970

窄 V 带的相对高度约为 0.9。其抗拉体为合成纤维绳芯结构，承载能力高，带宽小，适用于传递较大动力而结构要求紧凑的场合。近年来窄 V 带的应用发展较快。

表 6-2　普通 V 带基准长度 L_d 及长度系数 K_L

Y		Z		A		B		C		D		E	
L_d/mm	K_L	L_d/mm	K_L	L_d/mm	K_L	L_d/mm	K_L	L_d/mm	K_L	L_d/mm	K_L	L_d/mm	K_L
200	0.81	405	0.87	630	0.81	930	0.83	1 565	0.82	2 740	0.82	4 660	0.91
224	0.82	475	0.90	700	0.83	1 000	0.84	1 760	0.85	3 100	0.86	5 040	0.92
250	0.84	530	0.93	790	0.85	1 100	0.86	1 950	0.87	3 330	0.87	5 420	0.94
280	0.87	625	0.96	890	0.87	1 210	0.87	2 195	0.90	3 730	0.90	6 100	0.96
315	0.89	700	0.99	990	0.89	1 370	0.90	2 420	0.92	4 080	0.91	6 850	0.99
355	0.92	780	1.00	1 100	0.91	1 560	0.92	2 715	0.94	4 620	0.94	7 650	1.01
400	0.96	920	1.04	1 250	0.93	1 760	0.94	2 880	0.95	5 400	0.97	9 150	1.05
450	1.00	1 080	1.07	1 430	0.96	1 950	0.97	3 080	0.97	6 100	0.99	12 230	1.11
500	1.02	1 330	1.13	1 550	0.98	2 180	0.99	3 520	0.99	6 840	1.02	13 750	1.15
		1 420	1.14	1 640	0.99	2 300	1.01	4 060	1.02	7 620	1.05	15 280	1.17
		1 540	1.54	1 750	1.00	2 500	1.03	4 600	1.05	9 140	1.08	16 800	1.19
				1 940	1.02	2 700	1.04	5 380	1.08	10 700	1.13		
				2 050	1.04	2 870	1.05	6 100	1.11	12 200	1.16		
				2 200	1.06	3 200	1.07	6 815	1.14	13 700	1.19		
				2 300	1.07	3 600	1.09	7 600	1.17	15 200	1.21		
				2 480	1.09	4 060	1.13	9 100	1.21				
				2 700	1.10	4 430	1.15	10 700	1.24				
						4 820	1.17						
						5 370	1.20						
						6 070	1.24						

　　齿形 V 带的内周制成齿状,故挠性好。连组 V 带是数条相同的普通 V 带或窄 V 带在顶部连成一体的 V 带组。连组 V 带中各根 V 带的长度偏差甚小,承载均匀,故能更好地发挥 V 带的传动能力。

三、带传动的几何计算

如图 6-1a 所示，d_1 和 d_2 分别为小带轮 1 和大带轮 2 的直径，a 为中心距，L 为带长，α_1 和 α_2 分别为带在小带轮和大带轮上的包角，则带传动的主要几何尺寸为

$$\alpha_1 = 180° - 2\beta \approx 180° - \frac{d_2 - d_1}{a} \times 57.3° \qquad (6-1)$$

$$\alpha_2 = 180° + 2\beta \approx 180° + \frac{d_2 - d_1}{a} \times 57.3° \qquad (6-2)$$

$$L \approx 2a + \frac{\pi}{2}(d_2 + d_1) + \frac{(d_2 - d_1)^2}{4a} \qquad (6-3)$$

$$a \approx \frac{2L - \pi(d_2 + d_1) - \sqrt{[2L - \pi(d_2 + d_1)]^2 - 8(d_2 - d_1)^2}}{8}$$

$$(6-4)$$

对于 V 带传动，在按式(6-1)～式(6-4)计算时，带轮直径应分别为基准直径 d_{d1}、d_{d2}，带长为基准长度 L_d。

四、带传动的使用和维护

1. 带传动的使用和维护

为了保证带传动能够正常运转，并延长带的使用寿命，必须重视正确使用和维护。

（1）安装时缩小中心距后套上 V 带，再调紧，不应硬撬，以免损坏胶带。

（2）严防胶带与矿物油、酸、碱等腐蚀性介质接触，也不宜在阳光下暴晒，以免老化变质，降低带的使用寿命。

（3）更换 V 带时，应全部更换，不能新旧带并用，否则寿命长短不一引起受力不均，加速新带的损坏。

（4）为了保证安全生产，带传动要安装好防护罩。

（5）V 带工作一段时间后产生永久变形，导致张紧力减小，因此要重新张紧胶带。

2. 带传动的张紧装置

带的张紧装置有多种形式。图 6-5a、b 所示是靠调整带传动

中心距来张紧带的张紧装置。图 6-5a 所示的张紧装置为电动机装在导轨 1 上,用调节螺钉 2 改变电动机的位置,来调整带的预紧力 F_0,然后用螺栓固定电动机。这种张紧装置主要适用于水平或接近水平布置的带传动。图 6-5b 所示张紧装置是用调节螺母 1 使机座 2 摆动,来调整预紧力 F_0,主要适用于垂直或接近垂直布置的带传动。当带传动的中心距不可调时,可采用张紧轮将带张紧,如图 6-5c 所示。张紧轮一般应放在松边的内侧,使带只受单向弯曲,同时张紧轮还应尽量靠近大轮,以免过分影响带在小轮上的包角。

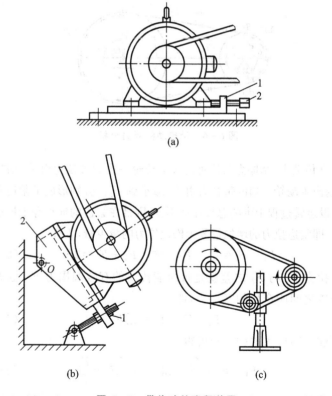

(a)

(b)　　　　　　(c)

图 6-5　带传动的张紧装置

§6-2　带传动工作情况分析

一、带传动的受力分析

带传动不工作时,由于带紧套在两轮上,带两边具有相同的预紧力 F_0(图 6-1a),带与轮接触面间存在一定的正压力。当主动轮 1 转动时(图 6-6),带与轮之间就会产生摩擦力 $\sum F$。在摩擦力的作用下,主动轮驱动带运动,运动的带又靠摩擦力驱动从动轮转动,从而把主动轴的运动和动力传给从动轴。

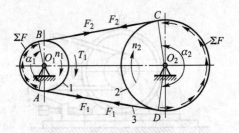

图 6-6　带传动的受力分析

在传动中,摩擦力 $\sum F$ 使进入主动轮一边的带拉力由 F_0 增加到 F_1,退出主动轮一边的带拉力由 F_0 减小到 F_2。分别形成了紧边和松边。设运转过程中带的总长保持不变,则带在紧边的伸长等于松边的缩短,即紧边拉力的增加量等于松边拉力的减少量,故有

$$F_1 - F_0 = F_0 - F_2 \quad 或 \quad F_1 + F_2 = 2F_0 \qquad (6-5)$$

两边拉力 F_1 与 F_2 之差就是带所能传递的有效圆周力 F_t,也等于带与轮之间所产生的摩擦力,即

$$F_t = F_1 - F_2 = \sum F \qquad (6-6)$$

将式(6-5)代入式(6-6)可得

$$F_1 = F_0 + \frac{F_t}{2} \quad 和 \quad F_2 = F_0 - \frac{F_t}{2} \qquad (6-7)$$

若带速为 v(m/s),需传递的功率为 P(kW),则所需的圆周

力 F'_t(N)为

$$F'_t = \frac{1\ 000P}{v} \tag{6-8}$$

当所需的圆周力 F'_t 大于带与带轮接触面间最大摩擦力的总和 $\sum F_{max}$ 时,带就会沿着轮面发生相对滑动,这种现象称为打滑。打滑将使传动失效,加剧带的磨损,故应避免。

当带即将打滑时,紧边拉力 F_1 和松边拉力 F_2 之间的关系,可用挠性体摩擦的欧拉公式表示,即

$$\frac{F_1}{F_2} = e^{f\alpha_1} \tag{6-9}$$

式中:f 为带与带轮接触面间的摩擦系数;α_1 为带在小带轮上的包角,rad(见图6-1,$\alpha_1 \leqslant \alpha_2$);e为自然对数的底,e$\approx$2.718。

上式表明,紧边与松边拉力之比,取决于小带轮的包角和摩擦系数。

由式(6-5)、(6-6)及式(6-9)可得出带传动的最大有效圆周力 F_{tmax} 为

$$F_{tmax} = 2F_0\ \frac{e^{f\alpha_1}-1}{e^{f\alpha_1}+1} \tag{6-10}$$

从以上分析可知,带传动的最大有效圆周力与预紧拉力 F_0、小轮包角 α_1 和摩擦系数 f 有关。增大 F_0、α_1 和 f 均能增大 F_{tmax}。为了发挥带传动的工作能力,小轮包角不能太小,并应使带有合适的预紧力 F_0。若 F_0 过小,将直接影响带的传动能力。但 F_0 过大,导致带中应力过大,易使带过快松弛,缩短带的使用寿命。

对于 V 带传动,式(6-9)、(6-10)中的摩擦系数为当量摩擦系数 f_v。

二、带的应力

带传动工作时,带中的应力如下。

1. 拉应力

紧边拉力 F_1 和松边拉力 F_2 分别产生的紧边拉应力 σ_1 和松

边拉应力 σ_2 为

$$\sigma_1 = \frac{F_1}{A}, \quad \sigma_2 = \frac{F_2}{A}$$

式中：A 为带的截面面积，mm^2。

2. 弯曲应力

带绕在带轮上时产生的弯曲应力

$$\sigma_b = E \frac{2y}{d_d}$$

式中：E 为带的弹性模量，MPa；y 为带的中性层至顶面的距离，mm；d_d 为带轮基准直径，mm。当两带轮的直径不同时，带绕于小带轮时的弯曲应力较大。

3. 离心应力

带绕于带轮作圆周运动时，将产生离心力，从而带受到离心拉力的作用，并产生离心拉应力

$$\sigma_c = \frac{qv^2}{A}$$

式中：q 为每米带长的质量，kg/m；v 为带速，m/s；A 为带的截面面积，mm。

图 6-7 所示为带中应力分布情况。由图 6-7 可知，带是在变应力状态下工作的，最大应力发生在带绕入小带轮 A 点处，其值为

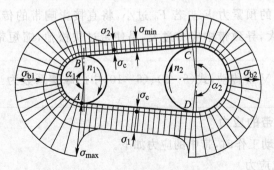

图 6-7　带中的应力分布

$$\sigma_{max} = \sigma_1 + \sigma_{b1} + \sigma_c$$

当应力循环次数达到一定值后，带会产生疲劳破坏。

带中的应力通常以弯曲应力影响较大。为了避免弯曲应力过大，小带轮直径不能过小。

三、带传动的弹性滑动

由图 6-6 可知，在主动轮上，带由 A 点运动到 B 点的过程中，带中拉力由 F_1 逐渐降到 F_2，带的弹性伸长量相应地逐渐缩短，使带的速度小于带轮的圆周速度。在从动轮上，带从 C 点运动到 D 点的过程中，带中拉力由 F_2 逐渐增加到 F_1，带的弹性伸长也逐渐增大，使带的速度大于带轮的圆周速度。这种由于带的弹性变形的变化所引起的带与带轮间的相对滑动称为弹性滑动，其大小将随外载荷的大小而变化。

弹性滑动和打滑是两个完全不同的概念。打滑指由于过载引起的带在小带轮面上的全面滑动，造成传动失效，会使小带轮急剧发热，带很快磨损，因而应该避免。弹性滑动是由于带的弹性和带两边的拉力差引起的带与带轮之间微小的相对滑动。只要传递圆周力，就会发生弹性滑动，因而弹性滑动是不可避免的。

由于弹性滑动的影响，从动轮的圆周速度 v_2 低于主动轮的圆周速度 v_1，其相对降低率称为滑动率 ε，即

$$\varepsilon = \frac{v_1 - v_2}{v_1} = 1 - \frac{v_2}{v_1} = 1 - \frac{d_{d2} n_2}{d_{d1} n_1}$$

因此，若计及弹性滑动影响，带传动的实际传动比为

$$i = \frac{n_1}{n_2} = \frac{d_{d2}}{d_{d1}(1-\varepsilon)} \tag{6-11}$$

带传动的滑动率 ε 通常为 1%～2%，在一般传动中可以忽略不计，传动比取

$$i = \frac{n_1}{n_2} \approx \frac{d_{d2}}{d_{d1}} \tag{6-12}$$

§6-3　普通 V 带传动的设计计算

一、单根普通 V 带的额定功率

由前面的分析可知,带传动的主要失效形式是带的打滑和疲劳破坏,所以带传动的设计依据是:在保证带传动工作时不打滑的条件下,具有一定的疲劳强度和使用寿命。

通过试验分析计算,可以得到既能保证不打滑又具有一定疲劳强度时单根普通 V 带所能传递的功率——基本额定功率 P_1,其值见表 6-3。基本额定功率 P_1 是在包角 $\alpha = 180°$、载荷平稳和特定带长条件下求得的。当实际工作条件与上述特定条件不同时,应对 P_1 值加以修正。

表 6-3　单根普通 V 带的基本额定功率 P_1　　　　　kW

带型	小带轮的基准直径 d_{d1}/mm	小带轮转速 n_1/(r/min)									
		400	700	800	950	1 200	1 450	1 600	2 000	2 400	2 800
Z	50	0.06	0.09	0.10	0.12	0.14	0.16	0.17	0.20	0.22	0.26
	56	0.06	0.11	0.12	0.14	0.17	0.19	0.20	0.25	0.30	0.33
	63	0.08	0.13	0.15	0.18	0.22	0.25	0.27	0.32	0.37	0.41
	71	0.09	0.17	0.20	0.23	0.27	0.30	0.33	0.39	0.46	0.50
	80	0.14	0.20	0.22	0.26	0.30	0.35	0.39	0.44	0.50	0.56
	90	0.14	0.22	0.24	0.28	0.33	0.36	0.40	0.48	0.54	0.60
A	75	0.26	0.40	0.45	0.51	0.60	0.68	0.73	0.84	0.92	1.00
	90	0.39	0.61	0.68	0.77	0.93	1.07	1.15	1.34	1.50	1.64
	100	0.47	0.74	0.83	0.95	1.14	1.32	1.42	1.66	1.87	2.05
	112	0.56	0.90	1.00	1.15	1.39	1.61	1.74	2.04	2.30	2.51
	125	0.67	1.07	1.19	1.37	1.66	1.92	2.07	2.44	2.74	2.98
	140	0.78	1.26	1.41	1.62	1.96	2.28	2.45	2.87	3.22	3.48
	160	0.94	1.51	1.69	1.95	2.36	2.73	2.94	3.42	3.80	4.06
	180	1.09	1.76	1.97	2.27	2.74	3.16	3.40	3.93	4.32	4.54

续表

带型	小带轮的基准直径 d_{d1}/mm	小带轮转速 $n_1/(r/min)$									
		400	700	800	950	1 200	1 450	1 600	2 000	2 400	2 800
B	125	0.84	1.30	1.44	1.64	1.93	2.19	2.33	2.64	2.85	2.96
	140	1.05	1.64	1.82	2.08	2.47	2.82	3.00	3.42	3.70	3.85
	160	1.32	2.09	2.32	2.66	3.17	3.62	3.86	4.40	4.75	4.89
	180	1.59	2.53	2.81	3.22	3.85	4.39	4.68	5.30	5.67	5.76
	200	1.85	2.96	3.30	3.77	4.50	5.13	5.46	6.13	6.47	6.43
	224	2.17	3.47	3.86	4.42	5.26	5.97	6.33	7.02	7.25	6.95
	250	2.50	4.00	4.46	5.10	6.04	6.82	7.20	7.87	7.89	7.14
	280	2.89	4.61	5.13	5.85	6.90	7.76	8.13	8.60	8.22	6.80
C	200	2.41	3.69	4.07	4.58	5.29	5.84	6.07	6.34	6.02	5.01
	224	2.99	4.64	5.12	5.78	6.71	7.45	7.75	8.06	7.57	6.08
	250	3.62	5.64	6.23	7.04	8.21	9.04	9.38	9.62	8.75	6.56
	280	4.32	6.76	7.52	8.49	9.81	10.72	11.06	11.04	9.50	6.13
	315	5.14	8.09	8.92	10.05	11.53	12.46	12.72	12.14	9.43	4.16
	355	6.05	9.50	10.46	11.73	13.31	14.12	14.19	12.59	7.98	
	400	7.06	11.02	12.10	13.48	15.04	15.53	15.24	11.95	4.34	
	450	8.20	12.63	13.80	15.23	16.59	16.47	15.57	9.64		
D	355	9.24	13.70	14.83	16.15	17.25	16.77	15.63			
	400	11.45	17.07	18.46	20.06	21.20	20.15	18.31			
	450	13.85	20.63	22.25	24.01	24.84	22.02	19.59			
	500	16.20	23.99	25.76	27.50	26.71	23.59	18.88			
	560	18.95	27.73	29.55	31.04	29.67	22.58	15.13			
	630	22.05	31.68	33.38	34.19	30.15	18.06	6.25			
	710	25.45	35.59	36.87	36.35	27.88	7.99				
	800	29.08	39.14	39.55	36.76	21.32					

二、传动参数的选择和设计步骤

V 带传动设计计算的主要内容是确定带的型号、根数、长度、带轮直径和中心距,以及带轮的结构尺寸等。

设计的原始条件为:传动的用途和工作情况,原动机的种类、传递的功率、主动轮和从动轮的转速(或传动比),以及外廓尺寸的要求等。

设计计算一般步骤如下。

1. 选择带的型号

普通 V 带的型号可根据计算功率 P_c 及小轮转速 n_1 由图 6-8选取。计算功率 P_c 是根据需要传递的名义功率 P 并考虑载荷性质和每天连续工作时间等因素而确定的,即

$$P_c = K_A P \qquad (6-13)$$

式中:K_A 为工作情况系数,见表 6-4;P 为 V 带需要传递的额定功率,kW。

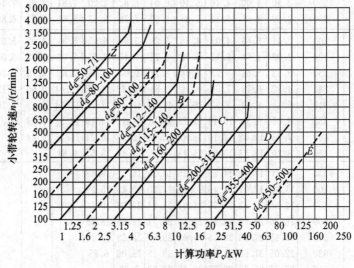

图 6-8　普通 V 带选型图

2. 确定带轮的基准直径

为了减小带的弯曲应力,对带轮的最小直径要加以限制(见表 6-5)。小带轮基准直径 d_{d1} 参考表 6-5 及表 6-6 选取,应使 $d_{d1} \geqslant d_{dmin}$。

小带轮基准直径选取后按下式验算带速 v(m/s):

$$v = \frac{\pi d_{d1} n_1}{60 \times 1\ 000} \qquad (6-14)$$

式中 n_1 为小带轮转速,r/min。带速应满足 $5 \text{ m/s} \leqslant v \leqslant 25 \sim$ 30 m/s,否则重选 d_{d1}。若带速过高,离心力过大,则影响带传动的工作能力;带速过低,则所需带的根数增多。

表6-4 工作情况系数 K_A

工 况		K_A					
		软 起 动			负 载 起 动		
载荷情况	机 械 举 例	每天工作时间/h					
		<10	10~16	>16	<10	10~16	>16
载荷平稳	离心式水泵,通风机(≤7.5 kW),轻型输送机,离心式压缩机,液体搅拌机	1.0	1.1	1.2	1.1	1.2	1.3
载荷变动小	带式运输机,通风机(>7.5 kW),发电机,旋转式水泵,机床,发电机,印刷机,锯木机和木工机械	1.1	1.2	1.3	1.2	1.3	1.4
载荷变动较大	重载输送机,斗式提升机,往复式水泵和压缩机,磨粉机,冲剪机床,纺织机械,起重机	1.2	1.3	1.4	1.4	1.5	1.6
载荷变动很大	破碎机(旋转式、颚式等),球磨机,挖掘机,辊压机	1.3	1.4	1.5	1.5	1.6	1.8

注:1. 软起动——电动机(交流起动、三角形起动、直流并励),四缸以上的内燃机,装有离心式离合器、液力联轴器的动力机。

2. 负载起动——电动机(联机交流起动、直流复励或串励),四缸以下的内燃机。

3. 反复起动、正反转频繁、工作条件恶劣等场合,表中 K_A 值应乘以 1.2。

表 6-5　普通 V 带轮的最小基准直径 d_{dmin}　　mm

带型	Y	Z	A	B	C	D	E
d_{dmin}	20	50	75	125	200	355	500

表 6-6　普通 V 带轮的基准直径系列　　mm

基准直径	带型		基准直径	带		型		基准直径	带		型	
d_d	Z	A	d_d	Z	A	B	C	d_d	Z	A	B	C	D
50	+		125	+	+	+		280	+	+	+	+	
56	+		132	+	+	+		300				+	
63	+		140	+	+	+		315	+	+	+	+	
71	+		150	+	+	+		335				+	
75	+	+	160	+	+	+		355	+	+	+	+	+
80	+	+	170			+		375					+
85		+	180	+	+	+		400	+	+	+	+	
90	+	+	200	+	+	+	+	425					+
95		+	212				+	450		+	+	+	
100	+	+	224	+	+	+		475					+
106		+	236				+	500	+	+	+	+	
112	+	+	250	+	+	+		530				+	
118		+	265				+	560		+	+	+	+
								600			+	+	+
								630	+	+	+	+	+

注:表中"+"为推荐值;基准直径 d_d<50 mm 和 d_d>630 mm 的系列值,可查机械设计手册。

大带轮的基准直径可按式(6-12)计算,即 $d_{d2} = \dfrac{n_1}{n_2} d_{d1}$,并参照表 6-6 中基准直径系列圆整。

3. 确定中心距 a 和带的基准长度

适当增大中心距有利于增大包角和减少带的绕转次数,但中心距过大会使结构不紧凑,并容易引起带的颤动。一般根据安装条件的限制或按下式初步确定中心距 a_0:

$$0.7(d_{d1}+d_{d2}) \leqslant a_0 \leqslant 2(d_{d1}+d_{d2}) \qquad (6-15)$$

初定中心距 a_0 后,由式(6-3)初算带的基准长度 L_{d0},按表 6-2 选取接近 L_{d0} 值的标准基准长度 L_d。再按式(6-4)计算实际中心距 a。但一般常用下式近似计算中心距,即

$$a \approx a_0 + \frac{L_d - L_{d0}}{2} \qquad (6-16)$$

4. 验算小带轮包角

小带轮包角 α_1 由式(6-1)计算,应使 $\alpha_1 \geqslant 120°$,至少为 $90°$。

5. 确定带的根数

根据计算功率 P_c 和单根 V 带所能传递的功率确定带的根数,即

$$z = \frac{P_c}{(P_1 + \Delta P_1)K_L K_a} \qquad (6-17)$$

式中:P_1 为单根普通 V 带的基本额定功率,查表 6-3,kW;ΔP_1 为传动比 $i \neq 1$ 时,单根普通 V 带额定功率的增量[①],查表 6-7,kW;K_L 为带长系数,查表 6-2;K_a 为小带轮包角系数,查表 6-8。

6. 确定带的预紧力和作用在轴上的力

单根普通 V 带所需的预紧力 F_0(N)按下式计算:

$$F_0 = 500 \frac{P_c}{zv}\left(\frac{2.5}{K_a} - 1\right) + qv^2 \qquad (6-18)$$

式中:q 为普通 V 带每米长的质量(表 6-1),kg/m;其余各符号意义及单位同前。

———————————

① 当传动比 $i > 1$ 时,从动轮直径大于主动轮直径,带在绕过大带轮时弯曲应力有所减小,故其所能传递的功率有所提高。

表 6-7　单根普通 V 带 $i \neq 1$ 时额定功率增量 ΔP_1　　kW

带型	传动比 i	小带轮转速 $n_1/(\text{r/min})$									
		400	700	800	950	1 200	1 450	1 600	2 000	2 400	2 800
Z	1.25～1.34	0.00	0.01	0.01	0.01	0.02	0.02	0.02	0.02	0.03	0.03
	1.35～1.50	0.00	0.01	0.01	0.02	0.02	0.02	0.02	0.03	0.03	0.04
	1.51～1.99	0.01	0.01	0.02	0.02	0.02	0.02	0.03	0.03	0.04	0.04
	≥2.00	0.01	0.02	0.02	0.02	0.03	0.03	0.03	0.04	0.04	0.04
A	1.25～1.34	0.03	0.06	0.06	0.07	0.10	0.11	0.13	0.16	0.19	0.23
	1.35～1.50	0.04	0.07	0.08	0.08	0.11	0.13	0.15	0.19	0.23	0.26
	1.51～1.99	0.04	0.08	0.09	0.10	0.13	0.15	0.17	0.22	0.26	0.30
	≥2.00	0.05	0.09	0.10	0.11	0.15	0.17	0.19	0.24	0.29	0.34
B	1.25～1.34	0.08	0.15	0.17	0.20	0.25	0.31	0.34	0.42	0.51	0.59
	1.35～1.50	0.10	0.17	0.20	0.23	0.30	0.36	0.39	0.49	0.59	0.69
	1.51～1.99	0.11	0.20	0.25	0.26	0.34	0.40	0.45	0.56	0.68	0.79
	≥2.00	0.13	0.22	0.25	0.30	0.38	0.46	0.51	0.63	0.76	0.89
C	1.25～1.34	0.23	0.41	0.47	0.56	0.70	0.85	0.94	1.17	1.41	1.64
	1.35～1.50	0.27	0.48	0.55	0.65	0.82	0.99	1.10	1.37	1.65	1.92
	1.51～1.99	0.31	0.55	0.63	0.74	0.94	1.14	1.25	1.57	1.88	2.19
	≥2.00	0.35	0.62	0.71	0.83	1.06	1.27	1.41	1.76	2.12	2.47
D	1.25～1.34	0.83	1.46	1.67	1.92	2.50	3.02	3.33			
	1.35～1.50	0.97	1.70	1.95	2.31	2.92	3.52	3.89			
	1.51～1.99	1.11	1.95	2.22	2.64	3.34	4.03	4.45			
	≥2.00	1.25	2.19	2.50	2.97	3.75	4.53	5.00			

表 6-8　包角系数 K_α

$\alpha/(°)$	180	170	160	150	140	130	120	110	100	90
K_α	1.00	0.98	0.95	0.92	0.89	0.86	0.82	0.78	0.74	0.69

　　带对轴的作用力 F_Q 等于带两边拉力的合力(图 6-9)。若不考虑带的两边拉力之差，F_Q 可由下式近似计算：

$$F_Q = 2zF_0\cos\beta = 2zF_0\sin\frac{\alpha_1}{2} \qquad (6-19)$$

式中：z 为带的根数；α_1 为小带轮上的包角。

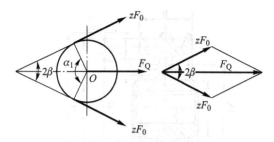

图6-9 带传动作用在轴上的力

7. 设计带轮。

见§6-4。

§6-4 V带轮的材料和结构

一、带轮材料

带轮常用灰铸铁HT150、HT200制造,高速时可采用铸钢或钢板焊接,小功率时为了减轻重量可用铝合金和塑料。

二、V带轮的结构

V带轮的结构如图6-10所示。带轮一般由轮缘1、腹板(或轮辐)2和轮毂3三部分组成(图6-10a)。带轮基准直径较小[$d_d \leqslant$ (2.5~3)d_z(d_z为轴的直径,单位为mm)]时采用实心轮(图6-10b),

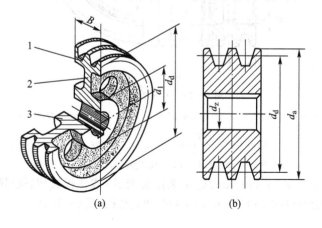

(a)　　　　　　　　(b)

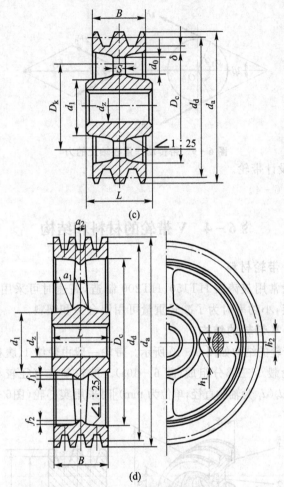

图 6 - 10　V 带轮的结构

$$d_1 = (1.8 \sim 2)d_z ; L = (1.5 \sim 1.8)d_z ; d_0 = (0.2 \sim 0.3)(D_c - d_1) ; D_k = \frac{D_c + d_1}{2} ;$$

$$s = (0.2 \sim 0.3)B ; h_1 = 290 \sqrt[3]{\frac{P}{nA}} ; h_2 = 0.8h_1 ; a_1 = 0.4h_1 ; a_2 = 0.8a_1 ; f_1 = f_2 =$$

$0.2h_1 ; P$ 为传递的功率，kW；n 为带轮转速，r/min；A 为轮辐数

中等直径（$d_d \leqslant 300$ mm）时可采用腹板式（或孔板式）结构（图 6 - 10c），大直径（$d_d > 300$ mm）时采用轮辐式结构（图 6 - 10d）。

普通 V 带轮的基准直径系列见表 6-6;轮槽尺寸见表 6-9。普通 V 带的楔角 φ 为 40°,但带绕上不同直径的带轮时其剖面形状的变化程度也不同,为了使带与轮槽两侧很好地接触,规定了不同的轮槽角 φ。

一般根据带轮的基准直径先选择带轮结构形式,按 V 带型号确定轮槽尺寸(表 6-9),然后参照图 6-10 中的经验公式确定其他结构尺寸。

表 6-9　普通 V 带轮轮槽尺寸　　　　mm

带型	Y	Z	A	B	C	D	E
b_p	5.3	8.5	11.0	14.0	19.0	27.0	32.0
h_{amin}	1.6	2.0	2.75	3.5	4.8	8.1	9.6
h_{fmin}	4.7	7.0	8.7	10.8	14.3	19.9	23.4
e	8	12	15	19	25.5	37	44.5
f	7	8	10	12.5	17	23	29
δ_{min}	5	5.5	6	7.5	10	12	15
B	$B=(z-1)e+2f,z$—轮槽数						
d_a	$d_a=d_d+2h_a$						

轮槽角 φ	32°	基准直径 d_d	≤60	—	—	—	—	—	—
	34°		—	≤80	≤118	≤190	≤315	—	—
	36°		>60	—	—	—	—	≤475	≤600
	38°		—	>80	>118	>190	>315	>475	>600

例 6-1　某颚式破碎机采用普通 V 带传动,由普通交流电动机驱动。已知电动机额定功率 $P=5.5$ kW,转速 $n_1=1\ 440$ r/min,从动轴转速 $n_2=400$ r/min,每天两班制工作,试设计此 V 带传动。

解　(1)选择带的型号

由表 6-4 得 $K_A=1.4$,按式(6-13)得

$$P_c=K_AP=1.4×5.5 \text{ kW}=7.7 \text{ kW}$$

根据 P_c 和 n_1 由图 6-8 选用 A 型带。

（2）确定带轮基准直径，验算带速

由表 6-5 和表 6-6，取 $d_{d1}=112$ mm，带速

$$v=\frac{\pi d_{d1} n_1}{60\times 1\ 000}=\frac{\pi\times 112\times 1\ 440}{60\times 1\ 000}\text{m/s}$$

$$=8.44\ \text{m/s}<25\ \text{m/s}$$

带的速度合适。

大带轮基准直径

$$d_{d2}=\frac{n_1}{n_2}d_{d1}=\frac{1\ 440}{400}\times 112\ \text{mm}=403.2\ \text{mm}$$

按表 6-6 取 $d_{d2}=400$ mm。

大带轮转速

$$n_2=n_1\frac{d_{d1}}{d_{d2}}=1\ 440\ \text{r/min}\times\frac{112\ \text{mm}}{400\ \text{mm}}$$

$$=403.2\ \text{r/min}$$

从动轴转速虽略有增大，但误差小于 5%，故可行。

（3）确定中心距和带长

按式（6-15）初步选取 $a_0=600$ mm，由式（6-3）计算带的基准长度

$$L_{d0}=2a_0+\frac{\pi}{2}(d_{d1}+d_{d2})+\frac{(d_{d2}-d_{d1})^2}{4a_0}$$

$$=\left[2\times 600+\frac{\pi}{2}(112+400)+\frac{(400-112)^2}{4\times 600}\right]\text{mm}$$

$$=2\ 038.4\ \text{mm}$$

由表 6-2 选定带的基准长度 $L_d=2\ 050$ mm。

按式（6-16）计算实际中心距

$$a=a_0+\frac{L_d-L_{d0}}{2}=\left(600+\frac{2\ 050-2\ 038.4}{2}\right)\text{mm}$$

$$=605.8\ \text{mm}$$

（4）验算小轮上的包角

$$\alpha_1 = 180° - \frac{d_{d2} - d_{d1}}{a} \times 57.3° = 180° - \frac{400 - 112}{605.8} \times 57.3°$$
$$= 152.76°$$

小轮包角合适。

(5) 确定 V 带根数

由式(6-17)确定 V 带根数

$$z = \frac{P_c}{(P_1 + \Delta P_1)K_L K_\alpha}$$

由表 6-3 查得 $P_1 = 1.61$ kW；由表 6-7 得 $\Delta P_1 = 0.17$ kW；由表 6-2 查得 $K_L = 1.04$；由表 6-8 查得 $K_\alpha = 0.92$，则

$$z = \frac{7.7}{(1.61 + 0.17) \times 1.04 \times 0.92} = 4.52$$

取 $z = 5$ 根。

(6) 计算带对轴的作用力

预紧力 F_0 按式(6-18)计算

$$F_0 = 500 \frac{P_c}{zv}\left(\frac{2.5}{K_\alpha} - 1\right) + qv^2$$

查表 6-1 得 $q = 0.105$ kg/m，故

$$F_0 = \left[500 \times \frac{7.7}{5 \times 8.44} \times \left(\frac{2.5}{0.92} - 1\right) + 0.105 \times 8.44^2\right] N$$
$$= 164.2 \text{ N}$$

由式(6-19)计算带对轴的作用力

$$F_Q = 2zF_0 \sin\frac{\alpha_1}{2} = 2 \times 5 \times 164.2 \times \sin\frac{152.75°}{2} N$$
$$= 1\ 596 \text{ N}$$

(7) V 带轮设计(略)

§6-5 链传动的类型、结构和特点

链传动由传动链 3 与主动链轮 1、从动链轮 2 组成(图 6-11)，依靠链与链轮轮齿的啮合来传递运动和动力。链传动传

递的功率一般小于 100 kW,链速 $v<12\sim15$ m/s。

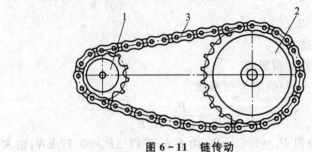

图 6 - 11　链传动

一、传动链的类型和结构

常用的传动链有滚子链和齿形链两种。

1. 滚子链

如图 6-12 所示,滚子链是由内链板 1、外链板 2、销轴 3、套筒 4 和滚子 5 组成。内链板紧固在套筒的端部,而外链板则被铆在能自由穿过套筒的销轴两端,从而组成一个铰链,因此内、外链板能相对转动。滚子活套在套筒上,使链与链轮轮齿啮合时,齿面与滚子之间形成滚动摩擦,减轻链与轮齿的磨损。为了减轻链的重量,并使链板各剖面上抗拉强度大致相等,链板多制成"8"字形。

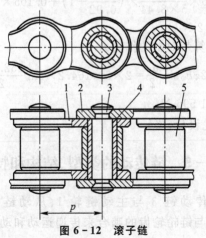

图 6 - 12　滚子链

链上相邻滚子轴线之间的距离称为节距,以 p 表示。它是链传动的主要参数。

传递功率较大时,可采用多排链,如双排链(图 6-13)或三排链。

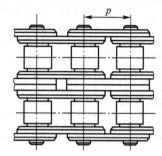

滚子链是标准件,其基本参数和尺寸在 GB/T 1243.1—1983 中作了规定(表 6-10)。滚子链分为 A、B 两种系列,常用的是 A 系列。表 6-10 中列出了若干种 A 系列滚子链的规格及其主要参数。

图 6-13 双排滚子链

滚子链的标记方法为:

链号－排数×链节数 标准号

例如:节距 38.10 mm、A 系列、双排、68 节的滚子链,应标记为:24A－2×68 GB/T1243—2006。

当链节数为偶数时,链形成环形的接头处,正好是内链板与外链板相接,可用开口销或弹簧夹(图 6-14a、b)将销轴锁住,一般前者用于大节距,后者用于小节距。当链节数为奇数时,应采用过渡链节(图 6-14c)。由于过渡链节受拉时要承受附加弯矩的作用,强度降低,故应尽量避免采用奇数链节。

表 6-10 滚子链的规格和主要参数

链号	节距 $p/$ mm	滚子外径 $d_1/$ mm	单排链极限拉伸载荷 $F_Q/$ kN	单排链每米质量 $q/$ (kg/m)
08A	12.70	7.92	13.8	0.60
10A	15.875	10.16	21.8	1.00
12A	19.05	11.91	31.1	1.50
16A	25.40	15.88	55.6	2.60
20A	31.75	19.05	86.7	3.80

续表

链号	节距 p/mm	滚子外径 d_1/mm	单排链极限拉伸载荷 F_Q/kN	单排链每米质量 q/(kg/m)
24A	38.10	22.23	124.6	5.60
28A	44.45	25.40	169.0	7.50
32A	50.80	28.58	222.4	10.10
40A	63.50	39.68	347.0	16.10

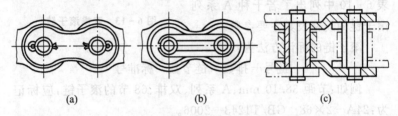

(a)　　　　　　　　(b)　　　　　　(c)

图 6 - 14　滚子链接头

2. 齿形链

如图 6 - 15 所示,齿形链由成组齿形链板交错并列铰接而成。工作时,链板外侧成 60°的两直边与链轮轮齿相啮合。齿形链上设有导板,用以防止工作时链条发生侧向窜动。导板有内导板(图 6 - 15a)和外导板(图 6 - 15b)两种。与滚子链相比,齿形链传动较平稳,噪声较小,承受冲击载荷的能力较强,但结构复杂,重量较大,价格较贵,装拆也比较困难,故多用于高速或运动精度较高的闭式传动装置中。

由于滚子链应用较广,故下面仅介绍滚子链传动。

二、滚子链链轮

链轮的齿形应保证链节能平稳顺利地进入和退出啮合,并便于加工。滚子链链轮齿槽形状通常为三圆弧一直线齿形,如图 6 - 16a 所示,它是由三段圆弧 $\overset{\frown}{aa}$、$\overset{\frown}{ab}$、$\overset{\frown}{cd}$ 和一段直线 $\overline{bc}$ 构成。图 6 - 16b 为链轮的轴向齿形。

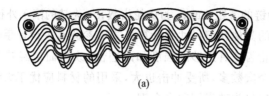

(a)

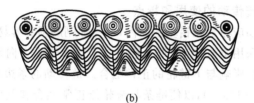

(b)

图 6-15 齿形链

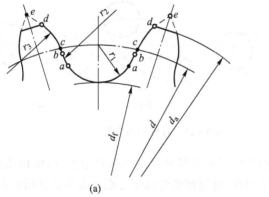

(a)

(b)

图 6-16 滚子链链轮的齿形

链轮的主要几何尺寸为

分度圆直径
$$d = \frac{p}{\sin\dfrac{180°}{z}} \tag{6-20}$$

齿顶圆直径
$$d_{a} = p\left(0.54 + \cot\frac{180°}{z}\right) \tag{6-21}$$

齿根圆直径
$$d_{f} = d - d_{1} \tag{6-22}$$

式中：p 为链的节距，mm；z 为链轮齿数；d_1 为链的滚子外径，mm。

链轮的其他几何尺寸和计算公式可参阅有关设计手册。

链轮轮齿应有足够的强度和耐磨性，故齿面应经热处理。小链轮的啮合次数多，所受冲击也大，采用的材料应优于大链轮。常用的链轮材料为碳素钢和合金钢。

三、链传动的使用和特点

链传动应布置在铅垂平面内，以免加剧磨损和容易发生脱链；应尽量不采用垂直传动（两链轮中心连线沿铅垂方向），因链条的自重作用会影响与下链轮的正常啮合。链传动的紧边布置在上面为好（图 6-17a、b），以便链条与链轮能正常啮合和避免上面的松边与下面紧边相碰（中心距 a 较大、链轮较小时）。

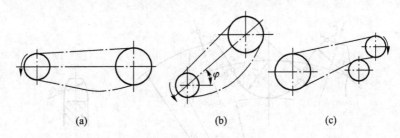

(a)　　　　　　　(b)　　　　　　　(c)

图 6-17　链传动的布置

为防止链的垂度过大引起啮合不良和松边颤动，链传动应张紧。张紧的方法很多，通过调整传动中心距来张紧是常用的方法。当传动的中心距不可调时，可利用张紧轮实现张紧（图 6-17c）。

链传动的优点：

1）可用于两轴中心距较大的传动；

2）传动效率较高，可达 0.98；

3）能在温度和湿度变化很大或有灰尘的恶劣条件下工作；

4）平均传动比保持不变；

5）作用在轴上的力较带传动小。

链传动的主要缺点：

1) 瞬时传动比不恒定,传动不够平稳;

2) 工作时有噪声;

3) 不宜在载荷变化很大和要求急速换向传动中使用;

4) 无过载保护机构。

§6-6 链传动的运动特性

链的刚性链节与链轮轮齿啮合时形成折线,相当于将链绕在正多边形的链轮上,如图6-18所示。该正多边形的边长等于链的节距 p,边数等于链轮齿数 z。链轮每转一转,随之绕过的链长为 zp。设 z_1、z_2 为两链轮的齿数,n_1、n_2 为两链轮的转速(r/min),则链的平均速度 $v(\text{m/s})$ 为

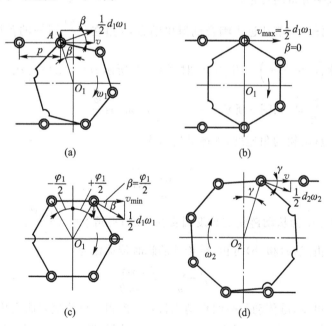

图 6-18 链传动的运动分析

$$v = \frac{z_1 p n_1}{60 \times 1\,000} = \frac{z_2 p n_2}{60 \times 1\,000} \qquad (6-23)$$

故平均传动比为

$$i = \frac{n_1}{n_2} = \frac{z_2}{z_1} \qquad (6-24)$$

　　实际上,由于链条绕在链轮上形成多边形,所以其瞬时链速和瞬时传动比都将随每一链节与轮齿的啮合而作周期性变化。如图 6-18a 所示,链节与主动链轮的轮齿在 A 点啮合时,链轮上该点圆周速度的水平分量即为链节在该点的瞬时速度

$$v = \frac{1}{2} d_1 \omega_1 \cos\beta \qquad \text{(a)}$$

式中:d_1 为主动链轮的分度圆直径,mm;β 为 A 点的圆周速度与其水平分量的夹角。

　　任一链节从进入啮合到退出啮合,β 角在 $-\frac{\varphi_1}{2}$ 到 $\frac{\varphi_1}{2}$ 的范围内变化$\left(\varphi_1 = \frac{360°}{z_1}\right)$。当 $\beta = 0°$ 时,如图 b 所示 $v = v_{\max} = \frac{1}{2} d_1 \omega_1$;当 $\beta = \pm\frac{\varphi_1}{2}$ 时,如图 c 所示 $v = v_{\min} = \frac{1}{2} d_1 \omega_1 \cos\frac{\varphi_1}{2}$。

　　从动轮的角速度,如图 d 所示为

$$\omega_2 = \frac{v}{\frac{d_2}{2}\cos\gamma} \qquad \text{(b)}$$

式中:d_2 为从动链轮的分度圆直径,mm;夹角 $\gamma = \pm\frac{180°}{z_2}$。

　　由式(a)和(b)可得,链传动的瞬时传动比为

$$i' = \frac{\omega_1}{\omega_2} = \frac{d_2 \cos\gamma}{d_1 \cos\beta} \qquad (6-25)$$

可见,链传动的瞬时传动比将随 β 角和 γ 角的变化而变化。

　　根据以上分析可知,当主动链轮等速转动时,由于链与链轮啮合的"多边形效应"的影响,使链与从动轮均作变速运动,从而引起

附加动载荷。链速愈高,节距愈大,链轮齿数愈少,传动时的附加动载荷就愈大,冲击和噪声也随之愈大。过大的冲击将导致链和链轮轮齿的急剧磨损。

§6-7 滚子链传动的设计计算

一、滚子链传动的额定功率

链传动的失效形式有:

1) 在正常润滑条件下,链条由于疲劳强度不足而破坏;

2) 因铰链磨损使节距过度伸长造成脱链,或销轴因过度磨损而断裂;

3) 经常起动、反转、制动的传动链,因过载造成冲击断裂;

4) 润滑不良或速度过高时,销轴和套筒的工作表面发生胶合破坏;

5) 低速重载时,链条发生静强度破坏。

链传动的不同失效形式限定了它的承载能力。通过试验研究可确定链传动在一定条件下能传递的额定功率 P_0。图 6-19 所示为 A 系列单排滚子链的额定功率曲线。它是在以下特定试验条件下得出的:单排滚子链水平布置、小链轮齿数 $z_1=19$、链长 $L_p=100$、载荷平稳、传动比 $i=3$,按推荐的润滑方式(图 6-20)、工作寿命为 15 000 h、工作温度在 $-5\sim70℃$、链条因磨损引起的相对伸长量不超过 3%。

根据小链轮转速,可由图 6-19 查出各种规格的单排 A 系列滚子链能传递的额定功率。

二、滚子链传动的参数选择和设计步骤

链传动设计的原始条件一般为:传递的功率、主动和从动链轮的转速(或传动比)、使用场合、载荷性质和原动机种类等。

设计的主要内容是确定链轮齿数、链号、链节数、排数、传动中心距以及链轮的结构尺寸等。

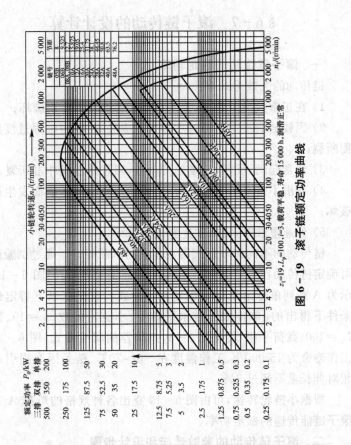

图 6-19　滚子链额定功率曲线

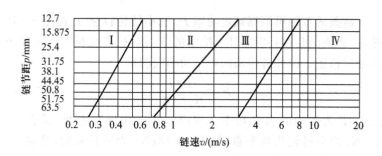

图 6 - 20 推荐的润滑方式

Ⅰ—人工定期润滑；Ⅱ—滴油润滑；

Ⅲ—油浴或飞溅润滑；Ⅳ—压力喷油润滑

1. 链轮齿数和传动比

链轮齿数不能太少，齿数愈少，"多边形效应"的影响愈严重，传动的工作条件愈坏，将加速链条的磨损，缩短其使用寿命。但链轮齿数过多会造成链轮尺寸过大，而且当链条磨损后愈易引起脱链现象。

小链轮齿数 z_1 可参照表 6 - 11 选取。大链轮齿数 $z_2 = iz_1$，一般限 $z_2 \leqslant 120$。

表 6 - 11 小链轮的齿数

链速 $v/(m/s)$	0.6~3	3~8	>8
z_1	$\geqslant 17$	$\geqslant 21$	$\geqslant 25$

链传动的传动比不宜过大，否则链在小轮上的包角 α_1 过小，通常应使 $\alpha_1 \geqslant 120°$；啮合的齿数太少，会加速轮齿的磨损，并易发生跳齿。通常传动比 $i \leqslant 7$，一般推荐 $i \approx 2 \sim 3.5$。

2. 链的节距

节距 p 是链传动中主要的参数。节距愈大，承载能力愈高，但链和链轮的尺寸愈大，传动的不均匀性、附加动载荷、冲击和噪声也都愈严重。因此，在满足传递功率的前提下，尽量选取较小的节距。当速度较高、载荷和传动比较大时，可选用小节距的多排链。

链条的节距可根据额定功率 P_0 和小链轮转速 n_1 由图 6-19 选取,而该图是在特定条件下给出的 P_0 值,故应根据实际工作条件加以修正。因此链传动的额定功率应满足

$$P_0 \geqslant \frac{K_A P}{K_z K_L K_p} \tag{6-26}$$

式中:P 为传递的名义功率,kW;K_A 为工作情况系数,见表 6-12;K_z 为小链轮齿数系数,见表 6-13;K_L 为链长系数,见表 6-13;K_p 为多排链系数,见表 6-14。

表 6-12 工作情况系数 K_A

工　况		原　动　机	
		电动机或汽轮机	内燃机
载荷平稳	液体搅拌机,中小型离心式鼓风机,谷物机械,载荷平稳的输送机,发电机,载荷平稳的一般机械	1.0	1.2
中等冲击	半液体搅拌机,三缸以上往复压缩机,不均匀负载输送机,中型起重机和升降机,金属切削机床,木工机械,纺织机械	1.3	1.4
严重冲击	制砖机,单、双缸往复压缩机,挖掘机,往复式和振动式输送机,破碎机,石油钻井机械,有严重冲击和反转的机械	1.5	1.7

表 6-13 小链轮齿数系数 K_z 和链长系数 K_L

P_0 与 n_1 交点在图 6-19 中的位置	位于功率曲线顶点左侧（链板疲劳）	位于功率曲线顶点右侧（滚子、套筒冲击疲劳）
小链轮齿数系数 K_z	$\left(\dfrac{z_1}{19}\right)^{1.08}$	$\left(\dfrac{z_1}{19}\right)^{1.5}$
链长系数 K_L	$\left(\dfrac{L_p}{100}\right)^{0.26}$	$\left(\dfrac{L_p}{100}\right)^{0.5}$

注:L_p—链节数。

表 6-14 多排链系数 K_p

排　　数	1	2	3	4	5
K_p	1	1.7	2.5	3.3	4

根据式(6-26)求出所需传递的功率后,再由图 6-19 和图 6-20选取合适的链条型号和节距。

3. 链速

链速按式(6-23)计算。为避免产生过大的动载荷,链速一般应不超过 15 m/s。

4. 链传动的中心距和链的长度

链传动的中心距 a 减小时,小链轮上的包角 α_1 相应减小,同时受力的轮齿也少,而且在链轮转速一定的情况下,单位时间内链条绕转次数增多,链的磨损加快。反之,中心距增大时,易发生松边颤动现象,增加传动的不平稳性。一般情况下可取中心距 $a=(30\sim50)p$,最大取 $a=80p$。

初定中心距后,可计算链的长度。通常链条长度以链节数 L_p(节距 p 的倍数)表示。参照带传动中带长的计算,链节数 L_p 可按下式计算:

$$L_p = 2\frac{a}{p} + \frac{z_1+z_2}{2} + \frac{p}{a}\left(\frac{z_2-z_1}{2\pi}\right)^2 \qquad (6-27)$$

计算出的 L_p 应圆整为整数,而且最好取偶数。然后计算与圆整后的 L_p 相应的中心距

$$a = \frac{p}{4}\left[\left(L_p - \frac{z_1+z_2}{2}\right) + \sqrt{\left(L_p - \frac{z_1+z_2}{2}\right)^2 - 8\left(\frac{z_2-z_1}{2\pi}\right)^2}\right]$$

$$(6-28)$$

为了能调整链条松边的垂度,通常中心距设计成可调节的。

5. 链传动作用在轴上的力

链传动作用在轴上的力 F_Q 按下式近似计算:

$$F_Q \approx 1.2F_t \qquad (6-29)$$

式中：F_t 为链传动的有效圆周力（即链的工作拉力），$F_t = \dfrac{1\,000P}{v}$，N；P 为传递的功率，kW；v 为链速，m/s。

6. 确定链轮材料及结构尺寸

可参阅机械设计手册。

三、低速链传动($v < 0.6$ m/s)的静强度计算

对于 $v < 0.6$ m/s 的低速链传动，主要失效形式是链条因静强度不足而被拉断，应进行静强度校核。静强度安全系数 S 应满足

$$S = \frac{mF_Q}{K_A F_t} \geqslant 4 \sim 8 \qquad (6-30)$$

式中：F_Q 为单排链的极限拉伸载荷，kN，见表 6-10；m 为链的排数；F_t 为有效圆周力，N；K_A 为工作情况系数，见表 6-12。

例 6-2　用于某输送机的链传动，载荷较平稳，采用单排滚子链，由电动机驱动，主动链轮转速 $n_1 = 315$ r/min，从动链轮转速 $n_2 = 106$ r/min，传递功率 $P = 5.5$ kW。试设计该链传动。

解　（1）选择链轮齿数

设链速 $v = 0.6 \sim 3$ m/s，参照表 6-11 取小链轮齿数 $z_1 = 21$；大链轮齿数 $z_2 = iz_1 = \dfrac{315}{106} \times 21 = 62.4$，取 $z_2 = 63$。

（2）初定中心距，计算链节数

初定中心距 $a_0 = 40p$。由式（6-27）计算链节数 L_p

$$L_p = \frac{2a_0}{p} + \frac{z_1 + z_2}{2} + \frac{p}{a_0}\left(\frac{z_2 - z_1}{2\pi}\right)^2$$

$$= \frac{2 \times 40p}{p} + \frac{21 + 63}{2} + \frac{p}{40p} \times \left(\frac{63 - 21}{2\pi}\right)^2$$

$$= 123.12$$

取链节数 $L_p = 124$。

（3）确定链条的节距

由表 6-12 查得工作情况系数 $K_A = 1.0$。

假设工作点落在额定功率曲线顶点左侧（即可能产生链板疲

劳破坏），由表 6 - 13 得小链轮齿数系数 $K_z=\left(\dfrac{z_1}{19}\right)^{1.08}=1.11$；链

长系数 $K_L=\left(\dfrac{L_p}{100}\right)^{0.26}=1.06$。因采用单排链，故 $K_p=1.0$。

由式（6 - 26）得

$$P_0=\frac{K_A P}{K_z K_L K_p}=\frac{1\times5.5}{1.11\times1.06\times1}\text{kW}=4.67\ \text{kW}$$

根据 $P_0=4.7\ \text{kW}$ 及小链轮转速 n_1，由图 6 - 19 选定 12A 滚子链，其链节 $p=19.05\ \text{mm}$。链传动的工作点落在额定功率曲线顶点左侧区内，与原假定相符合。

（4）验算链速

$$v=\frac{z_1 n_1 p}{60\times1\ 000}=\frac{21\times315\times19.05}{60\times1\ 000}\text{m/s}$$
$$=2.1\ \text{m/s}<15\ \text{m/s}$$

链速与原假定相符。

（5）实际中心距

采用中心距可以调节的方式，取实际中心距 $a\approx a_0$，即

$$a\approx40p=40\times19.05\ \text{mm}=762\ \text{mm}$$

（6）选择润滑方式

根据链速 v 和节距 p，由图 6 - 20 选用滴油润滑。

（7）计算作用在轴上的力

$$F_Q=1.2F_t=1.2\times\frac{1\ 000P}{v}=1.2\times\frac{1\ 000\times5.5}{2.1}\text{N}$$
$$=3\ 143\ \text{N}$$

（8）链轮设计（略）

习　题

6 - 1　试比较常用的几种带传动的特点。

6 - 2　什么叫弹性滑动和打滑？对带传动有什么影响？

6 - 3　试分析小带轮的包角 α_1、带轮直径 d_{d1}、传动比 i 及中

心距 a 等参数对 V 带传动的影响。

6-4　设计 V 带传动时,如果 α_1 太小及带的根数过多时应如何处理?

6-5　某 V 带传动的带轮直径 $d_{d1}=100$ mm,包角 $\alpha_1=180°$,带与带轮的当量摩擦系数 $f_v=0.5$,预紧力 $F_0=180$ N。试求:1) 该传动所能传递的最大有效圆周力;2) 传递的最大转矩。

6-6　设计液体搅拌机用 V 带传动。已知传动的功率 $P=1.5$ kW,由电动机驱动,小带轮转速 $n_1=1\,440$ r/min,传动比 $i=3$,三班制工作,根据传动布置要求中心距 a 不小于 400 mm。

6-7　如何选用带轮的结构和材料?

6-8　与带传动比较,链传动有何特点?

6-9　链传动的速度不均匀性是什么原因引起的? 如何减轻这种不均匀性?

6-10　链传动的主要参数有哪些? 如何选择?

6-11　试设计一由电动机驱动的某机械的链传动。已知传递的功率 $P=3$ kW,小链轮转速 $n_1=720$ r/min,大链轮转速 $n_2=200$ r/min,该机械工作时载荷不平稳。

第七章 齿轮传动

[内容提要]

1. 简介了常见齿轮机构的类型、齿廓啮合基本定律、切齿的基本原理、根切现象及避免根切的方法；

2. 重点介绍了渐开线的形成及其特点、渐开线齿廓的啮合特点，标准渐开线齿轮的尺寸计算，一对齿轮正确啮合条件和连续传动条件，齿轮传动的失效形式、材料选择、直齿圆柱齿轮的强度计算；

3. 介绍了斜齿圆柱齿轮传动、圆锥齿轮传动和蜗杆传动的尺寸计算、受力分析及齿轮结构。

§7-1 齿轮传动的特点和分类

齿轮传动是现代机械中应用最广的一种传动形式。其主要优点是：能保持恒定的传动比；可传递空间任意两轴之间的运动和动力；适用的功率和速度范围广，传递功率可达数万千瓦，圆周速度可达 200 m/s；结构紧凑；传动效率高；工作可靠和使用寿命较长等。其主要缺点是：制造成本较高；齿轮精度低时，传动的噪声和振动较大；不宜用在传动距离较远的场合等。

齿轮传动的类型很多，如图 7-1 所示。按照一对齿轮轴线的相互位置，齿轮传动可分为：

（1）两轴平行的圆柱齿轮传动。按照轮齿相对轴线的方向，圆柱齿轮传动又可分为直齿圆柱齿轮传动（图 7-1a）、斜齿圆柱齿轮传动（图 7-1b）和人字齿轮传动（图 7-1c）三种。圆柱齿轮传动按啮合情况又可分为外啮合齿轮传动（图 7-1a、b、c）、内啮合齿轮传动（图 7-1d）及齿轮、齿条传动（图 7-1e）等。

（2）两轴相交的锥齿轮传动（图 7-1f）。锥齿轮又有直齿、斜

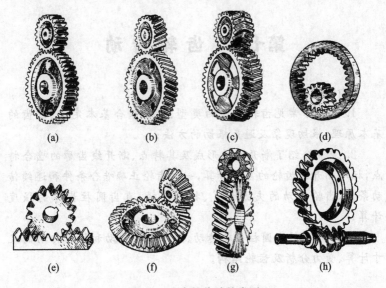

(a)　　　　　(b)　　　　　(c)　　　　　(d)

(e)　　　　　(f)　　　　　(g)　　　　　(h)

图 7 - 1　齿轮传动的类型

齿和曲齿锥齿轮等。

（3）两轴交错的齿轮传动。又可分两轴交错的螺旋齿轮传动（图 7 - 1g）和蜗杆蜗轮传动（图 7 - 1h）。

§7 - 2　齿廓啮合基本定律

齿轮传动是依靠主动轮的轮齿推动从动轮的轮齿进行工作的。对传动的基本要求之一是其瞬时传动比应保持恒定，否则当主动轮以等角速度转动时，从动轮的角速度将发生变化，产生惯性力，从而影响轮齿的强度，使其过早损坏，并将引起振动，影响机械的工作精度。

要保证瞬时传动比恒定不变，齿轮的齿廓曲线必须符合一定的条件。如图 7 - 2 所示，齿轮 1 和 2 的齿廓在 K 点接触，两轮的角速度分别为 ω_1 和 ω_2。过 K 点作两齿廓的公法线 N_1N_2 与连心

线 O_1O_2 交于 C 点。两轮齿廓上 K 点的速度分别为：

$$v_{K1} = \omega_1 \overline{O_1K}, v_{K2} = \omega_2 \overline{O_2K}$$

而 v_{K1} 和 v_{K2} 在公法线 N_1N_2 上的分速度应相等，否则两齿廓将会被压坏或分离，即

$$v_{K1}^{n} = v_{K2}^{n} = v_K^{n} \qquad \text{(a)}$$

过 O_1、O_2 分别作 N_1N_2 的垂线 O_1N_1、O_2N_2，点 N_1 和点 N_2 的速度分别为：$v_{N1} = \omega_1 \overline{O_1N_1}$，$v_{N2} = \omega_2 \overline{O_2N_2}$。由速度投影定理可知，同一平面图形上任意两点的速度在该两点连线上的投影彼此相等，故

$$v_{K1}^{n} = \omega_1 \cdot \overline{O_1N_1}$$

$$v_{K2}^{n} = \omega_2 \cdot \overline{O_2N_2} \qquad \text{(b)}$$

由式(a)、(b)得

$$\frac{\omega_1}{\omega_2} = \frac{\overline{O_2N_2}}{\overline{O_1N_1}} \qquad \text{(c)}$$

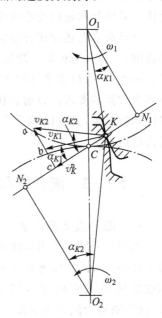

图 7-2　齿廓啮合基本定律

又因 $\triangle CO_1N_1 \backsim \triangle CO_2N_2$，则式(c)又可写成

$$\frac{\omega_1}{\omega_2} = \frac{\overline{O_2N_2}}{\overline{O_1N_1}} = \frac{\overline{O_2C}}{\overline{O_1C}} \qquad (7-1)$$

上式表明，互相啮合传动的一对齿轮，其角速度之比与连心线 O_1O_2 被齿廓在接触点处的公法线所分割的两段长度成反比。这一规律通常称为齿廓啮合基本定律。

由式(7-1)可知，欲保证传动比 $i_{12} = \dfrac{\omega_1}{\omega_2}$ 为定值，则比值 $\dfrac{\overline{O_2C}}{\overline{O_1C}}$ 应为常数。而两轮轴心连线 $\overline{O_1O_2}$ 是定长，故欲满足上述要求，C 点应为连心线上的一个定点。这个定点 C 称为节点。

因此，为使齿轮传动保持恒定的传动比，两轮齿廓曲线必须符

合下述条件:两轮齿廓不论在任何位置接触,过接触点(啮合点)的公法线必须与两轮的连心线交于一定点。

　　凡是符合上述定律并能实现预定传动比要求的一对互相啮合的齿廓,称为共轭齿廓。理论上,共轭齿廓曲线有无穷多。但是,在实际生产中,齿廓曲线的选择还必须综合考虑制造、安装及强度等各个方面的要求。目前在机械中常采用的齿廓曲线有渐开线、摆线和圆弧等,其中以渐开线齿廓应用最多。本章主要介绍渐开线齿轮传动。

§7-3　渐开线和渐开线齿廓的啮合特性

一、渐开线及其性质

　　如图7-3所示,当直线 L 沿半径为 r_b 的圆周作纯滚动时,直线上任一点 K 在其所在平面上所形成的轨迹 AK 称为该圆的渐开线,这个圆称为渐开线 AK 的基圆,直线 L 称为渐开线的发生线。

　　由渐开线的形成过程可知,它有下列性质:

　　(1)发生线沿基圆滚过的一段长度等于基圆上相应的弧长,即 $\overline{KN}=\overparen{AN}$。

　　(2)因发生线沿基圆滚动时,N 点是其瞬时转动中心,故发生线 L 是

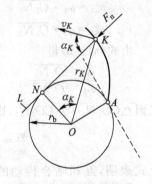

图7-3　渐开线的性质

渐开线上 K 点的法线。由于发生线始终与基圆相切,所以渐开线上任一点的法线必与基圆相切。切点 N 就是渐开线上 K 点的曲率中心,线段 $\overline{KN}$ 为 K 点的曲率半径。随着 K 点离基圆愈远,相应的曲率半径愈大。反之,K 点离基圆愈近,相应的曲率半径愈小。

　　(3)渐开线是从基圆开始向外逐渐展开的,故基圆之内无渐开线。

（4）渐开线上任一点法向压力的方向（即渐开线上该点的法线）和该点速度方向的夹角，称为该点的压力角。由图7-3可以看出，压力角 α_K 愈大，则法向压力 F_n 沿接触点的速度 v_K 方向的分力就愈小，而沿径向（$\overline{KO}$方向）的分力就愈大。当以渐开线 AK 作为齿轮的齿廓时，压力角 α_K 的大小将直接影响齿轮传动时轮齿的受力情况。由图7-3可知，渐开线上 K 点的压力角 α_K 等于 $\angle KON$，故

$$\cos \alpha_K = \frac{\overline{ON}}{\overline{OK}} = \frac{r_b}{r_K} \qquad (7-2)$$

式（7-2）说明渐开线上各点的压力角 α_K 不是定值，它随着 r_K 的增大而增大，在基圆上的压力角等于零。

（5）渐开线的形状与基圆半径的大小有关。如图7-4所示，基圆半径愈小，渐开线越弯曲；基圆半径愈大，渐开线越平直；当基圆半径为无穷大时，渐开线成为直线。故渐开线齿条（半径为无穷大的齿轮）具有直线齿廓。

二、渐开线齿廓符合齿廓啮合基本定律

以渐开线作为齿廓曲线的齿轮称为渐开线齿轮。这种齿轮传动能满足传动比恒定不变的要求。

如图7-5所示，两渐开线齿轮的基圆分别为 r_{b1}、r_{b2}，过两轮齿廓啮合点 K 作两齿廓的公法线 N_1N_2，根据渐开线的性质，该公法线必与两基圆相切，为两基圆的内公切线。又因两轮的基圆为定圆，在其同一方向的内公切线只有一条。所以无论两齿廓在何处接触（如虚线位置），过接触点齿廓的公法线 N_1N_2 为一固定直线，与连心线 O_1O_2 的交点 C 是一定点。这表明渐开线齿廓满足齿廓啮合的基本定律。因而两轮的传动比

$$i_{12} = \frac{\omega_1}{\omega_2} = \frac{\overline{O_2C}}{\overline{O_1C}} = \frac{r_{b2}}{r_{b1}} \qquad (7-3)$$

上式表明两轮的传动比为一定值，并与两轮的基圆半径成反比。

若以 O_1、O_2 为圆心，以 $\overline{O_1C}$、$\overline{O_2C}$ 为半径作圆，则两齿轮的传动就相当于这一对相切的圆作纯滚动。这对相切的圆称为齿轮的

节圆,其半径分别以 r'_1 和 r'_2 表示。显然,两轮的传动比也等于其节圆半径的反比,即 $i = r'_2 / r'_1$。

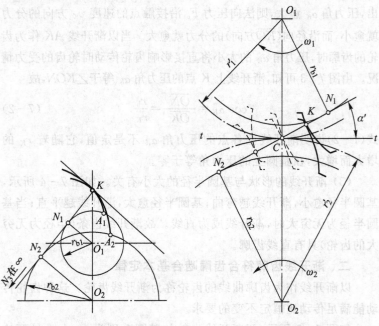

图 7 - 4　渐开线的形状与基圆半径的关系

图 7 - 5　渐开线齿廓符合啮合基本定律

三、啮合线、啮合角、齿廓间压力作用线

齿廓啮合时,其齿廓啮合点(接触点)的轨迹称为啮合线。如前所述,由于两渐开线齿廓接触点的公法线总是与两基圆的内公切线 $N_1 N_2$ 相重合,因此,内公切线 $N_1 N_2$ 即为渐开线齿廓的啮合线。

啮合线与两节圆的公切线 $t - t$ 的夹角称为啮合角。由于渐开线齿廓的啮合线是一条定直线 $N_1 N_2$,故啮合角的大小始终保持不变。它等于齿廓在节圆上的压力角 α'。

当不考虑齿廓间的摩擦力影响时,齿廓间的压力是沿着接触点的公法线方向作用的,即渐开线齿廓间压力的作用方向恒定不变。故当齿轮传递的转矩一定时,齿廓之间作用力的大小也不变。

四、渐开线齿轮的可分性

由式(7-3)知,两渐开线齿廓的传动比恒等于其基圆半径的反比。因此,由于制造、安装误差,以及在运转过程中轴的变形、轴承的磨损等原因,使两渐开线齿轮实际中心距与原来设计的中心距产生误差时,其传动比仍将保持不变。渐开线齿轮传动的这一特性称为中心距可分性。

渐开线齿轮传动的中心距可分性给齿轮的制造、安装带来很大的方便。但是需要指出:中心距的增大,将使两轮齿廓之间的间隙(齿侧间隙)增大,从而传动时会发生冲击、噪声等。因此,渐开线齿轮传动的中心距不可任意增大,应满足一定公差要求。

五、渐开线齿廓间的相对滑动

由图 7-2 可知,两齿廓接触点在公法线 N_1N_2 上的分速度必定相等,但在齿廓接触点公切线上的分速度不一定相等,因此,在啮合传动时,齿廓之间将产生相对滑动。齿廓间的滑动将引起啮合时的摩擦损失和齿廓的磨损。

齿廓间的相对滑动随啮合点的位置而变化,在节点 C 处啮合时,因两齿廓接触点的速度相等,故齿廓间没有相对滑动,距节点 C 愈远相对滑动越大。

由图 7-2 可知齿廓间的滑动不仅存在于渐开线齿轮传动中,在其他类型的齿轮传动中也同样存在,因此它是啮合传动中的一个普遍现象。

§7-4 直齿圆柱齿轮各部分名称及标准直齿圆柱齿轮的基本尺寸

图 7-6 所示为一渐开线直齿圆柱齿轮,其轮齿的两侧齿廓是由形状相同,方向相反的渐开线曲面组成。

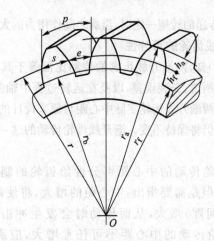

图 7 - 6　齿轮的几何尺寸

在齿轮整个圆周上轮齿的总数称为齿轮的齿数,以 z 表示;齿轮上相邻两齿之间的空间称为齿槽;过齿轮各轮齿顶端的圆称为齿顶圆,其直径和半径分别以 d_a 和 r_a 表示;过齿槽底边的圆称为齿根圆,其直径和半径分别以 d_f 和 r_f 表示。

在齿轮的任意圆周上,量得的齿槽弧长称为该圆周上的齿槽宽,以 e_K 表示;一个轮齿两侧齿廓间的弧长称为该圆周上的齿厚,以 s_K 表示;相邻两齿同侧齿廓对应点间的弧长称为该圆周上的齿距,以 p_K 表示,有

$$p_K = s_K + e_K \tag{7 - 4}$$

为了计算齿轮各部分的几何尺寸,在齿顶圆和齿根圆之间,取一直径为 d 的圆作为计算的基准圆,该圆称为分度圆。分度圆上的齿厚、齿槽宽和齿距分别以 s、e 和 p 表示(如图 7 - 6 所示),而 $p = s + e$。分度圆的周长 $\pi d = zp$,故得

$$d = \frac{zp}{\pi}$$

由上式可知,一个齿数为 z 的齿轮,只要其齿距 p 一定,即可求出其分度圆直径 d。但式中的 π 是无理数,计算和测量都不方便。

为此,规定比值 $\dfrac{p}{\pi}$ 等于整数或简单的有理数,称为模数,以 m 表示,单位为 mm。

模数是计算齿轮几何尺寸的一个基本参数。为了便于制造(简化刀具)和齿轮的互换使用,齿轮的模数已经标准化。我国规定的模数系列见表 7-1。

引入模数 m 后,齿轮分度圆直径 d 可表示为

$$d = mz \qquad (7-5)$$

由式(7-5)可知当齿数 z 和模数 m 一定时,齿轮的分度圆直径即为一定值。

表 7-1 标准模数(摘自 GB/T1357—2008)　　mm

第一系列	1　1.25　1.5　2　2.5　3　4　5　6　8　10　12　16　20
	25　32　40　50
第二系列	1.125　1.375　1.75　2.25　2.75　3.5　4.5　5.5　(6.5)
	7　9　11　14　18　22　28　36　45

注:1. 选用模数时,应优先采用第一系列,括号内的模数尽可能不用。

2. 对于直齿锥齿轮、斜齿圆柱齿轮,亦可参考本表选取,但指的是大端端面模数和法向模数。

分度圆上的压力角称为分度圆压力角,简称压力角,以 α 表示。分度圆压力角是标准值,常用的为 20°、15°、14.5°等。我国规定的标准压力角 $\alpha = 20°$。因此,齿轮的分度圆也是齿轮上具有标准模数和标准压力角的圆。

轮齿上齿顶圆与分度圆之间的径向距离称为齿顶高,以 h_a 表示(图 7-6)。分度圆与齿根圆之间的径向距离称为齿根高,以 h_f 表示(图 7-6)。齿顶圆与齿根圆之间的径向距离称为齿高,以 h 表示。有

$$h = h_a + h_f \qquad (7-6)$$

齿轮的齿顶高和齿根高规定为

$$h_a = h_a^* m \tag{7-7}$$

$$h_f = h_a + c = (h_a^* + c^*)m \tag{7-8}$$

式中：h_a^* 为齿顶高系数；c 为一轮齿顶与另一轮齿根之间的径向间隙称为顶隙（图 7-7），$c = c^* m$，c^* 称为顶隙系数。顶隙不仅可避免传动时轮齿互相顶撞，且有利于贮存润滑油。

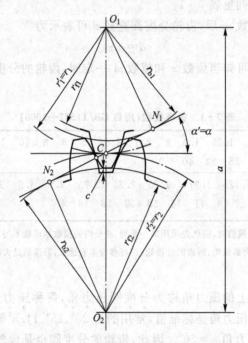

图 7-7　一对标准齿轮的正确安装

我国齿形标准中规定齿顶高系数和顶隙系数为

正常齿　$h_a^* = 1, c^* = 0.25$

短齿　$h_a^* = 0.8, c^* = 0.3$

若一齿轮的模数、分度圆压力角、齿顶高系数和顶隙系数均为标准值，且其分度圆上齿厚与齿槽宽相等，则称为标准齿轮。对于标准齿轮

$$s=e=\frac{p}{2}=\frac{\pi m}{2} \qquad (7-9)$$

如图 7-7 所示，一对模数相等的标准齿轮，由于其分度圆齿厚与齿槽宽相等，故正确安装时，两轮的分度圆相切，即节圆与分度圆重合，啮合角 α' 等于压力角 α。因此，一对标准齿轮正确安装的中心距即标准中心距为

$$a=r'_1+r'_2=r_1+r_2=\frac{1}{2}m(z_1+z_2) \qquad (7-10)$$

式中 z_1、z_2 分别为两齿轮的齿数。

需要指出，节圆仅在一对齿轮啮合时才有意义。一对标准齿轮只有在正确安装时节圆半径才等于分度圆半径，即 $r'=r$。一般为了简化符号，在正确安装的标准齿轮传动的计算式中，均只用分度圆的符号，而不用节圆的符号。标准直齿圆柱齿轮传动的参数和几何尺寸计算公式列于表 7-2。

表 7-2　外啮合标准直齿圆柱齿轮传动的几何尺寸

名　称	代　号	计　算　公　式
分度圆直径	d	$d_1=mz_1$，$d_2=mz_2$
齿顶高	h_a	$h_a=h_a^* m$
齿根高	h_f	$h_f=(h_a^*+c^*)m$
齿高	h	$h=h_a+h_f$
齿顶圆直径	d_a	$d_{a1}=d_1+2h_a=m(z_1+2h_a^*)$，$d_{a2}=m(z_2+2h_a^*)$
齿根圆直径	d_f	$d_{f1}=d_1-2h_f=m(z_1-2h_a^*-2c^*)$，$d_{f2}=m(z_2-2h_a^*-2c^*)$
基圆直径	d_b	$d_{b1}=d_1\cos\alpha=mz_1\cos\alpha$，$d_{b2}=mz_2\cos\alpha$
分度圆齿距	p	$p=\pi m$
分度圆齿厚	s	$s=\frac{1}{2}\pi m$
分度圆齿槽宽	e	$e=\frac{1}{2}\pi m$
中心距	a	$a=\frac{1}{2}(d_1+d_2)=\frac{1}{2}m(z_1+z_2)$

例 7 - 1　有一标准直齿圆柱齿轮,齿数 $z=27$,模数 $m=$ 5 mm。求该齿轮的基圆直径、齿廓曲线在分度圆上的曲率半径及直径 $d_K=140$ mm 的圆上的压力角。

解　(1) 基圆直径

分度圆直径 $d=mz=135$ mm,压力角 $\alpha=20°$,故基圆直径

$$d_b=d\cos\alpha=135 \text{ mm}\times\cos 20°=126.86 \text{ mm}$$

(2) 齿廓在分度圆的曲率半径

按图 7-3,齿廓曲线在分度圆的曲率半径

$$\rho=\sqrt{\left(\frac{d}{2}\right)^2-\left(\frac{d_b}{2}\right)^2}=\sqrt{67.5^2-63.43^2} \text{ mm}$$

$$=23.084 \text{ mm}$$

(3) 齿廓在直径为 d_K 的圆上的压力角

由式(7-2)知该圆上的压力角为

$$\alpha_K=\arccos\frac{r_b}{r_K}=\arccos\left(\frac{63.43}{70}\right)=25°1'20''$$

例 7 - 2　一对外啮合标准直齿圆柱齿轮的小齿轮已丢失,仅存大齿轮,需要重配小齿轮。现测得箱体的中心距 $a=112.55$ mm 及大齿轮齿数 $z_2=52$,齿顶圆直径 $d_{a2}=134.9$ mm,求小齿轮的主要尺寸。

解　设这对齿轮 $h_a^*=1$、$c^*=0.25$,则由

$$d_{a2}=m(z_2+2h_a^*)=m(z_2+2)$$

可求得

$$m=\frac{d_{a2}}{z_2+2}=\frac{134.9}{54} \text{ mm}=2.498 \text{ mm}$$

计算的模数值与 2.5 极为接近,这差值可以认为是由于齿顶圆直径 d_{a2} 的偏差引起的,故确定这对齿轮的模数 $m=2.5$ mm。

又由

$$a=\frac{1}{2}m(z_1+z_2)$$

可求得

$$z_1 = \frac{2a}{m} - z_2 = \frac{2 \times 112.55}{2.5} - 52 = 90.04 - 52 = 38.04$$

计算出的齿数 z_1 不是整数,可以认为是由于中心距 a 的偏差引起的,故确定 $z_1 = 38$。小齿轮的主要尺寸如下:

分度圆直径

$$d_1 = mz_1 = 95 \text{ mm}$$

齿顶圆直径

$$d_{a1} = m(z_1 + 2) = 100 \text{ mm}$$

齿根圆直径

$$d_{f1} = m(z_1 - 2h_a^* - 2c^*) = m(z_1 - 2.5) = 88.75 \text{ mm}$$

§7-5 渐开线齿轮的正确啮合和连续传动的条件

一、渐开线齿轮正确啮合的条件

如图 7-8 所示,由于两轮齿廓是沿着啮合线进行啮合的,故只有当两齿轮在啮合线上的齿距即法线齿距相等,即 $(\overline{B_2K})_1 = (\overline{B_2K})_2$,才能保证处于啮合线上的前后两对轮齿相互正确啮合。

由渐开线的性质可知,齿轮相邻两齿齿廓的法线齿距等于其基圆齿距 p_b,因此,两轮在啮合线上的齿距相等,即两轮的基圆齿距相等。故渐开线齿轮正确啮合的条件可写为

$$p_{b1} = p_{b2}$$

由于两轮的基圆齿距分别为

$$p_{b1} = \frac{\pi d_{b1}}{z_1} = \frac{\pi d_1 \cos\alpha_1}{z_1} = \pi m_1 \cos\alpha_1$$

$$p_{b2} = \frac{\pi d_{b2}}{z_2} = \pi m_2 \cos\alpha_2$$

故两轮基圆齿距相等的条件又可写成

$$m_1 \cos\alpha_1 = m_2 \cos\alpha_2$$

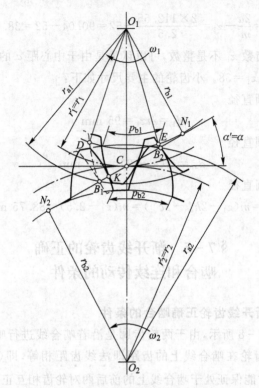

图 7 - 8　渐开线齿轮正确啮合的条件

上式表明,当两轮的模数和压力角满足上式时就能正确啮合。但因模数和压力角都是标准值,故实际上渐开线齿轮正确啮合条件为两齿轮的分度圆压力角和模数应分别相等,即

$$\alpha_1 = \alpha_2 = \alpha, \quad m_1 = m_2 = m \tag{7-11}$$

由于标准齿轮的压力角是一定值(如 $\alpha = 20°$),故保证一对标准齿轮的正确啮合条件是两轮模数必须相等。

二、渐开线齿轮连续传动的条件

图 7-8 所示一对相互啮合的齿轮中,设轮 1 为主动轮,轮 2 为从动轮。齿廓的啮合是起始于主动轮 1 的齿根部,并推动从动

轮 2 的齿顶,即从动轮齿顶圆与啮合线的交点 B_2 是一对齿廓进入啮合的起始点。随着轮 1 推动轮 2 转动,两齿廓的啮合点沿着啮合线移动。当啮合点移动到齿轮 1 的齿顶圆与啮合线的交点 B_1 时(图中齿廓虚线位置),齿廓啮合终止,即 B_1 为一对齿廓啮合的终止点。故啮合线 N_1N_2 上的线段 B_1B_2 为齿廓啮合点的实际啮合线,而线段 N_1N_2 称为理论啮合线。

当一对轮齿在啮合的终止点 B_1 之前的 K 点啮合,而后一对轮齿已达到啮合的起始点 B_2 时,则传动就能连续进行。这时实际啮合线段 B_1B_2 的长度大于齿轮的法线齿距(基圆齿距)。若 B_1B_2 的长度小于齿轮的法线齿距,则表示一对轮齿已于 B_1 点脱离啮合,而后一对轮齿尚未进入啮合,则传动发生中断,轮齿间将引起冲击。所以,保证连续传动的条件是使两齿轮的实际啮合线长度大于或至少等于齿轮的法线齿距。由于法线齿距等于基圆齿距 p_b,故连续传动的条件可写为

$$\overline{B_1B_2} \geqslant p_b \quad \text{或} \quad \frac{\overline{B_1B_2}}{p_b} \geqslant 1$$

实际啮合线长度 $\overline{B_1B_2}$ 与基圆齿距 p_b 的比值称为齿轮的重合度,用 ε 表示,即

$$\varepsilon = \frac{\overline{B_1B_2}}{p_b} \geqslant 1 \qquad (7-12)$$

理论上当 $\varepsilon = 1$ 就能保证一对齿轮连续传动。但由于齿轮的制造和安装误差以及啮合传动中轮齿的变形,实际上应使 $\varepsilon > 1$。一般机械制造中,常使 $\varepsilon \geqslant 1.1 \sim 1.4$。

§7-6　轮齿的切削加工方法、轮齿的根切现象及最少齿数

一、轮齿的加工方法

轮齿的加工方法很多,有铸造法、热轧法和切削法等。切削法

又可分为仿形法与范成法两类。

1. 仿形法

仿形法是用与齿轮齿槽端面形状和尺寸相同的圆盘铣刀(图7-9a)或指状铣刀(图7-9b)在铣床上进行加工的方法。

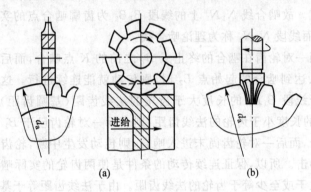

(a)　　　　　　　　　　　　　(b)

图 7-9　仿形法加工轮齿

这种加工方法精度低,而且是一个一个齿切削,切削不连续,故生产率很低,多用于修配、单件生产或小批量生产中。

2. 范成法

范成法是利用轮齿的啮合原理来切削轮齿齿廓的。这种方法采用的刀具主要有插齿刀和滚刀。由于加工精度较高,是目前轮齿切削加工的主要方法。

(1) 插齿　图7-10所示为用齿轮插刀在插齿机上加工轮齿的情形。图7-10a中1为插齿刀,2为被加工的齿轮坯。插齿刀的形状和齿轮相似,其模数和压力角与被加工齿轮相同。加工时,齿轮插刀沿轮坯轴线方向作上下往复的切削运动,同时,插齿机的传动系统严格保证插齿刀与轮坯之间的啮合运动关系。此外,为了避免插齿刀在空回行程时和已加工好的齿面摩擦,轮坯尚需作径向让刀运动(先使轮坯远离插刀轴线,等插刀返回后,轮坯再回到原来位置)。这样切削出来的轮齿齿廓,是插齿刀刀刃相对轮坯运动过程中刀刃各位置的包络线,如图 7-10b 所示。可用一把插齿刀加工出模数和压力角相同而齿数不同的若干个齿轮。

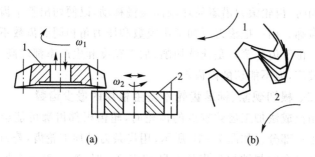

图 7-10 齿轮插刀加工轮齿

当齿轮插刀的齿数增加到无穷多时,其基圆半径变为无穷大,插刀的齿廓变成直线。如图 7-11 所示,插刀就变成齿条插刀 1。加工时齿条插刀与轮坯的范成运动相当于齿条与齿轮的啮合运动。

(2)滚齿 图 7-12 所示为用齿轮滚刀在滚齿机上加工轮齿。图 7-12 中齿轮滚刀 1 的外形类似沿纵向开了沟槽的螺旋,其轴向剖面的齿形与齿条插刀相同。当齿轮滚刀转动时,相当这个假想

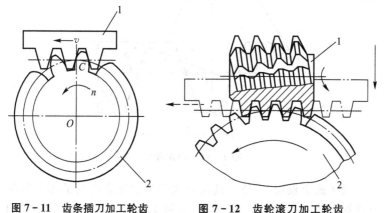

图 7-11 齿条插刀加工轮齿　　**图 7-12 齿轮滚刀加工轮齿**

的齿条插刀连续地向一个方向移动,轮坯 2 相当于与齿条插刀作啮合运动的齿轮,从而齿轮滚刀能在轮坯上连续切出渐开线齿廓。同时,齿轮滚刀沿着轮坯轴向缓慢移动,以便切出整个齿轮齿宽的齿廓。用一把滚刀可加工出模数和压力角相同而齿数不同的齿轮。由于齿轮滚刀是连续切削,加工精度和生产率都较高,目前应用较广,但不能切削内齿轮。

二、根切现象、标准齿轮不发生根切的最少齿数

用范成法加工齿数较少的齿轮时,轮齿根部齿廓可能会被刀具切去一部分。如图 7-13 所示,用齿条刀具加工轮齿,若刀具顶线超过啮合线与被加工齿轮基圆切点 N_1 时,则刀刃将会切去一部分轮齿根部齿廓,如图 7-13 中的虚线齿廓。这种现象称为根切。根切由于破坏了渐开线的形状,使轮齿根部削弱,抗弯强度降低,重合度减小,故应设法避免。

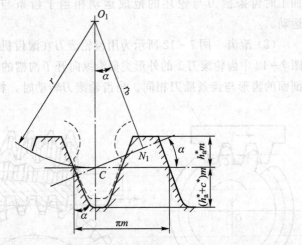

图 7-13　根切现象

为了避免根切,应使刀具齿顶线不超过啮合线与被加工齿轮基圆切点 N_1。如图 7-14 所示,被加工齿轮的基圆半径为 r_b,圆

心在 O_1 处，基圆与啮合线的切点 N_1 正好在刀具顶线上，这是正好不产生根切的极限情况。若被加工齿轮基圆半径减小到 r'_b，圆心将在 O'_1 处，N'_1 点位于刀具顶线之内，则会产生根切。若被加工齿轮基圆半径增加到 r''_b，圆心将在 O''_1 处，N''_1 点位于刀具齿顶之外，则不会产生根切。由于刀具的尺寸是一定的，所以是否产生根切就与被加工齿轮的直径有关，在模数一定的情况下，则仅与被加工齿轮的齿数 z 有关。由图 7-13 可知，用齿条刀加工时，为保证不发生根切，应使

$$\overline{CN_1} \cdot \sin \alpha \geqslant h_a^* m$$

而 $\overline{CN_1} = \dfrac{mz}{2} \sin \alpha$，故有 $z \geqslant \dfrac{2h_a^*}{\sin^2 \alpha}$。因此，标准直齿圆柱齿轮不发生根切的最少齿数应为

$$z_{\min} = \frac{2h_a^*}{\sin^2 \alpha} \tag{7-13}$$

式中：h_a^* 为齿顶高系数；α 为压力角。

对于 $\alpha = 20°$，$h_a^* = 1$ 的正常齿轮，$z_{\min} = 17$。若允许有轻微根切，则最少齿数取为 14。

当由于结构尺寸限制或传动比的要求，需要选用比 $z_{\min}$ 更少的齿数时，可以采用变位齿轮。

如图 7-14 所示，若齿数 $z < z_{\min}$ 的被加工齿轮基圆半径为 r'_b，当齿条刀具处于加工标准齿轮位置时（图中实线位置），将发生根切。为使轮齿不发生根切，可将刀具向外（离开被加工齿轮中心）移出距离 xm，使刀具顶线不超过 N'_1 点（刀具处于虚线位置）。这样切出的齿轮称为变位齿轮。刀具移动距离 xm 称为变位量，x 称为变位系数。

与标准齿轮相比较，变位齿轮的齿数、模数、分度圆和基圆均保持不变，但是变位齿轮的齿厚、齿根圆和齿顶圆等发生了变化。例如图 7-14 所示刀具移至虚线位置所切出的齿轮，其分度圆上的齿厚大于齿槽宽（即齿厚增大了），齿根圆变大，齿顶圆也相应增大。

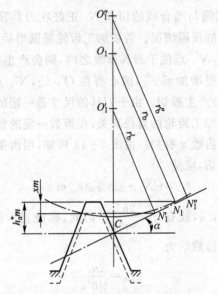

图 7-14 齿轮的最少齿数

采用刀具变位来加工齿轮,不仅可以避免根切,且可提高齿轮的强度和配凑中心距。关于变位齿轮的理论、计算和应用,可参阅有关书籍和资料。

§7-7 轮齿的失效和齿轮材料

一、轮齿的失效

齿轮的失效一般是指轮齿的失效。这里介绍几种常见的轮齿失效形式。

1. 轮齿折断

最常见的是齿根弯曲疲劳折断。齿轮工作时,齿根处的弯曲应力最大,且有应力集中作用。在较高的弯曲应力反复作用下,齿根处会出现疲劳裂纹,随着疲劳裂纹的不断扩展,导致轮齿疲劳折断,如图 7-15a 所示。此外,在严重过载时轮齿还可能发生过载折断。

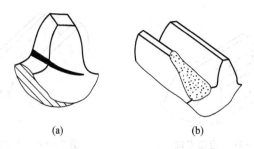

(a)   (b)

图 7 - 15　轮齿折断

齿宽较小的直齿圆柱齿轮往往发生全齿折断,斜齿圆柱齿轮、齿宽较大的直齿圆柱齿轮等则会发生轮齿的局部折断(图 7 - 15b)。

2. 齿面点蚀

齿轮工作时,齿面接触处产生的接触应力是脉动循环应力,且应力值很大。接触应力多次反复作用后,在节线附近的齿根部表面层会产生细小的疲劳裂纹。这些裂纹的扩展,导致表面层材料剥落,形成图 7 - 16 所示的小凹坑。这种现象称为点蚀。点蚀使齿面遭到破坏,影响轮齿的平稳啮合,产生振动和噪声,甚至不能正常工作。

点蚀常发生在闭式齿轮传动中。开式齿轮传动由于齿面磨损较快,点蚀未形成之前表面层疲劳裂纹已被磨掉,因而一般不会发展成为点蚀。

3. 齿面胶合

在高速重载齿轮传动中,若润滑不良或因齿面的压力很大,温度升高,会引起油膜破裂使齿面金属表面直接接触而粘结在一起,由于两齿面间存在相对滑动,导致较软齿面上的金属被较硬齿面撕下,从而在齿面上形成与滑动方向一致的沟槽状伤痕,如图 7 - 17 所示。这种现象称为齿面胶合。

低速重载传动也可能因齿面间的润滑油膜不易形成而产生胶合失效。

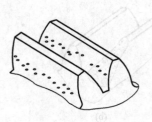

图 7-16　齿面点蚀

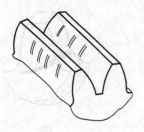

图 7-17　齿面胶合

4. 齿面磨损

互相啮合的两齿廓表面间有相对滑动,在载荷作用下会引起齿面的磨损。

齿面严重磨损后,轮齿将失去正确齿形,齿侧间隙增大,运转时引起冲击和噪声,影响正常工作,甚至因齿厚过度减薄而引起轮齿折断。

对于润滑良好、润滑油清洁和齿面具有一定硬度的闭式齿轮传动,一般不会产生显著的磨损。在开式传动中,外界杂质易侵入,而且润滑不良,因此齿面磨损是一种主要的失效形式。

5. 齿面塑性变形

齿面较软的齿轮,当承受重载时,齿面上可能产生局部的塑性变形。在低速重载和过载频繁的传动中较易发生这种齿面损坏现象。

二、齿轮的材料

为了使轮齿具有一定的抗上述失效的能力,对齿轮材料的基本要求是:轮齿具有一定的抗弯强度,齿面有足够的硬度和耐磨性,承受冲击载荷时,齿心应有较高的韧性。

最常用的齿轮材料是钢,其次是铸铁,在某些情况下也采用有色金属和非金属材料。钢齿轮多用锻钢制造。当齿轮的结构形状复杂或尺寸较大(直径大于 400~600 mm)时,其轮坯不易锻造,可采用铸钢。

钢制齿轮按其齿面硬度的不同,可分为两类。

(1) 软齿面齿轮　这类齿轮的齿面硬度≤350HBS,常用 35、

45、40Cr、35SiMn 等钢制造,经调质或正火处理后进行切齿。考虑小齿轮的工作次数较多,可使其齿面硬度比大齿轮高 25～50HBS。这类齿轮制造较简便、成本低,多用于单件、小批量生产和对尺寸无严格要求的一般传动。

(2) 硬齿面齿轮　这类齿轮常用 20、20Cr、20CrMnTi(表面渗碳淬火)和 45、40Cr(表面淬火或整体淬火)等钢制造,其齿面硬度一般为 40～62HRC。由于齿面硬度高,其最终热处理是在切齿后进行。为消除热处理引起的轮齿变形,热处理后还需要对轮齿进行磨削或研磨等。这类齿轮制造较复杂,适用于高速、重载及要求结构紧凑的场合。由于硬齿面齿轮传动的承载能力高,尺寸和重量明显减小,故其被逐渐推广采用。

铸铁价格低、具有良好的铸造性,易于得到复杂的结构形状。铸铁齿轮主要用于开式、轻载低速的齿轮传动中。因其抗弯强度和抗冲击能力都较差,故在同样条件下,铸铁齿轮与锻钢齿轮相比,尺寸较大。常用的铸铁有 HT250、HT300 及 QT500-7 等。

对于高速、轻载及精度不高的齿轮传动,为了减少噪声,也可用非金属材料,如尼龙、夹布胶木等制造小齿轮,大齿轮仍用钢或铸铁制造。

表 7-3 列出了一些常用的齿轮材料及其热处理方法和硬度值。

表 7-3　齿轮常用材料

材　料	热　处　理	硬　度	
		HBS	HRC
45 钢	正火	162～217	
	调质	217～255	
	表面淬火		40～50
35SiMn	调质	217～269	
	表面淬火		45～55

材　料	热　处　理	硬　　度	
		HBS	HRC
40MnB	调质	241~286	
	表面淬火		45~55
40Cr	调质	241~286	
	表面淬火		48~55
20Cr 20CrMnTi	渗碳淬火		56~62
ZG310 – 570	正火	163~197	
ZG340 – 640		179~207	
ZG35CrMnSi	正火	163~217	
	调质	197~269	
HT250		170~240	
HT300		187~255	
QT500 – 7		170~230	
QT600 – 3		190~270	

§7-8　直齿圆柱齿轮的强度计算

一、轮齿的受力分析和计算载荷

为了计算轮齿的强度和设计计算轴和轴承装置等,需要求出作用在轮齿上的力。

图 7-18 所示为一对标准直齿圆柱齿轮啮合时的受力情况。若忽略齿面间的摩擦力,则轮齿之间的总作用力 F_n 将沿着轮齿啮合点的公法线 N_1N_2 方向。将 F_n 分解成相互垂直的两个分力:即与节圆相切的圆周力 F_t(N)和沿半径方向的径向力 F_r(N)。设

作用于小齿轮 1 上的转矩为 $T_1(\text{N}\cdot\text{mm})$，小齿轮 1 的节圆（分度圆）直径为 $d'_1(d_1)(\text{mm})$，由齿轮的力矩平衡条件可得

圆周力 $$F_t = \frac{2T_1}{d_1} \qquad (7-14)$$

径向力 $$F_r = F_t \tan\alpha \qquad (7-15)$$

故总作用力 $$F_n = \frac{F_t}{\cos\alpha} \qquad (7-16)$$

圆周力 F_t 的方向在主动轮上与圆周速度方向相反，在从动轮上与圆周速度方向相同。径向力 F_r 的方向是指向轮心，对内齿轮则背离轮心。

总作用力 F_n 是在理想模型下计算出来的，故称为名义载荷，实际上由于制造误差，轮齿、轴和轴承受载后的变形，以及传动中工作载荷和速度的变化等，使轮齿上所受的实际载荷大于名义载荷，故轮齿强度计算时不应按名义载荷进行计算，而应按计算载荷来计算。计算载荷 F_{nc} 为

$$F_{nc} = KF_n = \frac{2KT_1}{d_1\cos\alpha} \qquad (7-17)$$

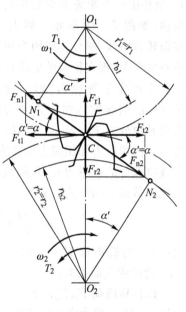

图 7-18　作用在轮齿上的力

上式中 K 称为载荷系数。对于电动机驱动的中等精度齿轮传动可取 $K=1.2\sim2.4$。当载荷平稳、齿宽较小、齿轮相对轴承对称布置时，取较小值；当载荷变化大、齿轮相对轴承非对称布置及悬臂布置时取较大值；软齿面时取较小值，硬齿面时取较大值。

二、齿根的弯曲强度计算

轮齿折断与齿根弯曲应力有关,为了防止轮齿过早发生疲劳折断,应使 $\sigma_F \leqslant [\sigma_F]$。计算齿根弯曲应力时,根据路易斯(W. Lewis)公式,可将轮齿看作一宽度等于齿宽 b 的悬臂梁。考虑齿轮制造误差的影响,可认为载荷 F_n 全部由一个轮齿承受且作用于齿顶,如图 7 - 19 所示。将力 F_n 移至轮齿中线,并分解成两个相互垂直的分力,则在轮齿的危险截面 $a_1 a_2$ 上产生三种应力,即由分力 $F_n \cos \alpha_F$ 引起的弯曲应力和切应力以及由分力 $F_n \sin \alpha_F$ 引起的压

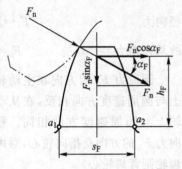

图 7 - 19　轮齿上的受力分析

应力。因切应力和压应力的数值较小,在计算时仅考虑弯曲应力。设危险截面的齿厚为 s_F,危险截面至分力 $F_n \cos \alpha_F$ 的距离为 h_F,则危险截面上的弯曲应力为

$$\sigma_F = \frac{M}{W} = \frac{F_n \cos \alpha_F h_F}{b s_F^2 / 6}$$

式中:M 为轮齿根部承受的弯矩,N · mm;W 为齿根危险截面 $a_1 a_2$ 的抗弯剖面系数。

以计算载荷 F_{nc} 代替 F_n,并取 $s_F = c_1 m$、$h_F = c_2 m$(对于一定的齿形,c_1 和 c_2 均为常数),则由上式得

$$\sigma_F = \frac{2KT_1}{bmd_1} \frac{6c_2 \cos \alpha_F}{c_1^2 \cos \alpha}$$

在上式中,令 $Y_{Fa} = \dfrac{6c_2 \cos \alpha_F}{c_1^2 \cos \alpha}$,并以 $d_1 = mz_1$ 代入,则得

$$\sigma_F = \frac{2KT_1}{bz_1 m^2} Y_{Fa}$$

实际计算时为了计入弯曲应力以外的其他应力以及齿根应力集中的影响,引入齿根应力修正系数 Y_{sa},由此可写出轮齿的弯曲

强度条件

$$\sigma_F = \frac{2KT_1}{bz_1m^2}Y_{Fa}Y_{sa} \leqslant [\sigma_F] \qquad (7-18)$$

式中 Y_{Fa} 为齿形系数,它与齿轮的模数无关,只与齿形有关。对于齿顶高系数 $h_a^* = 1$ 的标准齿轮,Y_{Fa} 值见表 7-4;Y_{sa} 值见表 7-4;b 为轮齿宽度,mm;$[\sigma_F]$ 为许用齿根弯曲应力,MPa。

表 7-4 标准外齿轮齿形系数 Y_{Fa} 及应力修正系数 Y_{sa}

$(\alpha = 20°、h_a^* = 1、c^* = 0.25)$

z	17	18	19	20	22	25	27	30	35
Y_{Fa}	2.97	2.91	2.85	2.81	2.72	2.63	2.57	2.53	2.46
Y_{sa}	1.52	1.53	1.54	1.56	1.575	1.59	1.61	1.625	1.65
z	40	45	50	60	70	80	100	200	∞
Y_{Fa}	2.41	2.37	2.33	2.28	2.25	2.23	2.19	2.12	2.06
Y_{sa}	1.67	1.69	1.71	1.73	1.75	1.775	1.80	1.865	1.97

注:内齿轮的齿形系数及应力修正系数可近似按齿条取值。

式(7-18)为齿轮弯曲强度的验算公式。验算时应分别算出两轮轮齿的弯曲应力,再与两轮的许用弯曲应力进行比较。由式(7-18)可知,计算两轮轮齿弯曲应力时,除齿形系数 Y_{Fa} 和齿根应力修正系数 Y_{sa} 可能不相同外,其他参数均相同。故当一轮的轮齿弯曲应力确定后,另一轮轮齿的弯曲应力可按下式求得

$$\frac{\sigma_{F1}}{Y_{Fa1}Y_{sa1}} = \frac{\sigma_{F2}}{Y_{Fa2}Y_{sa2}} \qquad (7-19)$$

式(7-18)中,引入齿宽系数 $\psi_d = \dfrac{b}{d_1}$,则得齿轮模数 m(mm)为

$$m \geqslant \sqrt[3]{\frac{2KT_1Y_{Fa}Y_{sa}}{\psi_d z_1^2 [\sigma_F]}} \qquad (7-20)$$

当选定齿数 z_1,齿宽系数 ψ_d 和材料后,由上式即可求出满足齿根弯曲强度条件的齿轮模数 m 值。

由于相啮合的一对齿轮的齿数和材料等不一定相同,为满足大、小齿轮的弯曲强度,计算模数时,应将 $\dfrac{Y_{Fa1}Y_{sa1}}{[\sigma_{F1}]}$ 和 $\dfrac{Y_{Fa2}Y_{sa2}}{[\sigma_{F2}]}$ 中的较大值代入式(7-20)。求得的 m 值(应按表7-1选取标准值)。

三、齿面的接触强度计算

齿面的点蚀与齿面接触应力的大小有关。为避免齿面过早产生疲劳点蚀,在强度计算时,应使 $\sigma_H \leqslant [\sigma_H]$。

如图7-20所示的两圆柱体,在载荷 F_n 的作用下,接触区内将产生接触应力。根据弹性力学的赫兹(H·Hertz)公式即可导出其最大接触应力为

$$\sigma_H = \sqrt{\dfrac{F_n}{\pi b\left(\dfrac{1-\gamma_1^2}{E_1}+\dfrac{1-\gamma_2^2}{E_2}\right)}\cdot\dfrac{\rho_2\pm\rho_1}{\rho_1\rho_2}} \qquad (7-21)$$

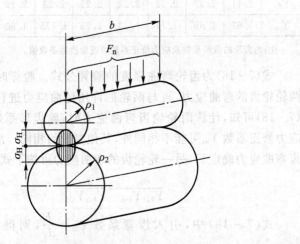

图 7-20　两圆柱体间的外啮合接触应力

式中:F_n 为作用在两圆柱体上的压力,N;b 为两圆柱体接触长度,mm;ρ_1、ρ_2 分别为两圆柱体接触处的曲率半径,mm;式中"+"号用于外接触如图7-20所示,"-"号用于内接触;E_1、E_2 为两圆柱

体材料的弹性模量,MPa;γ_1、γ_2 分别为两圆柱体材料的泊松比。

两齿轮啮合时可看作是以两齿廓在接触点处的曲率半径为半径的两圆柱体相互接触。虽然两轮齿廓上各点的曲率半径是变化的,但考虑到点蚀多发生在节点附近,故一般只计算节点处的接触应力。两轮齿廓在节点 C 处的曲率半径,由图 7-18 可知为

$$\rho_1 = \overline{N_1 C} = \frac{d_1}{2}\sin\alpha, \quad \rho_2 = \overline{N_2 C} = \frac{d_2}{2}\sin\alpha$$

将上两式、式(7-17)、$\alpha = 20°$ 以及大齿轮和小齿轮的齿数比 $u = \dfrac{z_2}{z_1}$ 代入式(7-21)并经过整理可得齿面接触强度条件为

$$\sigma_H = 2.5 Z_E \sqrt{\frac{2KT_1(u\pm1)}{bd_1^2 u}} \leqslant [\sigma_H] \qquad (7-22)$$

将 $\psi_d = \dfrac{b}{d_1}$ 代入上式,即得按齿面接触强度确定小齿轮分度圆直径 d_1(mm)的公式为

$$d_1 \geqslant \sqrt[3]{\frac{2KT_1(u\pm1)}{\psi_d u} \cdot \left(\frac{2.5 Z_E}{[\sigma_H]}\right)^2} \qquad (7-23)$$

以上两式中:$[\sigma_H]$ 为许用接触应力,MPa;Z_E 为材料的弹性系数,$Z_E = \sqrt{1/\pi\left(\dfrac{1-\gamma_1^2}{E_1} + \dfrac{1-\gamma_2^2}{E_2}\right)}$,$\sqrt{\text{MPa}}$。两轮均为钢时,$Z_E = 189.8$;一轮为钢一轮为铸铁时,$Z_E = 162$;两轮均为铸铁时,$Z_E = 143.7$。

式(7-22)和式(7-23)中"+"号用于外啮合;"—"号用于内啮合。

当两轮材料均为钢时,式(7-22)和(7-23)可写为

$$\sigma_H = 671 \sqrt{\frac{KT_1(u\pm1)}{bd_1^2 u}} \leqslant [\sigma_H] \qquad (7-24)$$

$$d_1 = 76.6 \sqrt[3]{\frac{KT_1(u\pm1)}{\psi_d [\sigma_H]^2 u}} \qquad (7-25)$$

在进行齿面接触强度计算时,两轮的接触应力相同,但两轮的许用接触应力不一定相同,故应取两轮许用接触应力中的较小值

代入上式。

四、许用齿根弯曲应力和许用接触应力

许用齿根弯曲应力按下式确定

$$[\sigma_F] = \frac{\sigma_{Flim}}{S_F} \tag{7-26}$$

式中：σ_{Flim} 为齿轮的弯曲疲劳极限，查图 7-21；S_F 为弯曲疲劳强度的安全系数，一般取 $S_F = 1.25$，当齿轮损坏可能造成严重影响时取 $S_F = 1.6$。如果轮齿受双向弯曲时，由图 7-21 查得的 σ_{Flim} 值应乘以 0.7。

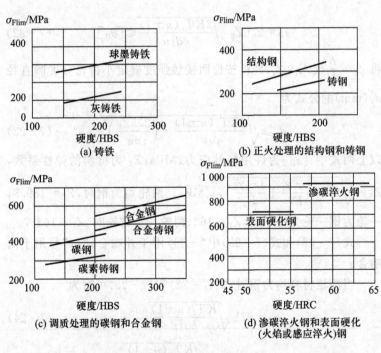

图 7-21　齿轮的弯曲疲劳极限 σ_{Flim}

许用接触应力按下式确定

$$[\sigma_H] = \frac{\sigma_{Hlim}}{S_H} \tag{7-27}$$

式中:σ_{Hlim} 为齿轮的接触疲劳极限,查图 7-22;S_H 为接触疲劳强度的安全系数,一般取 $S_H = 1$,当齿轮损坏会造成严重影响时取 $S_H = 1.3$。

五、齿轮强度计算中的参数选择

1. 齿数和模数

当分度圆直径确定后,增加齿数,相应减小模数,有利于节约材料和切削加工的工时,且使重合度增大,改善传动的平稳性。对于闭式齿轮传动,在满足轮齿弯曲强度的条件下,可适当增加齿数,通常取 $z_1 = 20 \sim 40$。但对传递动力的齿轮,为防止意外断齿,一般模数不小于 $1.5 \sim 2$ mm。对于开式齿轮传动,为保证轮齿的弯曲强度,齿数不宜过多,以保证有较大的模数,一般可取 $z_1 = 17 \sim 20$。

2. 齿宽 b 和齿宽系数 ψ_d

增大齿宽能缩小齿轮的径向尺寸,但齿宽 b 愈大,载荷沿齿宽分布愈不均匀。当齿轮制造精度高,轴和支承的刚度大,或当齿轮相对轴承对称布置时,可取较大齿宽;若齿轮是非对称布置或悬臂布置时,齿宽应小些。

齿宽系数 ψ_d 的推荐值为:当为软齿面($\leqslant 350$HBS),齿轮相对轴承对称布置时,$\psi_d = 0.8 \sim 1.4$;齿轮非对称布置时,$\psi_d = 0.6 \sim 1.2$;悬臂布置或开式传动时,$\psi_d = 0.3 \sim 0.4$。当两齿轮为硬齿面(> 350HBS)时,ψ_d 值应降低 $30\% \sim 50\%$。

3. 齿数比 u

一对齿轮的齿数比 u 不宜过大,否则将增加传动装置的结构尺寸,并使两齿轮的工作负担差别增大。一般对直齿圆柱齿轮,$u \leqslant 5$;斜齿圆柱齿轮,$u \leqslant 8$。必要时也可取更大的齿数比。

在进行齿轮强度计算时,对于闭式传动,因齿面点蚀和轮齿弯曲折断均可能发生,故需同时计算齿面接触强度和齿根弯曲

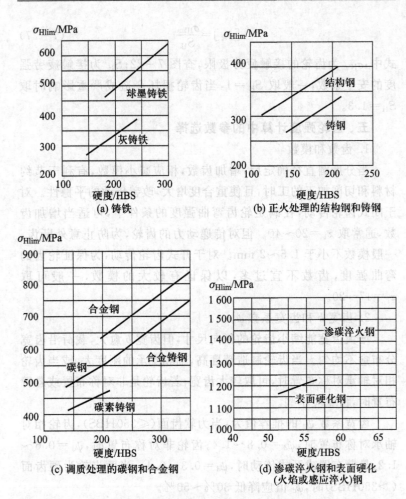

图 7-22　齿轮的接触疲劳极限 σ_{Hlim}

强度。通常先按齿面的接触强度确定传动的主要参数,再验算齿根的弯曲强度。齿面硬度很高的闭式传动,也可先按弯曲强度确定模数,再验算其齿面接触强度。

　　在开式传动中,主要失效形式是磨损,或因磨损过度而断齿,故一般只进行弯曲强度计算。考虑到磨损要降低轮齿的弯曲强度,应将算出的模数适当增大 $10\%\sim20\%$。

例 7-3 某一级直齿圆柱齿轮减速器,由电动机驱动,其输入转速 $n=960$ r/min,传动比 $i=4$,传递的功率 $P=10$ kW,单向传动,载荷基本平稳,试确定这对齿轮传动的主要尺寸。

解 (1)选择齿轮材料

因载荷基本平稳,速度一般,小齿轮用 40Cr 钢,调质处理,齿面硬度为 250 HBS;大齿轮用 45 钢,调质处理,齿面硬度为 220 HBS。

(2)选择齿数和齿宽系数

初定齿数 $z_1=25,z_2=100$;齿宽系数 $\psi_d=1$。

(3)确定轮齿的许用应力

根据两轮轮齿的齿面硬度,由图 7-21、图 7-22 查得两轮的齿根弯曲疲劳极限和齿面接触疲劳极限分别为

$$\sigma_{Flim1}=510 \text{ MPa},\sigma_{Flim2}=400 \text{ MPa}$$

$$\sigma_{Hlim1}=700 \text{ MPa},\sigma_{Hlim2}=570 \text{ MPa}$$

安全系数分别取 $S_F=1.25$,$S_H=1$,按式(7-26)和式(7-27)得

$$[\sigma_{F1}]=\frac{\sigma_{Flim1}}{S_F}=\frac{510}{1.25} \text{ MPa}=408 \text{ MPa}$$

$$[\sigma_{F2}]=\frac{\sigma_{Flim2}}{S_F}=\frac{400}{1.25} \text{ MPa}=320 \text{ MPa}$$

$$[\sigma_{H1}]=\frac{\sigma_{Hlim1}}{S_H}=\frac{700}{1} \text{ MPa}=700 \text{ MPa}$$

$$[\sigma_{H2}]=\frac{\sigma_{Hlim2}}{S_H}=\frac{570}{1} \text{ MPa}=570 \text{ MPa}$$

(4)按齿面接触强度条件计算小齿轮直径

计算小齿轮传递的转矩

$$T_1 = 95.5 \times 10^5 \frac{P}{n_1} = 95.5 \times 10^5 \times \frac{10}{960} \text{ N} \cdot \text{mm} \approx 1 \times 10^5 \text{ N} \cdot \text{mm}$$

载荷基本平稳且为软齿面齿轮,取载荷系数 $K = 1.4$。

以 T_1、K 及大齿轮的许用接触力$[\sigma_{H2}]$代入式(7-25)得

$$d_1 \geqslant 76.6 \sqrt[3]{\frac{KT_1(u+1)}{\psi_d [\sigma_{H2}]^2 u}} = 76.6 \sqrt[3]{\frac{1.4 \times 1 \times 10^5 \times (4+1)}{1 \times 570^2 \times 4}} \text{ mm}$$

$$= 62.32 \text{ mm}$$

(5) 确定模数和齿宽

模数 $m = \dfrac{d_1}{z_1} = \dfrac{62.32}{25} = 2.49$ mm,按表 7-1 取 $m = 2.5$ mm。

小齿轮分度圆直径 $d_1 = z_1 m = 25 \times 2.5 = 62.5$ mm;齿宽 $b = \psi_d d_1 = d_1$,取 $b = 65$ mm。

(6) 验算齿根的弯曲强度

查表 7-4 得两齿轮的齿形系数和应力修正系数

$$Y_{Fa1} = 2.63, Y_{sa1} = 1.59$$

$$Y_{Fa2} = 2.19, Y_{sa2} = 1.80$$

由式(7-18)计算小齿轮齿根弯曲应力

$$\sigma_{F1} = \frac{2KT_1}{bz_1 m^2} Y_{Fa1} Y_{sa1} = \frac{2 \times 1.4 \times 1 \times 10^5}{65 \times 25 \times 2.5^2} \times 2.63 \times 1.59 \text{ MPa}$$

$$= 115.3 \text{ MPa}$$

由式(7-19)得大齿轮齿根弯曲应力

$$\sigma_{F2} = \sigma_{F1} \frac{Y_{Fa2} Y_{sa2}}{Y_{Fa1} Y_{sa1}} = 115.3 \times \frac{2.19 \times 1.80}{2.63 \times 1.59} \text{ MPa} = 108.7 \text{ MPa}$$

两齿轮齿根弯曲应力均小于许用齿根弯曲应力,故两轮轮齿的弯曲强度足够。

(7) 几何尺寸计算

两齿轮分度圆直径

$$d_1 = z_1 m = 25 \times 2.5 \text{ mm} = 62.5 \text{ mm}$$

$$d_2 = z_2 m = 100 \times 2.5 \text{ mm} = 250 \text{ mm}$$

中心距

$$a=\frac{1}{2}(z_1+z_2)m=156.25 \text{ mm}$$

其他尺寸计算略。

§7-9　斜齿圆柱齿轮传动

一、斜齿圆柱齿轮齿廓曲面的形成及啮合特点

如图 7-23a 所示,对于一定宽度的直齿圆柱齿轮,其齿廓侧面是发生面 S 在基圆柱上作纯滚动时,平面 S 上任一与基圆柱母线 NN 平行的直线 KK 所展出的渐开线曲面。直齿圆柱齿轮啮合时,两轮齿廓侧面是沿着与轴平行的直线接触(图 7-23b),这些平行线称为齿廓的接触线。因而一对直齿齿廓是同时沿整个齿宽进入啮合或退出啮合,轮齿上的作用力也是突然加上和突然卸下,故易引起冲击和噪声,传动平稳性较差。高速传动时,这些情况尤为突出。

斜齿圆柱齿轮齿廓曲面的形成原理与直齿圆柱齿轮基本相同,但形成斜齿轮渐开线齿廓曲面的直线 KK 与基圆柱母线 NN 成一角度 β_b。如图 7-24a 所示,当发生面 S 沿基圆柱滚动时,斜直线 KK 的轨迹为一渐开线螺旋面,即斜齿轮的齿廓曲面。直线 KK 与基圆柱母线的夹角 β_b 称为基圆柱上的螺旋角。

一对斜齿圆柱齿轮啮合时,如图 7-24b 所示,接触线是与轴线倾斜的直线,且其长度是变化的。两轮齿进入啮合后,接触线长度逐渐增大,到某一啮合位置后,接触线长度又逐渐缩短,直到脱离啮合。因此,斜齿圆柱齿轮是逐渐进入和退出啮合,同时啮合的轮齿数较直齿圆柱齿轮多(图 7-25),故斜齿轮传动的重合度较大。

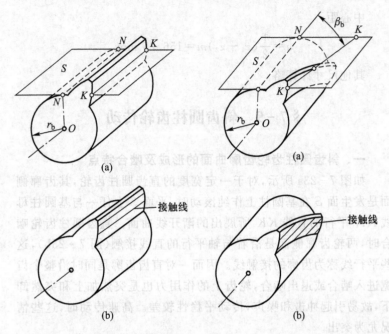

图 7 - 23　直齿圆柱齿轮的接触线　　图 7 - 24　斜齿圆柱齿轮的接触线

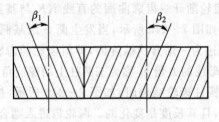

图 7 - 25　斜齿圆柱齿轮传动

由于斜齿轮传动具有上述逐渐啮合和重合度较大等特点,故与直齿轮传动相比,其传动较平稳,承载能力较大,适用于高速和大功率场合。

一对斜齿圆柱齿轮的正确啮合条件除两轮分度圆压力角相

等,模数相等外,两轮分度圆柱面上螺旋角也应大小相等,方向相反,即 $\beta_1 = -\beta_2$(图7-25)。

二、斜齿圆柱齿轮传动的几何参数和尺寸计算

1. 螺旋角

斜齿圆柱齿轮轮齿的倾斜程度一般是用分度圆柱面上的螺旋角 β 表示。通常所说斜齿轮的螺旋角,如不特别注明,即指分度圆柱面上的螺旋角。斜齿轮的螺旋角一般为 $8° \sim 20°$。

2. 法面和端面参数

与分度圆柱面上螺旋线垂直的平面称法面,垂直于斜齿轮轴线的平面称为端面。在进行斜齿轮几何尺寸计算时,应注意法面与端面参数之间的换算关系。

图7-26为斜齿圆柱齿轮分度圆柱面的展开图。从图上可知法向齿距 p_n 与端面齿距 p_t 的关系为

$$p_t = \frac{p_n}{\cos\beta} \tag{7-28}$$

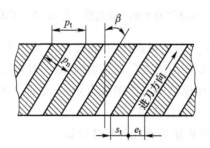

图7-26 斜齿圆柱齿轮法面与端面的关系

如以 m_n、m_t 分别表示法向模数和端面模数,mm,则

$$m_t = \frac{m_n}{\cos\beta} \tag{7-29}$$

因法向齿高等于端面齿高,而法向模数与端面模数不等,故法向齿顶高系数、法向顶隙系数与端面齿顶高系数、端面顶隙系数也不相等。

法向压力角 α_n 和端面压力角 α_t 之间也有一定关系。图 7-27 所示为斜齿条的一个齿,平面 ABD 是端面,A_1B_1D 是法面,$\angle ABD = \angle A_1B_1D = \angle BB_1D = 90°$。由图可知

$$\tan \alpha_t = \frac{\overline{BD}}{\overline{AB}}, \tan \alpha_n = \frac{\overline{B_1D}}{\overline{A_1B_1}}$$

而

$$B_1D = BD\cos \beta, A_1B_1 = AB$$

故

$$\tan \alpha_t = \frac{\tan \alpha_n}{\cos \beta} \qquad (7-30)$$

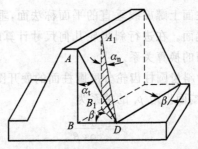

图 7-27 斜齿圆柱齿轮的法向压力角 α_n 和端面压力角 α_t

用铣刀或滚刀加工斜齿轮时,由于刀具的进刀方向垂直于法面,即刀具沿着螺旋齿槽方向进行切削,故一般规定斜齿圆柱齿轮的法面参数(法向模数 m_n、法向压力角 α_n、法向齿顶高系数 h_{an}^* 和法向顶隙系数 c_n^*)为标准值。

3. 斜齿圆柱齿轮传动几何尺寸计算

表 7-5 中列出了标准斜齿圆柱齿轮传动几何尺寸的计算公式。

表 7-5 外啮合标准斜齿圆柱齿轮传动的几何尺寸

名称	代号	计算公式
端面模数	m_t	$m_t = \dfrac{m_n}{\cos \beta}$,$m_n$ 为标准值
法向压力角	α_n	$\alpha_n = 20°$

续表

名称	代号	计 算 公 式
端面压力角	α_t	$\alpha_t = \arctan\dfrac{\tan\alpha_n}{\cos\beta}$，$\alpha_n$ 为标准值
分度圆直径	d	$d_1 = z_1 m_t = z_1\dfrac{m_n}{\cos\beta}$，$d_2 = z_2\dfrac{m_n}{\cos\beta}$
齿顶高	h_a	$h_a = h_{an}^* m_n = m_n$
齿根高	h_f	$h_f = (h_{an}^* + c_n^*)m_n = 1.25 m_n$
齿高	h	$h = h_a + h_f = 2.25 m_n$
齿顶圆直径	d_a	$d_{a1} = d_1 + 2h_a$，$d_{a2} = d_2 + 2h_a$
齿根圆直径	d_f	$d_{f1} = d_1 - 2h_f$，$d_{f2} = d_2 - 2h_f$
中心距	a	$a = \dfrac{1}{2}(d_1 + d_2) = \dfrac{m_n(z_1 + z_2)}{2\cos\beta}$

例 7-4 已知一对正常齿标准斜齿圆柱齿轮传动的 $z_1 = 33$，$z_2 = 66$，$m = 5$ mm，$\alpha_n = 20°$，$\beta = 8°6'36''$。1）试计算该齿轮传动的中心距 a；2）如果将安装中心距 a 改为 255 mm，而齿数和模数都不变，试说明该对齿轮参数如何改变才能满足这一要求。

解 中心距

$$a = \frac{1}{2}(d_1 + d_2) = \frac{m_n(z_1 + z_2)}{2\cos\beta} = 250 \text{ mm}$$

当模数和齿数不变时，要满足不同中心距 a 的要求，可通过改变螺旋角来实现，即

$$\cos\beta = \frac{m_n(z_1 + z_2)}{2a}$$

$$\beta = \arccos\frac{5 \times (33 + 66)}{2 \times 255} = \arccos 0.970\,6 = 13°56'$$

故改用螺旋角 $\beta = 13°56'$ 就能满足新的中心距要求。

三、斜齿圆柱齿轮的当量齿数和最少齿数

1. 当量齿轮和当量齿数

用铣刀加工斜齿轮时,铣刀是沿着螺旋线方向进刀的,故应齿轮的法向齿形来选择铣刀。此外,因力是作用在法面内,所以强度计算时也需知道法向齿形。要精确求出法向齿形比较困难,通常是用下述的近似齿形代替。

如图 7-28 所示,通过分度圆柱面上的 C 点作轮齿螺旋线法平面 nn,它与分度圆柱面的交线为一椭圆。椭圆的短轴半径 r,长轴半径为 $\dfrac{r}{\cos\beta}$,C 点的曲率半径为

$$r_n = \frac{(r/\cos\beta)^2}{r} = \frac{r}{\cos^2\beta}$$

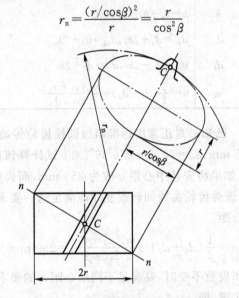

图 7-28　斜齿圆柱齿轮的当量齿数

若以 r_n 为半径作圆,此圆与靠近 C 点附近的一段椭圆非常接近。故以 r_n、m_n、α_n 分别为分度圆半径、模数和分度圆压力角作出的假想直齿圆柱齿轮齿形,将与斜齿轮的法面齿形十分接近这个假想的直齿圆柱齿轮称为该斜齿圆柱齿轮的当量齿轮,其齿数 z_v 称为当量齿数

$$z_v = \frac{2r_n}{m_n} = \frac{2r}{m_n \cos^2 \beta} = \frac{z m_t}{m_n \cos^2 \beta}$$

因 $m_t = \dfrac{m_n}{\cos \beta}$ 故得

$$z_v = \frac{z}{\cos^3 \beta} \qquad\qquad (7-31)$$

由上式可知,斜齿圆柱齿轮的当量齿数总是大于实际齿数。

2. 斜齿圆柱齿轮不发生根切的最少齿数

根据上述分析可知,因斜齿圆柱齿轮的当量齿轮为一假想的直齿圆柱齿轮,其不发生根切的最少齿数 $z_{vmin} = 17$。故斜齿圆柱齿轮不发生根切的最少齿数要比直齿圆柱齿轮少。例如 $\alpha_n = 20°$,当 $\beta = 15°$ 时,斜齿圆杜齿轮的最少齿数 $z_{min} = z_{vmin} \cdot \cos^3 \beta = 17 \times \cos^3 15° = 15$;当 $\beta = 30°$ 时, $z_{min} = 11$。

四、斜齿圆柱齿轮轮齿的受力分析

如图 7-29 所示,作用在斜齿圆柱齿轮轮齿上的法向力 F_n 可以分解为三个相互垂直的分力,即

圆周力 $\qquad\qquad F_t = \dfrac{2T_1}{d_1} \qquad\qquad (7-32)$

径向力 $\qquad F_r = F_n' \tan \alpha_n = F_t \dfrac{\tan \alpha_n}{\cos \beta} \qquad (7-33)$

轴向力 $\qquad\qquad F_a = F_t \tan\beta \qquad\qquad (7-34)$

故总作用力 $\qquad\qquad F_n = \dfrac{F_t}{\cos \beta \cos \alpha_n} \qquad (7-35)$

确定圆周力 F_t 和径向力 F_r 方向的原则与直齿圆柱齿轮相同;轴向力 F_a 的方向取决于轮齿螺旋线的方向和齿轮的转动方向,它总是从齿的工作面沿着轴线方向指向齿体。因此要确定轴向力 F_a 的方向,应首先确定齿轮的转动方向和轮齿的工作齿侧。

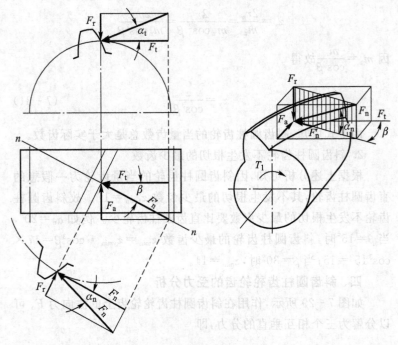

图 7 - 29　斜齿圆柱齿轮轮齿的受力分析

由于斜齿轮传动时有轴向作用力,要求齿轮的轴向固定可靠,支承的设计也较复杂,因此限制了斜齿轮传动采用较大螺旋角。为了克服这一缺点,可采用如图 7 - 1c 所示的人字齿轮传动。人字齿轮相当于两个螺旋角相等而方向相反的斜齿轮连在一起,如图 7 - 30 所示。由于两边的轴向力互相抵消,故人字齿轮可取较大的螺旋角。人字齿轮常用于大功率传动装置中。其缺点是制造较困难。

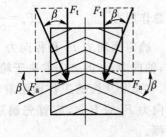

图 7 - 30　人字齿轮

§7-10 直齿锥齿轮传动

一、概述

锥齿轮是用于两相交轴之间的传动。其轮齿有直齿、斜齿和曲齿等。这里主要介绍两轮轴线正交（90°）的直齿锥齿轮传动。

锥齿轮的轮齿分布在圆锥体上，其轮齿由大端向小端逐渐缩小（图 7-31）。与圆柱齿轮相对应，锥齿轮有齿顶圆锥、齿根圆锥、分度圆锥和基圆锥，一对相啮合的锥齿轮还有节圆锥。

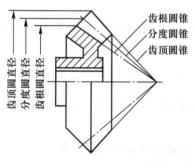

图 7-31　锥齿轮

一对正确安装的标准直齿锥齿轮，其节圆锥与分度圆锥重合。两锥齿轮的运动相当于一对共顶点的节圆锥作纯滚动（图 7-32）。设 δ_1 和 δ_2 分别为两轮的分度圆锥角；Σ 为两锥齿轮轴线的夹角；d_1 和 d_2 分别为两轮分度圆直径。当 $\Sigma=\delta_1+\delta_2=90°$ 时，传动比

$$i=\frac{\omega_1}{\omega_2}=\frac{n_1}{n_2}=\frac{d_2}{d_1}=\frac{z_2}{z_1}$$

式中：ω_1、n_1、z_1 和 ω_2、n_2、z_2 分别为两锥齿轮的角速度、转速、齿数。因

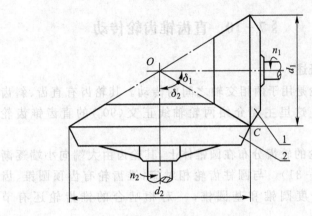

图 7 - 32　锥齿轮传动

$$d_1 = 2\,\overline{OC} \cdot \sin\delta_1 , d_2 = 2\,\overline{OC} \cdot \sin\delta_2$$

故得

$$i = \frac{n_1}{n_2} = \frac{d_2}{d_1} = \frac{z_2}{z_1} = \tan\delta_2 = \cot\delta_1 \qquad (7-36)$$

　　若已知传动比,由上式即可求得两锥齿轮的分度圆锥角 δ_1 和 δ_2。

二、直齿锥齿轮的齿廓和当量齿轮

1. 锥齿轮的齿廓曲线

　　一对直齿锥齿轮传动时,两轮节圆锥共顶点,两轮齿廓上只有离锥顶点等距离的对应点才能互相啮合。所以锥齿轮的齿廓曲线是球面渐开线。

　　如图 7 - 33 所示,当发生面 S 沿基圆锥作纯滚动时,发生面上通过锥顶的直线 OK 将描绘出一渐开曲面。此渐开曲面即为锥齿轮的齿廓曲面。直线 OK 上各点均展成渐开线,任一渐开线(如 NK)上各点至锥顶点的距离都相等,故渐开线是在以锥顶 O 为球心的球面上。

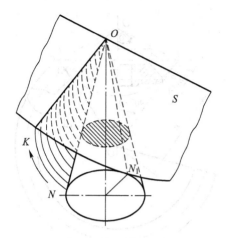

图 7 - 33 球面渐开线的形成

2. 锥齿轮的当量齿轮

由于球面渐开线无法在平面上展开,给设计和制造带来困难。通常采用下述近似方法。

图 7 - 34 所示为一锥齿轮的轴平面,三角形 OAB、Obb、Oaa 分别表示其分度圆锥、齿顶圆锥和齿根圆锥,圆弧 $\overset{\frown}{ab}$ 为轮齿大端与轴平面的交线。过 A 点作切线 $O'A$ 与轴线相交于 O',以 OO' 为轴线、$O'A$ 为母线作一圆锥,这个圆锥称为背锥或辅助圆锥。由于背锥母线与球面相切于锥齿轮大端的分度圆上,故与分度圆锥母线相互垂直。

若将球面渐开线的轮齿向背锥上投影,则 a、b 点的投影为 a'、b' 点,由图可知 $a'b'$ 与 ab 相差很小。圆锥面可以展开成平面,故背锥表面可展开为一扇形平面。扇形的半径 r_v 即是背锥母线的长度 $O'A$,即 $O'A=r_v$。当以 r_v 为分度圆半径,以锥齿轮的大端模数为模数,并取标准压力角,按直齿圆柱齿轮的作图方法可画出扇形齿轮的齿形,则该齿形可近似地视作锥齿轮大端的齿形。

将扇形齿轮补足为完整的直齿圆柱齿轮,这个齿轮称为锥齿轮的当量齿轮,其齿数 z_v 称为当量齿数。由图 7 - 34 可知,当量

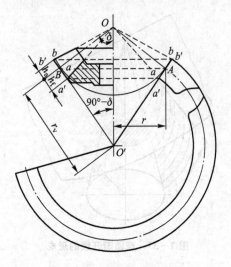

图 7 - 34　背锥和扇形齿轮

齿轮的分度圆半径 $r_v = \dfrac{d}{2\cos \delta}$，故得当量齿数 z_v 与锥齿轮的实际齿数 z 之间的关系如下：

$$z_v = \frac{z}{\cos \delta} \qquad\qquad (7-37)$$

由于 $\delta > 0$，所以 $z_v > z$，且一般不是整数。锥齿轮不产生根切的最少齿数 z_{min} 也可由相应的当量圆柱齿轮最少齿数 $z_{vmin} = 17$ 来确定，即

$$z_{min} = z_{vmin} \cos \delta = 17 \cos \delta$$

　　根据上述分析可知，一对锥齿轮的啮合相当于一对当量圆柱齿轮的啮合，因此，圆柱齿轮传动的啮合原理也可近似用于锥齿轮传动。

三、标准直齿锥齿轮的几何尺寸

　　直齿锥齿轮传动按顶隙的不同可分为等顶隙锥齿轮传动（图 7 - 35）和不等顶隙锥齿轮传动两种。根据国家标准（GB/T12369—1990）规定，现多采用等顶隙锥齿轮传动。等顶隙锥齿

轮传动中,锥齿轮的齿根圆锥和分度圆锥共锥顶。但齿顶圆锥因其母线与另一齿轮齿根圆锥母线平行而不与分度圆锥共锥顶。这种齿轮降低了小端齿高,提高了轮齿的承载能力;增加了小端顶隙,有利于储油润滑。

由于锥齿轮大端尺寸最大,为了计算和测量方便,同时也为了便于估计传动的外形尺寸,因此锥齿轮的各项参数和几何尺寸计算均以大端为准。大端的模数和压力角等均取标准值,但顶隙系数 $c^* = 0.2$;齿高应沿背锥母线量取;齿宽 B 不宜太大,以使切削时刀刃能顺利通过小端齿槽,一般取 $B = (0.25 \sim 0.35)R$,常取 $B = 0.3R$。一对直齿锥齿轮的正确啮合条件应为两轮大端的模数、压力角分别相等。

两轴交角 $\Sigma = 90°$ 的标准直齿锥齿轮传动的几何尺寸(图 7-35)计算公式列于表 7-6 中。

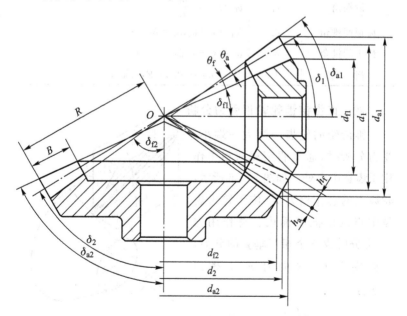

图 7-35 直齿锥齿轮传动的几何尺寸

表 7 - 6　标准直齿锥齿轮传动的几何尺寸($\Sigma = 90°$)

名　　称	代　号	计算公式
分度圆锥角	δ	$\delta_1 = \arctan \dfrac{z_1}{z_2}$，$\delta_2 = \arctan \dfrac{z_2}{z_1} = 90° - \delta_1$
分度圆直径	d	$d_1 = mz_1$，$d_2 = mz_2$
齿顶高	h_a	$h_a = h_a^* m$，$h_a^* = 1$
齿根高	h_f	$h_f = (h_a^* + c^*) m$，$c^* = 0.2$
齿高	h	$h = h_a + h_f$
齿顶圆直径	d_a	$d_{a1} = d_1 + 2h_a \cos \delta_1$，$d_{a2} = d_2 + 2h_a \cos \delta_2$
齿根圆直径	d_f	$d_{f1} = d_1 - 2h_f \cos \delta_1$，$d_{f2} = d_2 - 2h_f \cos \delta_2$
锥距	R	$R = \dfrac{d}{2\sin \delta} = 0.5m \sqrt{z_1^2 + z_2^2}$
齿顶角	θ_a	不等顶隙 $\theta_a = \arctan \dfrac{h_a}{R}$　　　等顶隙 $\theta_a = \theta_f$
齿根角	θ_f	$\theta_f = \arctan \dfrac{h_f}{R}$
齿顶圆锥角	δ_a	$\delta_{a1} = \delta_1 + \theta_a$，$\delta_{a2} = \delta_2 + \theta_a$
齿根圆锥角	δ_f	$\delta_{f1} = \delta_1 - \theta_f$，$\delta_{f2} = \delta_2 - \theta_f$
齿宽	B	$B = (0.25 \sim 0.35)R$，常取 $B = 0.3R$

四、直齿锥齿轮轮齿受力分析

锥齿轮的轮齿一端大一端小，受力分析时，通常假定载荷集中作用于齿宽中点处。如图 7 - 36 所示，轮齿上的总作用力 F_n 位于轮齿齿宽中点的法向平面内。总作用力 F_n 可分解成三个相互垂直的分力，即圆周力 F_t、径向力 F_r 和轴向力 F_a：

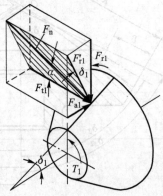

$$F_t = \frac{2T_1}{d_{m1}} \qquad (7 - 38)$$

图 7 - 36　直齿锥齿轮受力分析

$$F_{r1} = F'_{r1} \cos \delta_1 = F_t \tan \alpha \cos \delta_1 \qquad (7-39)$$

$$F_{a1} = F'_{r1} \sin \delta_1 = F_t \tan \alpha \sin \delta_1 \qquad (7-40)$$

$$F_n = \frac{F_t}{\cos \alpha} \qquad (7-41)$$

式中：d_{m1} 为齿轮 1 的平均分度圆直径，即

$$d_{m1} = d_1 \left(1 - 0.5 \frac{b}{R}\right) \qquad (7-42)$$

圆周力 F_t 的指向在主动轮上与运动方向相反，在从动轮上则与运动方向相同；径向力 F_r 分别指向两轮轮心；轴向力 F_a 均指向轮齿大端。在两轴交角 $\Sigma = \delta_1 + \delta_2 = 90°$ 的情况下，齿轮 1 上的径向力和轴向力分别等于齿轮 2 上的轴向力和径向力，但方向相反，即 $F_{r1} = -F_{a2}$，$F_{a1} = -F_{r2}$。

§7-11　蜗杆传动

一、蜗杆传动的组成和特点

蜗杆传动用于传递交错（通常为垂直交错）轴间的运动和力。它由蜗杆和蜗轮组成（图 7-1h）。蜗杆的形状与螺杆相似。

蜗杆传动的主要优点是：结构紧凑，单级传动可达到很大的传动比，一般 $i = 8 \sim 80$，在分度机构中 i 可达 1 000；传动平稳、无噪声；可制成具有自锁的传动。其主要缺点是：传动效率低，工作时发热量大，需要良好的润滑和散热条件；蜗轮齿圈常需用较贵重的有色金属（如青铜）制造，成本较高。

按蜗杆形状不同，蜗杆传动可分为圆柱蜗杆传动（图 7-37a）和环面蜗杆传动（图 7-37b）等。环面蜗杆传动效率较高，承载能力大，但制造较复杂。在圆柱蜗杆传动中，普通圆柱蜗杆应用广泛，它又有阿基米德蜗杆传动和渐开线蜗杆传动等多种。本节主要介绍阿基米德蜗杆传动。

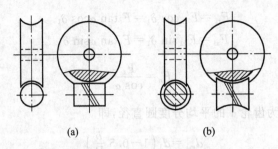

图 7-37　圆柱蜗杆传动和环面蜗杆传动

二、普通圆柱蜗杆传动的参数和几何尺寸

如图 7-38 所示,通过蜗杆轴线并垂直蜗轮轴线的平面称为中·间·平·面·。在中间平面上,蜗杆蜗轮啮合情况相当于齿条与齿轮啮合。因此蜗杆传动的设计计算均以中间平面的参数和尺寸为基准。

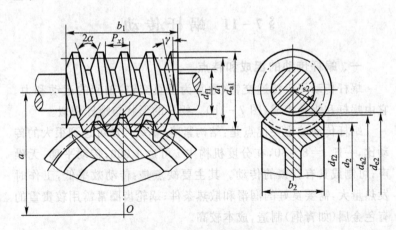

图 7-38　普通圆柱蜗杆传动

蜗杆传动的正确啮合条件为蜗杆与蜗轮在中间平面上的模数和压力角相等,且蜗杆的导程角 γ 与蜗轮的螺旋角 β 大小相等、旋向相同。

1. 模数和压力角

阿基米德蜗杆的轴向模数、轴向压力角和蜗轮的端面模数、端面压力角均为标准值,即

$$m_{x1} = m_{t2} = m(标准值), \quad \alpha_{x1} = \alpha_{t2} = \alpha(标准值)$$

标准模数 m 见表 7-7;压力角标准值 $\alpha = 20°$。

表 7-7 普通圆柱蜗杆传动的 m、d_1 和 q

模数 m mm	1		1.25		1.6		2		2.5		3.15	
分度圆直径 d_1/mm	18		20	22.4	20	28	22.4	35.5	28	45	35.5	56
直径系数 q	18.00		16.00	17.92	12.50	17.50	11.20	17.75	11.20	18.00	11.27	17.778
模数 m mm	4		5		6.3		8		10		12.5	
分度圆直径 d_1/mm	40	71	50	90	63	112	80	140	90	160	112	200
直径系数 q	10.00	17.75	10.00	18.00	10.00	17.778	10.00	17.50	9.00	16.00	8.96	16.00

注:表中蜗杆分度圆直径 d_1 数值为国标规定的优先使用值。

2. 蜗杆导程角

蜗杆分度圆柱上的导程角 γ 可由下式计算(图 7-39)

$$\tan \gamma = \frac{z_1 p_x}{\pi d_1} = \frac{z_1 \pi m}{\pi d_1} = \frac{z_1 m}{d_1} \qquad (7-43)$$

式中:z_1 为蜗杆头数;p_x 为蜗杆轴向齿距,mm;d_1 为蜗杆分度圆直径,mm。

3. 蜗杆分度圆直径、蜗杆直径系数

为了保证蜗杆与蜗轮线接触,用蜗轮滚刀切制蜗轮时,滚刀尺寸应与蜗杆相同。由式(7-43)可知,对于任一模数 m,当 z_1 和 γ 不同时,蜗杆的直径 d_1 也不相同。故同一模数需配备很多滚刀。为了减少刀具数量,便于刀具标准化,对应每一模数规定了一个或

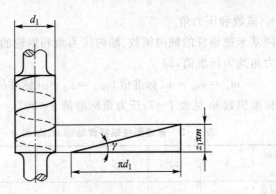

图 7 - 39　蜗杆导程角 γ

若干个蜗杆分度圆直径的标准值,见表 7 - 7。

蜗杆分度圆直径 d_1 与模数 m 的比值称为蜗杆直径系数,以 q 表示,即

$$q = \frac{d_1}{m} \qquad (7-44)$$

m 和 d_1 为标准值,q 为导出值。

4. 传动比、蜗杆头数和蜗轮齿数

蜗杆传动的传动比

$$i = \frac{n_1}{n_2} = \frac{z_2}{z_1} \qquad (7-45)$$

式中 n_1、n_2 分别为蜗杆、蜗轮的转速,r/min。应注意的是,蜗杆传动的传动比不等于蜗轮、蜗杆分度圆直径比[①]。

蜗杆头数 z_1 的选取与传动比和传动效率有关。传动比大时,z_1 应少;如要提高效率,应使 z_1 增加。但 z_1 过大时蜗杆加工困难。需要自锁的蜗杆传动,一般取 $z_1 = 1$。蜗杆头数通常为 1、2、4,z_1 按传动比的荐用值如下:

---

① 因 $z_1 = \frac{d_1}{m} \tan \gamma$,$z_2 = \frac{d_2}{m}$,则得传动比 $i = \frac{d_2}{d_1 \tan \gamma}$。

i	7～13	14～27	28～40	＞40
z_1	4	2	2、1	1

蜗轮齿数可按 $z_2 = iz_1$ 确定。动力传动中,通常 $z_2 = 28 \sim 80$。

5. 几何尺寸计算

阿基米德蜗杆传动的几何尺寸计算公式列于表 7-8(参见图 7-38)。

表 7-8　普通圆柱蜗杆传动的几何尺寸

名　　称	代　号	计　算　公　式
蜗杆分度圆直径	d_1	$d_1 = mq$
蜗轮分度圆直径	d_2	$d_2 = z_2 m$
齿顶高	h_a	$h_a = h_a^* m = m$
齿根高	h_f	$h_f = (h_a^* + c^*)m = 1.2m$
齿顶圆直径	d_a	$d_{a1} = d_1 + 2h_a,\ d_{a2} = d_2 + 2h_a$
齿根圆直径	d_f	$d_{f1} = d_1 - 2h_f,\ d_{f2} = d_2 - 2h_f$
蜗杆轴向齿距	p_x	$p_x = \pi m$
蜗杆导程角	γ	$\tan\gamma = \dfrac{mz_1}{d_1} = \dfrac{z_1}{q}$
中心距	a	$a = \dfrac{1}{2}(d_1 + d_2) = \dfrac{1}{2}m(q + z_2)$
蜗杆齿宽	b_1	$z_1 = 1 \sim 2, b_1 \geqslant (11 + 0.06z_2)m$
		$z_1 = 4, b_1 \geqslant (12.5 + 0.09z_2)m$
蜗轮外圆直径	d_{e2}	$z_1 = 1, d_{e2} \leqslant d_{a2} + 2m$
		$z_1 = 2, d_{e2} \leqslant d_{a2} + 1.5m$
		$z_1 = 4, d_{e2} \leqslant d_{a2} + m$
蜗轮宽度	b_2	$z = 1 \sim 2, b_2 \leqslant 0.75d_{a1};\ z_1 = 4, b_2 \leqslant 0.67d_{a1}$
蜗轮齿顶圆弧半径	r_{g2}	$r_{g2} = a - \dfrac{d_{a2}}{2}$

三、蜗杆传动的相对滑动速度

如图 7 - 40 所示,右旋蜗杆按转速 n_1 方向转动时,蜗杆的螺旋齿将推动与其啮合的蜗轮轮齿沿 v_2 方向运动,从而可判定蜗轮转速 n_2 的方向,如图 7 - 40 所示。

由图可见,蜗杆与蜗轮的圆周速度 v_1 和 v_2 间成 90° 的夹角,因而沿齿面有相对滑动。齿面间的相对滑动速度 v_s 为

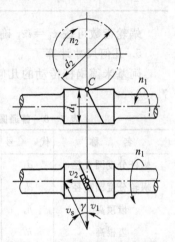

$$v_s = \sqrt{v_1^2 + v_2^2} = \frac{v_1}{\cos\gamma} \qquad (7 - 46)$$

式中 γ 为蜗杆导程角。

这种相对滑动速度很大,如果润滑不良,将使齿面加剧磨损和发热,严重时还会发生齿面胶合。对

图 7 - 40　蜗杆传动的滑动速度

于闭式蜗杆传动,为了防止因过热使润滑条件恶化(润滑油粘度下降)而导致胶合,工作油温一般限制在 75~90℃。若温度过高,需采取散热措施以增加散热能力,如利用风扇、循环水冷却、在箱体外增设散热片以增大散热面积等。

四、蜗杆传动的失效形式和常用材料

齿轮传动的失效形式同样会出现在蜗杆传动中,但由于蜗杆传动的轮齿间有较大的相对滑动,更易发生胶合和磨损。通常蜗轮轮齿的材料较软,强度较弱,所以损坏多出现在蜗轮上。

由于蜗杆传动的特点,蜗杆与蜗轮的材料不仅要有足够的强度,更重要的是要有良好的减摩、耐磨性和易磨合性能。蜗杆一般用碳素钢或合金钢制造,并要求有较高的硬度和较小的表面粗糙度。高速重载蜗杆常用 20Cr、20CrMnTi 等,经渗碳淬火处理;也可用 45、40Cr 等钢,经表面淬火处理。对于不太重要的、速度较低的蜗杆可采用 45 钢经调质处理。

蜗轮常用的材料是铸造锡青铜（ZCuSn10P1、ZCuSn5PbZn5）、铸铝铁青铜（ZCuAl10Fe3）及灰铸铁（HT150、HT200）等。铸锡青铜通常用于滑动速度较高（$v_s \geqslant 3$ m/s）的重要传动。铸铝铁青铜的减摩性和抗胶合性能不及铸锡青铜，故一般用于滑动速度不太高（$v_s \leqslant$ 4 m/s）的传动。对于滑动速度较低（$v_s < 2$ m/s）的传动，可用灰铸铁制造蜗轮。

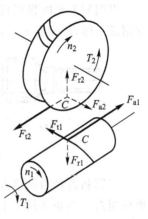

五、蜗杆传动的受力分析

进行蜗杆和蜗轮的受力分析时，通常假定轮齿传递的总作用力 F_n 集中作用于节点 C。F_n 可分解为三个相互垂直的分力：圆周力 F_t、径向力 F_r 和轴向力 F_a，如图 7-41 所示。

图 7-41　蜗杆传动
的受力分析

由于蜗杆传动的轴线相互垂直交错，蜗杆圆周力等于蜗轮轴向力，蜗杆轴向力等于蜗轮圆周力，蜗杆径向力等于蜗轮径向力，且各对应力的方向相反。各力的大小可按下列各式计算：

$$F_{t1} = F_{a2} = \frac{2T_1}{d_1} \qquad (7-47)$$

$$F_{a1} = F_{t2} = \frac{2T_2}{d_2} \qquad (7-48)$$

$$F_{r1} = F_{r2} = F_{t2} \tan \alpha \qquad (7-49)$$

式中：T_1 和 T_2 分别为蜗杆、蜗轮上的转矩，N·mm；d_1 和 d_2 分别为蜗杆、蜗轮的分度圆直径，mm；α 为压力角（$\alpha = 20°$）。

蜗杆和蜗轮轮齿上的圆周力、径向力和轴向力方向的确定方法，与斜齿圆柱齿轮相同。

§7-12　齿轮、蜗杆和蜗轮的结构

当钢制齿轮的根圆直径与轴的直径相差不多时,常将齿轮与轴制成一体,称为齿轮轴,如图 7-42 所示。

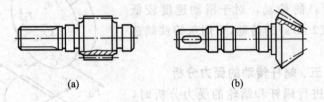

(a)　　　　　　　　　　　　　(b)

图 7-42　齿轮轴

当钢制齿轮的根圆直径比轴的直径大出两倍齿高时,齿轮宜单独制造。当齿顶圆直径 $d_a \leqslant 160$ mm 时,一般可制成实体结构,如图 7-43 所示。当齿顶圆直径 d_a 为 $160 \sim 500$ mm 时,可制成腹板式结构。为了减轻重量和便于搬运,可在腹板上制出圆孔,如图 7-44 所示。

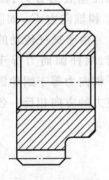

齿顶圆直径 $d_a > 400 \sim 500$ mm 时,因锻造比较困难,宜采用铸钢或铸铁铸造轮坯,常采用轮辐式结构。图 7-45 所示为十字形轮辐式结构。

蜗杆多与轴制成一体,如图 7-46 所示,为蜗杆的一种常见结构。

图 7-43　实体结构齿轮

蜗轮的结构如图 7-47 所示。铸铁和尺寸小的青铜蜗轮多采用整体式结构(图 7-47a)。尺寸大的青铜蜗轮多采用组合式结构以节省有色金属。为了增加连接的可靠性,常在接缝处用 $4 \sim 6$ 个螺钉或螺栓紧固(图 7-47b、c)。图 7-47d 为将青铜齿圈浇铸在铸铁轮心上的结构,适用于成批生产的蜗轮。

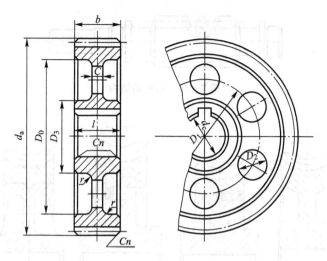

$D_3 = 1.6\,d_c; D_0 = d_a - 10m_n; D_2 = (0.25 \sim 0.35)(D_0 - D_3);$

$D_1 = 0.5(D_0 + D_3); C = (0.2 \sim 0.3)b; n = 0.5m_n; r \approx 5 \text{ mm}; l \geqslant b$

图 7-44 锻造齿轮

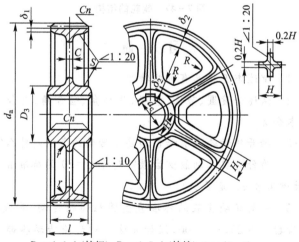

$D_3 = 1.6\,d_c(铸钢); D_3 = 1.7\,d_c(铸铁); \delta_1 = (3 \sim 4)m_n;$

$C = 0.2\,H \geqslant 10 \text{ mm}; S = 0.8\,C \geqslant 10 \text{ mm};$

$\delta_2 = (1 \sim 1.2)\delta_1; H = 0.8\,d_c; H_1 = 0.8\,H; r > 5 \text{ mm}; R \approx 0.5\,H; l \geqslant b$

图 7-45 铸造齿轮

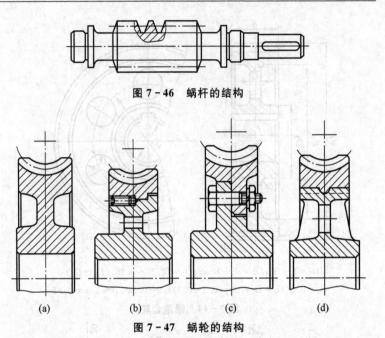

图 7 - 46　蜗杆的结构

图 7 - 47　蜗轮的结构

习　题

7-1　试述渐开线具有哪些特性?

7-2　试述分度圆、节圆、模数、压力角、啮合角、重合度等名称的基本含义。

7-3　渐开线齿轮正确啮合和连续传动的条件是什么?

7-4　为什么要限制最少齿数? 对于 $\alpha = 20°$ 的标准直齿圆柱齿轮,最少齿数 z_{min} 是多少?

7-5　一对正确安装的标准直齿圆柱齿轮传动,其模数 $m = 5$ mm,齿数 $z_1 = 20, z_2 = 100$,试计算这一对齿轮传动各部分的几何尺寸和中心距。

7-6　已知一对标准直齿圆柱齿轮的中心距 $a = 120$ mm,传动比 $i = 3$,小齿轮齿数 $z_1 = 20$。试确定这对齿轮的模数和分度圆直径、齿顶圆直径、齿根圆直径。

7-7　已知两标准齿轮的齿数分别为 20 和 25,而测得其齿顶圆直径均为 216 mm。试求两轮的模数和齿顶高系数。

7-8　已知一对标准斜齿圆柱齿轮的模数 $m_n=3$ mm,齿数 $z_1=23,z_2=76$,螺旋角 $\beta=8°6'34''$,试求其中心距和两轮各部分的几何尺寸。

7-9　在一个中心距 $a=155$ mm 的旧箱体内,配上一对齿数 $z_1=23,z_2=76$,模数 $m_n=3$ mm 的斜齿圆柱齿轮,试问这对齿轮的螺旋角 β 应是多少?

7-10　画出图 7-48 中各齿轮轮齿所受的作用力方向。图 a、b 所示为主动轮,图 c 所示为从动轮。

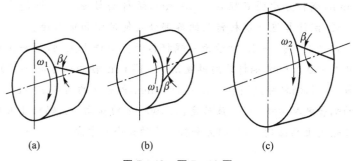

(a)　　　　　　(b)　　　　　　(c)

图 7-48　题 7-10 图

7-11　试说明齿轮几种主要失效形式产生的原因。

7-12　若一对齿轮的传动比和中心距保持不变,仅改变其齿数,试问这对于齿轮的接触强度和弯曲强度各有什么影响?

7-13　用于胶带运输机上二级减速器中的一对齿轮,其传动比 $i=3$,传动效率 $\eta=0.98$,输出转速 $n_2=65$ r/min,输出功率 $P=4.5$ kW,由电动机驱动,单向运转。试确定这对齿轮的中心距及其主要尺寸。

7-14　锥齿轮传动的传动比与两轮分度圆锥角 δ_1、δ_2 之间有什么关系?为什么取锥齿轮的大端参数为标准值?

7-15　一对直齿锥齿轮传动,模数 $m=5$ mm,齿数 $z_1=16$、$z_2=48$,两轮几何轴线之间的夹角 $\Sigma=90°$。试计算这对齿轮传动的几何尺寸。

7-16　蜗杆传动有哪些基本特点?

7-17　蜗杆传动的正确啮合条件是什么?其传动比是否等于蜗轮和蜗杆的节圆直径之比?

7-18　为什么要规定蜗杆分度圆直径的标准值?

7-19　蜗杆传动的主要失效形式是什么?为什么常要采取散热措施?

7-20　蜗杆与蜗轮常用什么材料制造?

7-21　一普通圆柱蜗杆传动,已知其蜗杆轴向模数 $m=10$ mm,蜗杆分度圆直径 $d_1=90$ mm,蜗杆头数 $z_1=1$,蜗轮齿数 $z_2=32$,试计算这一蜗杆传动的各部分几何尺寸和中心距。

7-22　图7-49所示为一蜗杆传动。蜗杆1主动,蜗杆上的转矩 $T=20$ N·m,蜗杆轴向模数 $m=3.15$ mm,轴向压力角 $\alpha=20°$,头数 $z_1=2$,蜗杆分度圆直径 $d_1=35.5$ mm,蜗轮2的齿数 $z_2=50$,传动的啮合效率 $\eta=0.75$。试确定:1)蜗轮2的转向;2)蜗杆1和蜗轮2轮齿上的圆周力、径向力和轴向力的大小和方向。

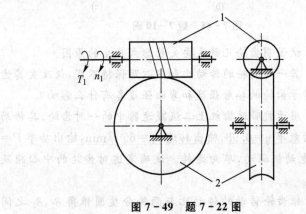

图 7-49　题 7-22 图

第八章 轮系、减速器和无级变速器

[内容提要]

1. 简介了轮系的功能和类型；

2. 重点介绍了定轴轮系和周转轮系的传动比计算方法；

3. 介绍了少齿差行星齿轮传动工作原理、常见减速器的类型和减速器结构、摩擦式无级变速器工作原理。

§8-1 轮系的功用和分类

由上一章已知,通过齿轮传动可将转速和转矩从一根轴传递给另一根轴。但实际上往往由于主动轴与从动轴之间的距离较远,或需要有较大的传动比等原因,仅用一对齿轮(或蜗杆蜗轮)是不够的,而应采用一系列相互啮合的齿轮。这种由一系列相互啮合的齿轮所组成的传动系统,称为轮系。例如:在机床中为了将电动机的转速变成主轴的多级转速,在钟表中为了使时针与分针的转速保持一定的关系,以及在其他各种机械和仪器仪表中,都常需要采用轮系。

一、轮系的功用

轮系广泛用于各种机械中,其功用如下。

1. 获得较大的传动比

当两轴之间需要较大的传动比时,如果仅用一对齿轮传动(图8-1中点画线所示),则两轮的直径和齿数必然相差很多,

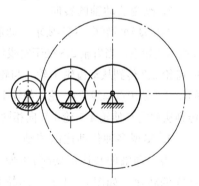

图8-1 较大传动比传动

不仅传动装置的外廓尺寸过大，而且小齿轮也容易损坏。但若采用一系列相互啮合的齿轮（图8-1中实线所示），就可以在各轮直径和齿数相差不太大的条件下得到大的传动比。

2. 实现相距较远的两轴之间的传动

当两轴相距较远时，如果仅用一对齿轮来传动（图8-2中点画线所示），则两轮的尺寸将很大，不仅给制造、安装等带来不便，而且浪费材料和造成传动装置的尺寸过大。若改用图中实线所示的四个尺寸比较小的齿轮组成的轮系，则可避免上述缺点。

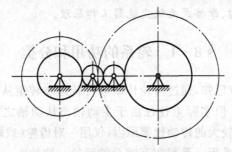

图8-2　相距较远的两轴传动

3. 改变从动轴的转向

当主动轴的转向不变，要求从动轴作正、反向转动时，可采用图8-3所示的轮系。当齿轮2、3处于实线位置时，主动齿轮1的转动经过中间齿轮2、3传到从动齿轮4，轮4与轮1转向相反；若转动构件A，使中间轮2、3处于点画线位置，轮2与轮1不啮合，则主动轮1的转动经轮3传到从动轮4，使轮4与轮1转向相同，从而使从动轴实现正、反向转动。

4. 实现多种传动比的传动

当主动轴的转速不变时，可使从动轴根据工作需要得到几种不同的转速。如图8-4所示的轮系，可使从动轴O_2得到两种不同的转速：当轮1与轮2相啮合时，得到一种转速；将双联齿轮1、$1'$沿主动轴O_1右移，使轮$1'$与轮$2'$啮合可得另一种转速。

5. 实现分路传动

利用轮系使一个主动轴带动若干个从动轴同时回转(图8-5)，将一个轴上的动力分送到几个工作装置中去，使之能同时工作。

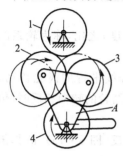

图8-3 换向装置

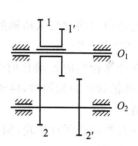

图8-4 多种传动比传动

6. 运动的合成和分解

运动的合成是指将两个独立的转动合成为一个转动，运动的分解是指将一个转动分解成两个独立的转动(见§8-3)。

二、轮系的分类

根据轮系中各轮轴线的相对位置固定与否，可分为定轴轮系和周转轮系。传动时，所有齿轮的轴线位置相对机架的位置都是固定不变的轮系，称为定轴轮系，如图8-1至图8-5所示。传动时，至少有一个齿轮的轴线是绕着其他齿轮的固定轴线转动的轮系，称为周转轮系，如图8-6和图8-11a所示。

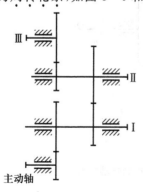

图8-5 分路传动

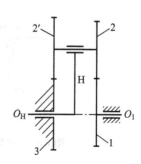

图8-6 行星轮系

§8-2　定轴轮系及其传动比

　　轮系中主动轴与从动轴的转速（角速度）之比，称为轮系的传动比，用字母"i"表示。

　　在计算轮系的传动比时规定，对于轴线平行的齿轮传动，当主、从动轮的转向相同时，传动比为正；当两轮的转向相反时，传动比为负。

　　一对外啮合圆柱齿轮，因两轮转向相反（图 8-7a），故其传动比为负值，即

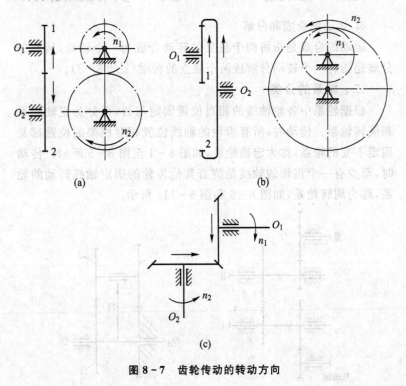

(a)　　　　　　　　　　(b)

(c)

图 8-7　齿轮传动的转动方向

$$i_{12}=\frac{\omega_1}{\omega_2}=\frac{n_1}{n_2}=-\frac{z_2}{z_1}$$

对于内啮合圆柱齿轮,因两轮转向相同(图8-7b),故其传动比为正值,即

$$i_{12}=\frac{\omega_1}{\omega_2}=\frac{n_1}{n_2}=+\frac{z_2}{z_1}$$

上两式中的 n_1、ω_1、z_1 和 n_2、ω_2、z_2 分别表示轮1和轮2的转速、角速度、齿数。

如图8-7所示两齿轮的转向也可用箭头表示。当两箭头反向时,传动比为负;两箭头同向时,传动比为正。图8-7c所示为锥齿轮传动,由于其两轴不平行,不能用正、负号表示,故只能用画箭头的方法表示各轮的转向。

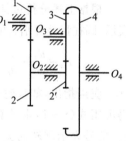

图8-8所示为一定轴轮系,如计算其主动轴 O_1 与从动轴 O_4 之间的传动比,即计算其首轮与末轮之间的传动比 i_{14},首先应计算轮系中各对齿轮的传动比。由图可知,它们分别为

图8-8　定轴轮系

$$i_{12}=\frac{\omega_1}{\omega_2}=\frac{n_1}{n_2}=-\frac{z_2}{z_1}$$

$$i_{2'3}=\frac{\omega_{2'}}{\omega_3}=\frac{n_{2'}}{n_3}=-\frac{z_3}{z_{2'}}$$

$$i_{34}=\frac{\omega_3}{\omega_4}=\frac{n_3}{n_4}=\frac{z_4}{z_3}$$

将以上各式顺序连乘,则得

$$i_{12}\,i_{2'3}\,i_{34}=\frac{\omega_1}{\omega_2}\,\frac{\omega_{2'}}{\omega_3}\,\frac{\omega_3}{\omega_4}=\frac{n_1}{n_2}\,\frac{n_{2'}}{n_3}\,\frac{n_3}{n_4}$$

$$=\left(-\frac{z_2}{z_1}\right)\left(-\frac{z_3}{z_{2'}}\right)\left(\frac{z_4}{z_3}\right)$$

由于齿轮2与2′固定在一根轴上,$n_2=n_{2'}$,故

$$i_{14} = \frac{\omega_1}{\omega_4} = \frac{n_1}{n_4} = i_{12} i_{2'3} i_{34}$$

$$= (-1)^2 \frac{z_2 z_3 z_4}{z_1 z_{2'} z_3}$$

即定轴轮系的传动比,等于组成该轮系的各对齿轮传动比的连乘积;首末两轮的转向,决定于外啮合齿轮的对数。此外,齿轮 3 在轮系中既为主动轮又为从动轮,在上式中可以消去,对轮系传动比的数值没有影响,但该轮影响传动比的符号。这种仅影响末轮转向的齿轮,称为惰轮。

根据上述分析可知,若一定轴轮系的首轮以 1 表示,末轮以 k 表示,圆柱齿轮外啮合的对数为 m,则其总传动比可写成下列形式:

$$i_{1k} = \frac{\omega_1}{\omega_k} = \frac{n_1}{n_k} = (-1)^m \frac{\text{各从动轮齿数的连乘积}}{\text{各主动轮齿数的连乘积}} \qquad (8-1)$$

应当指出,如果轮系中有锥齿轮和蜗轮蜗杆,其传动比的大小仍可用式(8-1)来计算。但由于锥齿轮或蜗轮蜗杆传动不能用正、负号表示其转向关系,故上式中的 $(-1)^m$ 不再适用,而需要用画箭头的方法来表示和确定各轮的转向。

例 8-1　如图 8-8 所示定轴轮系,已知各轮齿数 $z_1 = z_{2'} = 20, z_2 = 60, z_3 = 30, z_4 = 80$。试求传动比 i_{14}。

解　根据式(8-1)可得

$$i_{14} = (-1)^2 \frac{z_2 z_3 z_4}{z_1 z_{2'} z_3} = \frac{60 \times 30 \times 80}{20 \times 20 \times 30} = 12$$

例 8-2　图 8-9 所示的定轴轮系由圆柱齿轮、锥齿轮和蜗杆蜗轮组成。已知各轮齿数 $z_1 = 2, z_2 = 50, z_{2'} = z_{3'} = 20, z_3 = z_4 = 40$。采用右旋蜗杆。若蜗杆 1 为主动轮,其转速 $n_1 = 1\ 500$ r/min,试求齿轮 4 的转速和转向。

解　根据式(8-1)可得

$$i_{14} = \frac{n_1}{n_4} = \frac{z_2 z_3 z_4}{z_1 z_{2'} z_{3'}} = \frac{50 \times 40 \times 40}{2 \times 20 \times 20} = 100$$

$$n_4 = \frac{n_1}{i_{14}} = \frac{1\,500}{100} \ \text{r/min} = 15 \ \text{r/min}$$

锥齿轮和蜗杆、蜗轮的转向需用箭头表示。当蜗杆 1 按图示方向转动时,齿轮 4 的转向如图 8-9 中箭头所示。

例 8-3 图 8-10 为一汽车变速器。图中轴 Ⅰ 为输入轴;轴 Ⅱ 为输出轴,它用轴承支在轴 Ⅰ 端部中;4 和 6 为滑移齿轮,A、B 为齿套式离合器。该变速器可使输出轴得到三种正转速度和一种反转速度。若已知各齿轮齿数 z_1、z_2、z_3、z_4、z_5、z_6、z_7、z_8 及输入轴的转速 n_1,试求轴 Ⅱ 的各挡传动比和转速。

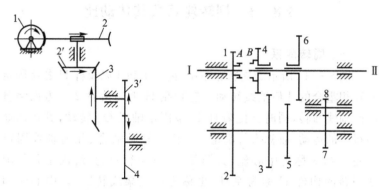

图 8-9 轴线不平行的轮系   图 8-10 汽车变速器

解 只要分别确定变速器各挡的传动比,即可求出各挡的转速。

第一挡 齿轮 6 与 5 啮合而齿轮 3、4 及离合器 A、B 均脱离,汽车低速前进,为低速挡。由式(8-1)可得该挡传动比 $i_{低}$ 及转速 $n_{Ⅱ低}$

$$i_{低} = \frac{n_{Ⅰ}}{n_{Ⅱ低}} = (-1)^2 \frac{z_2 z_6}{z_1 z_5}, \quad n_{Ⅱ低} = \frac{n_{Ⅰ}}{i_{低}}$$

第二挡 齿轮 4 与 3 啮合而齿轮 5、6 及离合器 A、B 均脱离时为中速挡,这时有

$$i_{中} = \frac{n_{Ⅰ}}{n_{Ⅱ中}} = (-1)^2 \frac{z_2 z_4}{z_1 z_3}, \quad n_{Ⅱ中} = \frac{n_{Ⅰ}}{i_{中}}$$

第三挡 离合器 A、B 相结合而齿轮 3、4 及齿轮 5、6 均脱离时为高速挡,这时

$$i_{高}=1, \quad n_{II高}=n_1$$

倒挡 齿轮 6 与 8 啮合而齿轮 3、4 及离合器 A、B 均脱离,此时由于轮 8 的作用,输出轴 II 反转,汽车将以低速倒车,由式 (8-1) 可得

$$i_{倒}=\frac{n_{I}}{n_{II倒}}=(-1)^3\frac{z_2 z_8 z_6}{z_1 z_7 z_8}, \quad n_{II倒}=\frac{n_{I}}{i_{倒}}$$

§8-3 周转轮系及其传动比

一、周转轮系

图 8-11a 所示的周转轮系中,齿轮 1 和 3 以及杆 H 各绕固定的互相重合的几何轴线转动。空套在 H 上的齿轮 2 一方面绕自己的轴线回转,同时又随着杆 H 绕固定轴线 O_H 转动,其运动如同行星的运动,故称为行星轮。与行星轮相啮合、几何轴线固定的轮 1 和 3 称为中心轮(太阳轮)。支承行星轮、绕固定几何轴线回转的构件 H 称为系杆(也称为行星架或转臂)。中心轮和系杆常称为周转轮系的基本构件。基本构件的轴线必须互相重合。

若周转轮系的自由度为 2,称为差动轮系;若自由度为 1,则称其为行星轮系。图 8-11a 所示周转轮系的两个中心轮都能转动,它的活动构件 $n=4$,低副(转动副)$p_L=4$,高副 $p_H=2$,故其自由度按式(2-1)得 $F=3\times4-2\times4-2=2$,该轮系即为差动轮系。要确定这种轮系的运动,需要有两个主动件。

若将图 8-11a 所示差动轮系的一个中心轮固定不动,所得的轮系即为行星轮系,如图 8-11b 所示。该轮系的中心轮 3 固定,仅有中心轮 1 转动,即 $n=3$,$p_L=3$,$p_H=2$,其自由度 $F=3\times3-2\times3-2=1$。因此,确定行星轮系的运动,仅需要一个主动件。

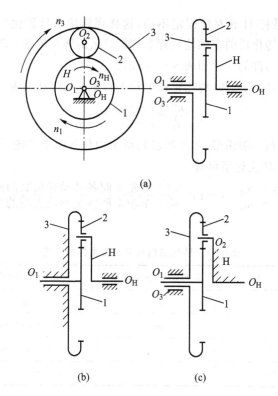

(a)

(b)　　　　　　　(c)

图 8-11　周转轮系的基本形式

若将图8-11a所示轮系的系杆 H 固定不动,如图 8-11c 所示,则轮 2 只绕固定轴线 O_2 转动,没有公转,此轮系即为定轴轮系。

二、周转轮系的传动比

由于周转轮系运转时,行星轮的运动不是绕固定轴线作简单转动,而是作复合转动(公转和自转的复合),故其中各活动构件之间的传动比大小和方向不能直接用定轴轮系中的方法求解。根据相对运动原理,若对周转轮系中的各个构件都加上一个公共的转动,则各构件之间的相对运动关系仍保持不变。应用这个原理,对图 8-11a 所示周转轮系的各个构件都附加一个转速为 “$-n_H$” 的转动,使系杆 H 相对地固定不动,这样周转轮系就转化为定轴轮系。这个转化后的定轴轮系称为周转轮系的转化轮系。转化前后轮系中各构件的转速如表 8-1 所示。

由表 8-1 可知,转化轮系中轮 1 和轮 3 的传动比为

$$i_{13}^{\mathrm{H}}=\frac{n_1^{\mathrm{H}}}{n_3^{\mathrm{H}}}=\frac{n_1-n_{\mathrm{H}}}{n_3-n_{\mathrm{H}}}=-\frac{z_3}{z_1}$$

推广至一般情形:对于周转轮系中的任意两个齿轮,例如轮 1 和轮 k,由转化轮系可得

$$i_{1k}^{\mathrm{H}}=\frac{n_1-n_{\mathrm{H}}}{n_k-n_{\mathrm{H}}}=(-1)^m\frac{\text{轮 1 至轮 } k \text{ 间各从动轮齿数的乘积}}{\text{轮 1 至轮 } k \text{ 间各主动轮齿数的乘积}}$$

$$(8-2)$$

表 8-1　转化前后轮系中各构件的转速

构　　件	周转轮系中的转速	转化轮系中的转速
1	n_1	$n_1^{\mathrm{H}}=n_1-n_{\mathrm{H}}$
2	n_2	$n_2^{\mathrm{H}}=n_2-n_{\mathrm{H}}$
3	n_3	$n_3^{\mathrm{H}}=n_3-n_{\mathrm{H}}$
H	n_{H}	$n_{\mathrm{H}}^{\mathrm{H}}=n_{\mathrm{H}}-n_{\mathrm{H}}=0$

容易看到,上式已反映了周转轮系中轮 1、轮 k 和系杆 H 的转速间的关系。若各轮齿数已知,当 n_1、n_k 及 n_{H} 三个参数中给定任意两个,则可由上式求出第三个,从而可以确定周转轮系有关构件间的传动比。

若周转轮系固定一个中心轮(设为轮 k),则该轮系成为行星轮系,因 $n_k=0$,由式(8-2)可得

$$i_{1k}^{\mathrm{H}}=\frac{n_1-n_{\mathrm{H}}}{-n_{\mathrm{H}}}=1-i_{1\mathrm{H}}$$

$$=(-1)^m\frac{\text{轮 1 至 } k \text{ 间各从动轮齿数的乘积}}{\text{轮 1 至 } k \text{ 间各主动轮齿数的乘积}} \qquad (8-3)$$

需要指出,应用式(8-2)、式(8-3)时应注意:

1）n_1、n_k、n_H 是相应构件在平行平面内的转速，即轮 1、轮 k 和系杆 H 的轴线互相平行。

2）各个转速代入式中时，都应带有本身的正号或负号。

3）对于由锥齿轮组成的周转轮系，由于其行星轮与中心轮的轴线不平行，所以行星轮的转速不能用上两式求解，而只适用于求其中心轮之间或中心轮与系杆之间的传动比。

例 8-4 图 8-11b 所示行星轮系中，已知各轮齿数为 $z_1 = 40$，$z_2 = 20$，$z_3 = 80$。试计算中心轮 1 和系杆 H 的传动比 i_{1H}。

解 由式（8-3）得

$$i_{1k}^H = 1 - i_{1H} = (-1)\frac{z_3}{z_1} = -\frac{80}{40} = -2$$

故

$$i_{1H} = 1 - i_{1k}^H - 1 - (-2) = 3$$

例 8-5 图 8-6 所示行星轮系中，已知各轮齿数为 $z_1 = z_{2'} = 100$，$z_2 = 99$，$z_3 = 101$，试计算系杆 H 与中心轮 1 的传动比 i_{H1}。

解 由式（8-3）得

$$i_{1k}^H = 1 - i_{1H} = (-1)^2\frac{z_2 z_3}{z_1 z_{2'}} = \frac{99 \times 101}{100 \times 100} = \frac{9\,999}{10\,000}$$

则

$$i_{1H} = 1 - i_{1k}^H = 1 - \frac{9\,999}{10\,000} = \frac{1}{10\,000}$$

故

$$i_{H1} = \frac{1}{i_{1H}} = 10\,000$$

本例说明周转轮系可用很少的齿轮得到很大的传动比。

例 8-6 图 8-12 所示为行星变速器。已知各轮齿数 z_1、z_2、z_3，动力由轮 1 输入。内齿圈 3 可用制动器 T 制动，系杆 H 与内齿圈 3 可用离合器 M 相连接。分别结合制动器或离合器，可得到两种传动比。若输入转速为 n_1，求该变速器的两挡传动比和输出转速。

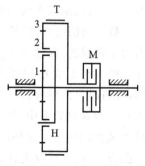

图 8-12　行星变速器

解 由式(8-2)得

$$\frac{n_1 - n_H}{n_3 - n_H} = -\frac{z_3}{z_1}$$

当制动器 T 接合时，$n_3 = 0$，由上式可得

$$i_{1H} = \frac{n_1}{n_H} = 1 + \frac{z_3}{z_1}$$

$$n_H = \frac{n_1}{\left(1 + \dfrac{z_3}{z_1}\right)}$$

当离合器 M 接合时，$n_3 = n_H$，即 $n_3 - n_H = 0$，由前式得

$$n_1 - n_H = 0$$

故

$$n_H = n_1, \quad i_{1H} = \frac{n_1}{n_H} = 1$$

实际上，当用离合器将内齿圈 3 与系杆 H 连在一起，则轮 1、2、3 和系杆 H 都不能产生相对运动而成为一个整体，变速器的传动比 $i_{1H} = 1$。应当指出，自由度为 2 的周转轮系中，两个中心轮和系杆中任意两构件相连接，均导致轮系成一整体旋转，得到传动比等于 1 的传动。

例 8-7 图 8-13 所示为由锥齿轮组成的汽车后桥差速器。齿轮 1 由发动机驱动，在其转速 n_1 不变的情况下，差速器能使两后轮以相同转速或不同的转速转动，以实现汽车直线或转弯行驶。若 $z_4 = z_5$，试求汽车转弯时两个后轮的转速 n_4 和 n_5。

解 由图可知，齿轮 4 与左边车轮固连，转速为 n_4；齿轮 5 与右边车轮固连，转速为 n_5。中心轮 4、5 共同与行星轮 3、3′ 相啮合。轮 3 与 3′ 大小相等并空套在转臂 H 上（即轮 3 与 3′ 作用相同，分析时仅需要考虑一个行星轮），轮臂 H 与齿轮 2 固连，转速为 n_2。故在该轮系中，齿轮 1、2 组成定轴轮系；齿轮 3、4、5 和转臂 H 组成差动轮系。这种同时存在周转轮系和定轴轮系的轮系，称为混合轮系。（计算混合轮系时，首先应将各个周转轮系和定轴轮系正确地分解，并分别列出这些轮系的传动比计算式，然后进一步

联立求解。)

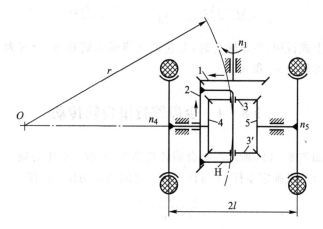

图 8-13 汽车后桥差速器

对于定轴轮系

$$i_{12} = \frac{n_1}{n_2} = \frac{z_2}{z_1}$$

故

$$n_2 = n_1 \frac{z_1}{z_2} \tag{a}$$

对于差动轮系,因 $n_H = n_2$,由式(8-2)得

$$i_{45}^H = \frac{n_4 - n_2}{n_5 - n_2} = -\frac{z_5}{z_4} = -1$$

故

$$n_2 = \frac{n_4 + n_5}{2} \tag{b}$$

图中 O 点为汽车转弯时的弯道中心,此时,左车轮和右车轮的转弯半径分别为 $r-l$ 和 $r+l$。所以,左、右两轮的转速不同。若要求车轮在地面上作无滑动的纯滚动,则两车轮的转速应与其转弯半径成正比,即

$$\frac{n_4}{n_5} = \frac{r-l}{r+l} \tag{c}$$

联立解式(a)、式(b)和式(c),即可得到汽车转弯时两后轮的

转速分别为

$$n_4 = \frac{(r-l)z_1}{rz_2}n_1 \quad 和 \quad n_5 = \frac{(r+l)z_1}{rz_2}n_1 \qquad (d)$$

上式说明，汽车转弯时，差速器可将输入转速 n_1 分解为两个后轮的转速 n_4 和 n_5。

* §8-4　少齿差行星齿轮传动

如图 8-14a 所示内啮合周转轮系中，只有一个中心轮。由式 (8-3) 可以确定系杆 H 与行星轮 2 之间的传动比 i_{H2}，即

$$\frac{n_2 - n_H}{0 - n_H} = \frac{z_1}{z_2}$$

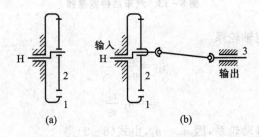

图 8-14　少齿差行星传动

因而

$$i_{2H} = 1 - \frac{z_1}{z_2} = -\frac{z_1 - z_2}{z_2}$$

故

$$i_{H2} = -\frac{z_2}{z_1 - z_2} \qquad (8-4)$$

由上式可知，减少该轮系中两齿轮的齿数差 $(z_1 - z_2)$，可以得到较大的传动比。利用该轮系的这一特点，设计制造成具有较大传动比而结构紧凑的少齿差行星齿轮传动，也称少齿差传动。所

谓少齿差,一般指齿数差(z_1-z_2)为 1~4。当齿数差为 1 时,称为一齿差;齿数差为 2 时,称为两齿差,以此类推。常用的渐开线少齿差行星传动以齿数差为 1 和 2 者应用最多。

行星轮 2 既自转又随系杆公转,其轮心的轨迹是以系杆的回转中心为圆心、系杆回转半径为半径的圆。为了将行星轮 2 的转动传递给输出轴,需要采用能够以等角速度传递平行轴之间回转运动的联轴器。图 8-14b 所示为采用双万向联轴器作为输出机构。

目前广泛应用的是销轴式输出机构。如图 8-15 所示,在输出轴 4 的圆盘上均布若干个(图中为 4 个)圆柱销,柱销分别插入行星轮上相应的销孔内。销孔与柱销半径的差值等于偏心轴 3 的偏心距(即系杆的回转半径)。行星轮上销孔中心的分布圆与输出轴圆盘上柱销中心分布圆具有相同直径。行星轮转动时,柱销始终与销孔壁接触,故行星轮的转动可通过柱销传递给输出轴。此时,行星轮中心 O_2、销孔中心 O_h、销轴中心 O_b 和输出轴的中心 O_4 构成平行四边形。由于 O_4O_b 始终与 O_2O_h 以相同的角速度同向转动,所以输出轴的转速与行星轮的转速相同,即 $n_4=n_2$。

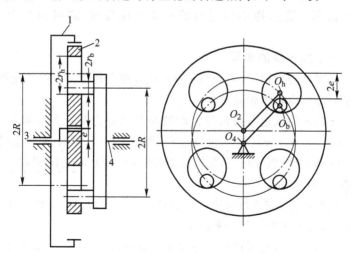

图 8-15　少齿差行星传动的输出机构

　　工程上还常应用摆线针轮行星传动。这种传动的齿数差为1～2。它的工作原理与渐开线少齿差行星传动相同,主要区别在于其齿轮的齿廓是摆线。摆线针轮行星传动除具有传动比大、结构紧凑和重量轻等特点外,其承载能力较强,传动平稳,噪声低,使用寿命较长。

§8-5　减　速　器

　　减速器(又称减速箱或减速机)是由封闭在箱体内的一对或几对相啮合的齿轮(或蜗杆、蜗轮)组成的。减速器是具有固定传动比的独立传动部件,常装置在机械的原动部分和工作部分之间,用以降低转速并相应地增大转矩。在某些场合,也可用以增加转速,此时则称为增速器。

　　由于减速器在机械中应用广泛,某些类型的减速器已有标准系列产品,可以根据所需传递的功率、传动比、工作条件、转速及在机械总体布置中的要求等,参阅有关产品目录或机械设计手册选用。若选择不到适当的标准减速器时,则可自行设计制造。

一、减速器的类型

　　减速器类型很多,可分为定轴齿轮减速器和行星齿轮减速器。本节只介绍定轴齿轮减速器。

　　定轴齿轮减速器按齿轮传动的类型可分为圆柱齿轮减速器(图8-16a、b、c、d)、锥齿轮减速器(图8-16e)、蜗杆减速器(图8-16g)以及圆锥-圆柱齿轮减速器(图8-16f)和蜗杆-圆柱齿轮减速器(图8-16h)等。

　　按齿轮传动的级数可分为单级(图8-16a、e、g)、两级(图8-16b、c、d、f、h)、三级和多级减速器等。

　　单级圆柱齿轮减速器的传动比一般不大于8～10。如果传动比过大,大小齿轮的直径相差很大,减速器的外廓尺寸和重量也相应增大。当传动比 $i > 8 \sim 10$ 时,可选用两级或两级以上($i > 40$)的减速器。

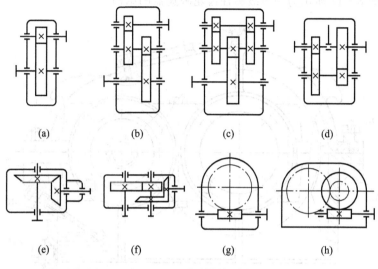

(a)　　　　(b)　　　　(c)　　　　(d)

(e)　　　　(f)　　　　(g)　　　　(h)

图 8-16　减速器的形式

两级和两级以上圆柱齿轮减速器的传动布置形式有展开式(图 8-16b)、分流式(图 8-16c)和同轴式(图 8-16d)等。

展开式减速器结构较简单,轴向尺寸较小,其缺点是齿轮对两轴承的位置不对称,会引起载荷沿齿宽分布不均匀。

分流式减速器则由于其齿轮两侧的轴承对称布置,故载荷沿齿宽的分布情况较展开式大为改善。这种减速器的高速级齿轮常采用斜齿,且一为右旋,一为左旋,轴向力能互相平衡。

同轴式减速器因其输入轴和输出轴在同一轴线上,故减速器的径向尺寸紧凑,但其轴向尺寸较大。另外,其中间轴较长,易使载荷沿齿宽分布不均匀。

各种减速器的结构形式和特点可参阅有关机械设计手册。

二、减速器的结构

减速器主要由齿轮(或蜗轮)、轴、轴承、箱体及若干附件组成。图 8 - 17 所示为一单级圆柱齿轮减速器的结构。

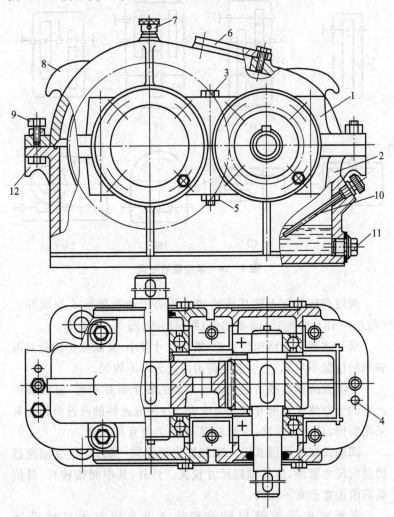

图 8 - 17　单级圆柱齿轮减速器的结构

减速器的箱体通常用铸铁铸造,重型减速器可用铸钢铸造,单件生产时可用钢板焊接。

箱体上安装轴承的孔应按一定精度要求加工,以保证齿轮轴线处于正确位置。箱体还应具有足够的刚度,以免产生过大的变形。为了增加减速器的刚度及散热面积,箱体外常有加强肋。

为了便于安装,箱体一般做成剖分式结构,即分为箱盖 1 与箱座 2 两部分。箱盖与箱座通常用一定数量的螺栓 3 连接成一体,并用两个圆锥销 4 保证精确定位。螺栓的位置应尽量靠近轴承。为了保证螺栓 3 和螺母 5 连接时能与箱体的支承面很好接触,一般支承面需要锪平。安装螺栓处应留足扳手的操作空间。

箱盖上的检查孔是为了检查齿轮啮合情况及往箱内注入润滑油。平时用盖 6 盖住。减速器工作时,箱内温度升高,导致箱内空气的体积膨胀,因而有可能从剖分面处将润滑油挤出,为此,常在箱盖顶部开有通气孔(通气帽 7 中设有连通箱体内、外的孔道),使箱内空气能自由逸出。

与箱盖铸成一体的吊钩 8(或采用吊环螺钉)用来提升箱盖。而整个减速器的提升,则用与箱座铸成一体的吊钩 12。为了便于揭开箱盖,常在箱盖凸缘上另开两个螺纹孔,拆卸箱盖时拧入启盖螺钉 9,即可顶起箱盖。

为了便于随时检查箱内油面的高低。在箱座上装有油面指示器或测油尺 10。为了换油和放油,在箱座下部开有放油孔,平时用油塞 11 塞住。

在中小型减速器中常采用滚动轴承,因其具有润滑比较简单、径向间隙小、旋转精度较高、效率高、发热量小以及批量生产、更换方便等优点。

三、减速器的润滑

减速器中,齿轮、蜗杆、蜗轮及轴承的润滑是非常重要的。润滑的目的在于减少摩擦和磨损、提高传动效率、散热及防蚀以保证减速器的正常工作。

齿轮圆周速度 $v<12$ m/s 的减速器广泛采用浸油润滑。为了减少齿轮运动的阻力和搅油引起油的温升,齿轮浸入油中的深度以 1~2 个齿高为宜。速度高的应浅一些,但至少为 10 mm。速度低的(0.5~0.8 m/s)也允许浸入深一些,可达 1/6~1/3 齿轮半径。

在多级减速器中(图 8-18a),为避免低速齿轮浸入油中过深,可采用图 8-18b 所示打油轮 w 打油润滑。

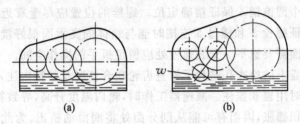

(a)　　　　　　　　　　(b)

图 8-18　浸油润滑

圆周速度 $v>12$ m/s 的齿轮减速器不宜采用浸油润滑,而多采用图8-19所示的压力喷油润滑。它是将润滑油喷入轮齿啮合区进行润滑。喷油润滑需要专门的供油系统,费用较高。

齿轮圆周速度大于 1.5~3 m/s 的减速器,其滚动轴承可采用飞溅润滑。把飞溅到箱盖上的油汇集到箱座剖分面的油沟中,然后流进轴承进行润滑。圆周速度较低时,飞溅的油量不足,这时轴承需另用润滑脂润滑。

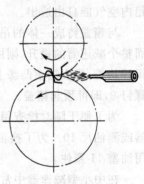

图 8-19　喷油润滑

§8-6　无级变速器简介

许多机械为了适应工作条件的变化,往往需要连续平稳地改变从动轴的转速,这就需要采用无级变速器。

无级变速器有机械的、电气的和流体的(如液动机调速)等多种。机械无级变速器具有结构简单、传动稳定性好、适用性强、维护方便、效率较高和价格较低等优点,这里主要介绍机械无级变速器。

图 8-20a 所示为滚轮平盘式无级变速器。圆盘 2 与滚轮 1 之间依靠弹簧压紧。当主动滚轮 1 以恒定转速 n_1 回转时,靠摩擦力带动从动盘 2 以转速 n_2 回转。假定在接触处无滑动,则接触处两轮的线速度相等,故得

$$i_{12} = \frac{r_2}{r_1}$$

式中:r_1 为滚轮半径,mm;r_2 为圆盘工作半径,mm。如沿轴向改变滚子的位置,就可改变圆盘的工作半径,从而也就改变了传动比,实现无级变速。当滚轮移至圆盘轴线右侧时,可使从动盘获得相反方向的转动。

图 8-20b 所示为弧锥环盘式无级变速器,调节中间盘的位置,就可改变主从动轴之间的传动比。

图 8-20c 所示为利用钢球作为中间传动件的钢球锥轮无级变速器,当改变钢球旋转轴的倾角时,就能改变主从动锥轮间的传动比。

图 8-20d 所示为宽 V 带无级变速器,其主、从动轴上各装有两个锥形盘,构成宽 V 带轮的轮槽,两轴间装一宽 V 带。调整锥形盘之间的距离,可改变 V 带在主、从动锥形盘上的位置,从而可调节主、从动轴间的传动比。

大多数机械无级变速器都是靠摩擦力工作的。摩擦无级变速器运转平稳、结构简单,可用于较高转速的传动;但由于工作中存在滑动,故传动比不很精确,磨损较大,寿命较短。

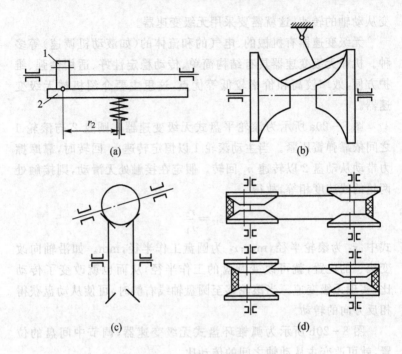

图 8 - 20 机械无级变速器

习 题

8-1 定轴轮系中,主、从动轴之间的传动比与齿轮的齿数有什么关系? 怎样确定从动轴的转向?

8-2 图 8-21 所示轮系中,已知各标准圆柱齿轮的齿数为 $z_1 = z_2 = 20, z_{3'} = 26, z_4 = 30, z_{4'} = 22, z_5 = 34$。试计算齿轮 3 的齿数及传动比 i_{15}。

8-3 图 8-22 所示轮系中,已知各齿轮的齿数为 $z_1 = z_{2'} = 15, z_2 = 45, z_3 = 30, z_{3'} = 17, z_4 = 34$。试计算传动比 i_{14},并用箭头表示各轮的转向。

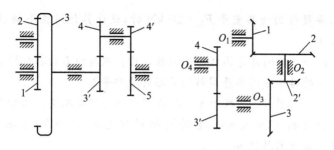

图 8 - 21　题 8 - 2 图　　　　　　　　**图 8 - 22　题 8 - 3 图**

8 - 4　图 8 - 23 所示为钟表的传动机构。已知其中各齿轮的齿数为 $z_1 = 72$, $z_2 = 12$, $z_{2'} = 64$, $z_{2''} = z_3 = z_4 = 8$, $z_{3'} = 60$, $z_5 = z_6 = 24$, $z_{5'} = 6$。试计算分针 m 和秒针 s 之间的传动比 i_{ms}, 时针 h 和分针 m 之间的传动比 i_{hm}。

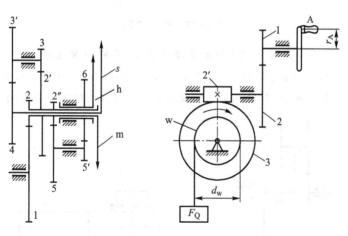

图 8 - 23　题 8 - 4 图　　　　　　　　**图 8 - 24　题 8 - 5 图**

8 - 5　图 8 - 24 所示为一手动提升机构。已知齿轮 1、2 的齿数为 $z_1 = 20$, $z_2 = 40$, 蜗杆 $2'$ 的头数 $z_{2'} = 2$(右旋), 蜗轮 3 的齿数 $z_3 = 120$, 与蜗轮固连的鼓轮 w 的直径 $d_w = 0.2$ m, 手柄 A 的半径 $r_A = 0.1$ m, 齿轮传动和蜗杆传动的效率分别为 0.95 和 0.84。

当需要提升的物品重量 $F_Q = 20$ kN 时,试计算作用在手柄 A 上的力 F。

8-6　如何计算周转轮系的传动比? 周转轮系的转化轮系中各构件的转速是否与原周转轮系的转速相等?

8-7　图 8-25 所示为一矿山用电钻的传动机构。已知各轮的齿数为 $z_1 = 15$，$z_3 = 45$，电动机 M 的转速 $n_1 = 3\,000$ r/min。试计算钻头 h 的转速 n_h。

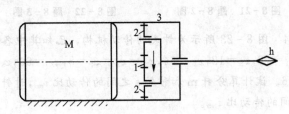

图 8-25　题 8-7 图

8-8　如图 8-26 所示差动轮系中，各轮的齿数为：$z_1 = 16$，$z_2 = 24$，$z_{2'} = 20$，$z_3 = 60$。已知 $n_1 = 200$ r/min，$n_3 = 50$ r/min，试分别求当 n_1 和 n_3 转向相同或相反时，系杆 H 转速的大小和方向。

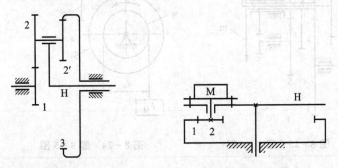

图 8-26　题 8-8 图　　　　　**图 8-27　题 8-9 图**

8-9　如图 8-27 所示回转台的传动机构中，已知 $z_2 = 15$，油马达 M 的转速 $n_M = 12$ r/min，回转台 H 的转速 $n_H = -1.5$ r/min。

试求齿轮 1 的齿数。(提示:油马达的转速 $n_M = n_2 - n_H$。)

8-10　图 8-28 所示混合轮系中,设已知各轮的齿数,试计算其传动比 i_{1H}。

8-11　图 8-29 所示为一电动卷扬机行星减速机构。已知各轮齿数为 $z_1 = 24, z_2 = 52, z_{2'} = 21, z_3 = z_4 = 78, z_{3'} = 18, z_5 = 30$。试计算传动比 i_{14}。

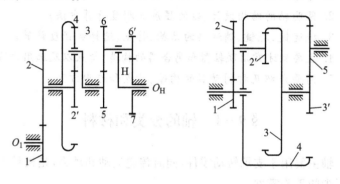

图 8-28　题 8-10 图　　　　图 8-29　题 8-11 图

8-12　减速器有哪些主要形式?

8-13　试说明图 8-17 所示单级圆柱齿轮减速器的基本构造及各个零件的作用,并指出该减速器中哪些部分需要润滑。

8-14　何谓无级变速器?试说明图 8-20 所示的几种机械无级变速器的工作原理。

第九章　轴和联轴器

[内容提要]

1. 介绍轴的功用、分类和轴的材料；
2. 阐明轴的结构设计、轴的强度和刚度计算方法；
3. 概述键、花键、销连接的结构、特点、选择和强度计算；
4. 主要叙述常用联轴器和离合器的构造、特点以及选用方法；
5. 简要介绍几种制动器的构造、特点和选用方法。

§9-1　轴的分类和材料

轴主要用于支承转动零件，同时传递运动和动力，是机械中必不可少的重要零件。

一、轴的分类

轴按承载情况可分为转轴、心轴和传动轴三类。

（1）转轴　工作时既承受弯矩又承受转矩的轴称为转轴，如机床的主轴和减速器中的齿轮轴（图9-4）等。它是机械中最常见的轴。

（2）心轴　只承受弯矩而不承受转矩的轴称为心轴。心轴又可分为固定心轴和转动心轴。图9-1所示支承滑轮的轴是不随滑轮转动的固定心轴，图9-2所示铁路车辆的轴是随车轮转动的转动心轴。

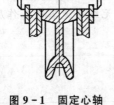

图9-1　固定心轴

（3）传动轴　主要承受转矩、不承受或承受很小的弯矩的轴称为传动轴，如汽车变速器与驱动桥之间的传动轴（图9-3）。

轴还可按轴线形状不同，分为直轴、曲轴和挠性钢丝轴三类。

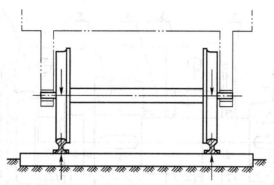

图 9-2 车轮的转动心轴

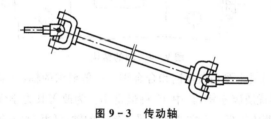

图 9-3 传动轴

（1）直轴　直轴包括光轴及阶梯轴。光轴指各处直径相同的轴。阶梯轴指各段直径不同的轴（图 9-4）。阶梯轴便于轴上零件的装拆、定位及紧固，在机械中应用广泛。有时为了减轻重量或满足使用上的要求，将轴制造成空心的，称为空心轴。

（2）曲轴　曲轴是往复式机械中的专用零件。例如多缸内燃机中的曲轴，曲轴上用于起支承作用的轴颈处的轴线仍然是重合的。

（3）挠性钢丝轴　挠性钢丝轴可以把旋转运动和扭矩传到空间的任何位置。例如机动车中的里程表所用的软轴和管道疏通机所用的软轴等。

二、轴的材料

轴工作时产生的应力多为变应力，所以轴的损坏常为疲劳损坏。因此，轴的材料应具有足够高的强度和对应力集中的敏感性小，此外还应具有良好的工艺性特点。

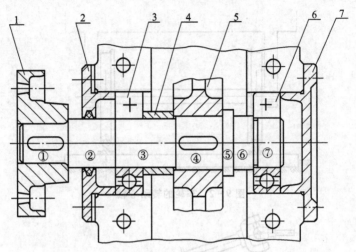

图 9 - 4　轴的结构

轴的材料主要是碳素钢和合金钢。一般要求的轴,可采用 35、45 和 50 钢等优质碳素钢,其中 45 钢最常用。为改善其力学性能,应进行正火或调质处理。不重要的或受力较小的轴,可用 Q235 等碳素钢。

对于传递较大转矩,要求提高强度、减小尺寸与重量或要求提高耐磨性的轴,可采用合金钢(如 40Cr、35SiMn、38SiMnMo 等)进行调质处理,轴颈处进行表面淬火以提高其耐磨性;或采用 20Cr、20CrMnTi 等低碳合金钢进行渗碳淬火及低温回火处理。对于形状复杂的轴(如柴油机曲轴),也可采用球墨铸铁。

轴常用的材料及其力学性能见表 9 - 1。

表 9 - 1　轴常用的材料及其力学性能

材　　料	热　处　理	毛坯直径/ mm	硬度/ HBS	σ_b/ MPa	σ_s/ MPa
Q235		≤100		375～460	205
35	正火	≤100	149～187	520	270
	调质	≤100	156～207	560	300
45	正火	≤100	170～217	600	300
	调质	≤200	217～255	650	360

续表

材　料	热　处　理	毛坯直径/ mm	硬度/ HBS	σ_b/ MPa	σ_s/ MPa
40Cr	调质	≤100	241~286	750	550
		>100~300	229~269	700	500
35SiMn	调质	≤100	229~286	800	520
		>100~300	217~269	750	450
38SiMnMo	调质	≤100	229~286	750	600
		>100~300	217~269	700	550
20Cr	渗碳淬火	≤60	56~62HRC	650	400

§9-2　轴 的 结 构

　　为了合理地确定轴的结构,需要综合地考虑各方面的因素,如轴上零件的布置及其固定方式、轴的加工和装拆方法、作用在轴上的载荷大小及其分布情况等。

　　轴的形状从满足强度和节省材料考虑,最好是等强度的抛物线回转体。但这种形状的轴既不便于加工,也不便于轴上零件的固定,从加工考虑,最好是直径不变的光轴,但光轴不利于零件的安装和定位。只有一些简单的心轴、传动轴有时才制成光轴,而一般的轴其结构形状多为阶梯形。现以图9-4所示减速器的输出轴来讨论轴的结构。

一、轴上零件的固定

　　为了保证轴上零件能正常工作,其轴向和周向都必须固定。

1. 轴向固定

零件的轴向固定方法很多,常用的有轴肩、套筒、螺母、挡圈、圆锥面和弹性挡圈等。

如图 9-4 中的齿轮 5,其右端靠轴肩、左端靠套筒 4 定位,从而实现轴向定位。当齿轮受轴向力时,向右的轴向力由轴肩承受并传给滚动轴承 6 的内圈,再通过轴承、轴承盖 7 及连接螺栓传给箱体;轴向力向左由套筒 4 传给滚动轴承 3 的内圈,再经轴承、轴承盖 2 和螺栓传给箱体。轴肩及套筒的结构简单可靠,可传递较大的轴向力。套筒可避免因轴肩引起的轴径增大,又可简化轴的结构,减少应力集中源。但因一般套筒与轴的配合较松,不宜用于高速轴。

圆螺母固定可承受大的轴向力。当轴上两零件间距离较大,不宜采用套筒时,可采用圆螺母固定,如图 9-5 所示。采用圆螺母固定时,轴上切制螺纹处有较大的应力集中,故常用于轴端零件固定。

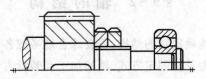

图 9-5　圆螺母、轴端挡圈

紧定螺钉(图 9-6)、弹性挡圈(图 9-7)等适用于受轴向力不大的零件。弹性挡圈可与轴肩联合使用(图 9-7),也可在零件两侧各用一个。用弹性挡圈固定,其结构紧凑,常用于滚动轴承的轴向固定。

在轴端部安装零件时,还可用轴端挡圈固定(图 9-5 中滚动轴承的固定)或采用圆锥面和轴端挡圈固定(图 9-8),均可承受较大的轴向力。

阶梯轴轴肩处应采用较大的过渡圆角半径,以降低应力集中,提高轴的疲劳强度。当轴肩处装有零件时,为了保证零件能靠紧轴肩定位,轴上的圆角半径 r 应小于零件孔的倒角 c(图9-9)。

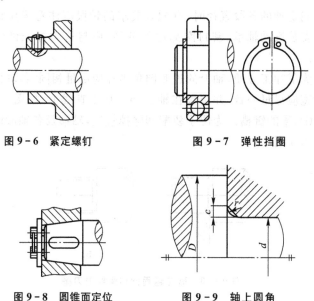

图9-6 紧定螺钉　　　　图9-7 弹性挡圈

图9-8 圆锥面定位　　　图9-9 轴上圆角

2. 周向固定

零件在轴上的周向固定是为了使零件与轴一起转动并传递转矩。周向固定常用键、花键、销,过盈配合等连接(参阅§9-4)。

二、加工和装配要求

如图9-4所示,齿轮5、套筒4、滚动轴承3、轴承盖2及联轴器1均从左端进行装拆,滚动轴承6从右端装拆。因而轴的各段直径从两端向中间逐段增大。

有配合要求的部位,如装滚动轴承、齿轮等处,为了装拆方便和减少配合表面擦伤,配合轴段前的轴径应减小。如图9-4所示,将安装轴承3和齿轮5之前的轴段②、③的直径缩小。为了保证零件轴向定位可靠,安装齿轮、联轴器的轴段长度应稍短于零件轮毂的长度 2～3 mm，图中轴段④的长度短于相应轮毂长度。安装滚动轴承处的轴肩高度应低于轴承内圈高度，以便拆卸轴承。

确定轴的各段直径时，有配合要求的轴段应注意采用标准直径。安装滚动轴承、密封圈部位的轴径，应与这类标准件的内径一致。

为了加工方便，轴上的过渡圆角半径应尽量相同；各轴段键槽的槽宽应尽量一致，并布置在轴上同一加工直线上，如图 9-4 中轴段①、④的键槽。为便于装配和除掉锐边，轴端及各轴段端部应加工出 45°倒角。

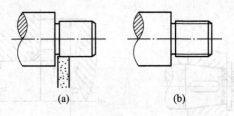

图 9-10　砂轮越程槽和螺纹退刀槽

轴上需要磨削加工的表面，一般应制出砂轮越程槽，以利磨削加工，如图 9-10a 和图 9-4 中轴段⑦的砂轮越程槽。轴上加工螺纹处应有螺纹退刀槽，如图 9-10b 和图 9-5 所示。

§9-3　轴 的 计 算

轴的工作能力主要取决其强度和刚度。轴的强度不够时，会出现断裂或因过大的塑性变形而失效。轴的刚度不够时，会产生过大的弯曲变形（挠度）和扭转变形（扭角），影响机器的正常工作。高速轴还应考虑其振动稳定性。

轴的设计一般可先按转矩估算轴径，再根据轴上零件的布置和固定方式等多种因素定出轴的结构外形和尺寸,然后再同时考虑弯矩和转矩进行计算。必要时应对轴进行刚度或振动稳定性的校核。

一、按转矩估算轴径

根据轴上所受转矩估算轴的最小直径,并用降低许用扭转切应力的方法来考虑弯矩的影响。

由力学可知,轴受转矩时的强度条件为

$$\tau_T = \frac{T}{W_T} = \frac{10^3 \times 9\,550P}{0.2d^3 n} \leqslant [\tau_T]$$

式中:τ_T 和 $[\tau_T]$ 分别为轴的扭转切应力和许用扭转切应力,MPa;T 为转矩,N·mm;P 为轴所传递的功率,kW;W_T 为轴的抗扭剖面系数,$W_T = \frac{\pi d^3}{16} = 0.2d^3$,mm³;$d$ 为轴的直径,mm;n 为轴的转速,r/min。故得

$$d \geqslant \sqrt[3]{\frac{9\,550 \times 10^3}{0.2[\tau_T]}} \sqrt[3]{\frac{P}{n}}$$

当轴的材料选定后,$[\tau_T]$ 是已知的,故上式可简化为

$$d \geqslant A\sqrt[3]{\frac{P}{n}} \tag{9-1}$$

式中 A 为取决于材料许用扭转切应力的系数,见表9-2。

表9-2　常用材料的 $[\tau_T]$ 的 A 值

轴 的 材 料	Q235、20	35	45	40Cr、35SiMn、38SiMnMo、20CrMnTi
$[\tau_T]$/MPa	12~20	20~30	30~40	40~52
A	158~134	134~117	117~106	106~97

注:1. 当作用在轴上的弯矩比转矩小或只受转矩时,$[\tau_T]$ 取较大值,A 取较小值,否则取较大值。

2. 当用 Q235 及 35SiMn 钢时,$[\tau_T]$ 取较小值,A 取较大值。

按式(9-1)计算出的轴直径,一般作为承受转矩轴段的最小直径。轴上若开有键槽,将对轴的强度有所削弱,因此应适当增大轴的直径。一般当有一个键槽时,轴径增加 $4\%\sim5\%$;有两个键槽时,增加 $7\%\sim10\%$。

例 已知例7-3所示,直齿圆柱齿轮传动的两转轴材料均采用45钢,试按转矩估算该两轴的最小直径。

解 由例7-3已知其输入转速 $n_1=960$ r/min,传动比 $i=4$,传递的功率 $P=10$ kW。即这对齿轮传动的高速轴转速为 $n_1=960$ r/min,低速轴转速 $n_2=\dfrac{960}{4}$ r/min$=240$ r/min。

根据两转轴的材料均为45钢,由表9-2查得 $A=117\sim106$,取 $A=110$,则由式(9-1)可得高速轴和低速轴的最小轴径 d_1 和 d_2 分别为

$$d_1\geqslant A\sqrt[3]{\frac{P}{n_1}}=110\sqrt[3]{\frac{10}{960}} \text{ mm}=24.02 \text{ mm}$$

$$d_2\geqslant A\sqrt[3]{\frac{P}{n_2}}=110\sqrt[3]{\frac{10}{240}} \text{ mm}=38.14 \text{ mm}$$

圆整后得 $d_1=25$ mm,$d_2=40$ mm。

*二、按当量弯矩校核轴径

轴的各部分尺寸和结构确定后,必要时可按力学中第三强度理论进行校核,现以图9-11a所示装有斜齿圆柱齿轮的转轴为例,介绍其校核计算步骤。

(1)绘出轴的计算简图即受力图(图9-11b)。将轴上作用力分解到水平面和垂直面内,求出水平面支承反力和垂直面支承反力。对于滑动轴承或滚动轴承的反力作用点,均可近似地取在轴承宽度的中间。

(2)绘出水平面的弯矩 M_H 图(图9-11c)。

(3)绘出垂直面的弯矩 M_V 图(图9-11d)。

(4)计算出合成弯矩,$M=\sqrt{M_H^2+M_V^2}$,绘出合成弯矩 M 图(图9-11e)。

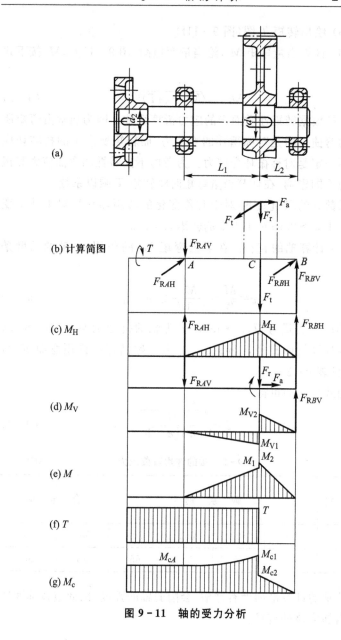

图 9-11 轴的受力分析

(5) 绘出转矩 T 图(图 9-11f)。

(6) 计算当量弯矩 M_c,绘当量弯矩图(图 9-11g),M_c 按下式计算

$$M_c = \sqrt{M^2 + (\alpha T)^2} \qquad (9-2)$$

式中 α 是根据转矩性质而定的应力折算系数。因为通常由弯矩所产生的弯曲应力是对称循环的变应力,而转矩所产生的扭转切应力则不一定是对称循环变应力。为考虑不同特性的弯曲应力和扭应力的不同影响,在计算当量弯矩时将转矩 T 乘以系数 α。

系数 α 的取值如下:对于对称变化的转矩,$\alpha=1$;对于脉动变化的转矩,$\alpha \approx 0.6$;对于不变的转矩,$\alpha \approx 0.3$。

(7) 计算轴的直径。在当量弯矩 M_c 的作用下,轴的强度条件为

$$\sigma = \frac{M_c}{W} = \frac{M_c}{0.1d^3} \leqslant [\sigma_{-1}]_b \qquad (9-3)$$

式中:M_c 为当量弯矩,N·mm;W 为轴的抗弯剖面系数,mm^3;d 为轴的计算剖面直径,mm;$[\sigma_{-1}]_b$ 为对称循环的许用弯曲应力,MPa,见表 9-3。

由式(9-3)可得

$$d \geqslant \sqrt[3]{\frac{M_c}{0.1[\sigma_{-1}]_b}} \qquad (9-4)$$

表 9-3　轴的许用弯曲应力　　　　　　　　　　MPa

材　　料	碳　素　钢				合　金　钢	
σ_b	400	500	600	700	800	1 000
$[\sigma_{-1}]_b$	40	45	55	65	75	90

若轴的计算剖面处有键槽,会削弱轴的强度,因此应按前面所述适当加大该处直径。

若校核计算出的轴径,比初步估算并经过轴结构设计所得轴径稍小,表明原定轴径是适当的,否则可按校核计算所得的轴径作适当修改。

三、轴的刚度校核

轴在载荷作用下产生的挠度 y 和扭角 φ 应小于相应的许用值,即

$$y \leqslant [y], \varphi \leqslant [\varphi] \tag{9-5}$$

式中:$[y]$ 为许用挠度;$[\varphi]$ 为许用扭角。其具体数值可以从有关机械设计手册中查得。轴的挠度 y 和扭角 φ 可根据力学中有关方法进行计算。

§9-4 轴毂连接

轴毂连接主要是使轴上零件与轴周向固定以传递转矩。常用的轴毂连接有键连接、过盈连接、无键连接、销连接和螺钉连接等。

一、键连接

1. 键连接的类型

(1) 平键连接 常用的平键连接有普通平键连接和导向平键连接。

普通平键连接如图 9-12 所示,键的两侧面是工作面,依靠键的侧面与轴上键槽及毂孔键槽的侧面接触来传递转矩。普通平键有圆头(A 型)、平头(B 型)和单圆头(C 型)三种,见表 9-4。

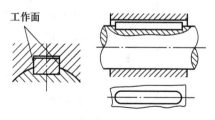

图 9-12 普通平键连接

表 9 – 4　普通平键和键槽的尺寸　　　　　　　　　mm

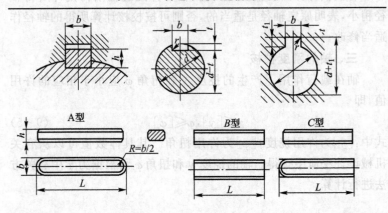

标记示例：

A 型　$b = 16$ mm、$h = 10$ mm、$L = 100$ mm，键 16×100　GB/T 1096—2003

B 型　$b = 16$ mm、$h = 10$ mm、$L = 100$ mm，键 B16×100　GB/T 1096—2003

C 型　$b = 16$ mm、$h = 10$ mm、$L = 100$ mm，键 C16×100　GB/T 1096—2003

轴的直径 d	键			键　槽	
	b	h	L	t	t_1
>12~17	5	5	10~56	3.0	2.3
>17~22	6	6	14~70	3.5	2.8
>22~30	8	7	18~90	4.0	3.3
>30~38	10	8	22~110	5.0	3.3
>38~44	12	8	28~140	5.0	3.3
>44~50	14	9	36~160	5.5	3.8
>50~58	16	10	45~180	6.0	4.3
>58~65	18	11	50~200	7.0	4.4

续表

轴的直径 d	键			键 槽	
	b	h	L	t	t_1
>65～75	20	12	56～220	7.5	4.9
>75～85	22	14	63～250	9.0	5.4
键长 L 系列	6,8,10,12,14,16,18,20,22,25,28,32,36,40,45,50,56,63,70,80,90,100,110,125,140,160,180,200,220,250,…				

导向平键连接如图 9-13 所示。导向平键较长,用螺钉固定在轴上的键槽中,轮毂可沿键作轴向移动。

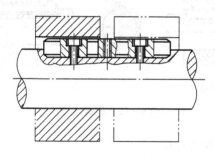

图 9-13 导向平键连接

(2)半圆键连接 半圆键连接如图 9-14 所示,键与轴上键槽呈半圆形,键的两侧面是工作面。半圆键能在键槽中摆动,以适

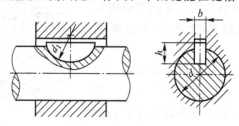

图 9-14 半圆键连接

应轮毂键槽底面的斜度,便于装拆。其缺点是键槽较深,对轴的强度削弱较大,所以只适用于轻载连接。

(3)楔键连接　楔键连接如图 9 – 15 所示,键的顶面和轮毂槽底面均具有 1∶100 的斜度,装配后,键的上下面楔紧在轴和轮毂之间,键的两侧面与键槽之间略有间隙。楔键连接主要靠键和轴、毂之间的楔紧作用来传递转矩,并能承受单向的轴向载荷。由于键楔紧在轴毂之间,使轴和轮毂产生偏心,故适用于对中要求不高和低速的场合。楔键有普通楔键(图 9 – 15a)和钩头楔键(图 9 – 15b)两种。

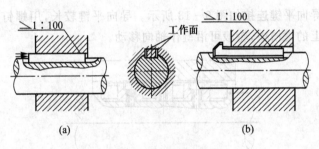

图 9 – 15　楔键连接

2. 平键连接的计算

键连接的类型可根据连接的特点和使用要求选择。平键的截面尺寸通常根据轴的直径从标准中选取。键长参照轮毂长度确定,一般键长应略短于轮毂长度。导向平键的长度则根据轮毂长度及其滑动距离而定。

平键连接工作时键及键槽的工作面受挤压,键又受剪切(图9–16)。普通平键连接主要失效形式是工作面被压溃,导向平键连接(动连接)主要是

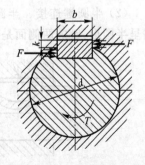

图 9 – 16　平键连接的计算

工作面磨损。除非有严重过载,一般不会发生键被剪断。因而平键连接通常按工作面上的挤压应力或压强进行校核计算。

设压力在工作面上均匀分布,普通平键连接的挤压应力 σ_p、导向平键连接(动连接)的压强 p 应分别满足条件

$$\sigma_p = \frac{F}{kl} = \frac{2T}{dkl} \leqslant [\sigma_p] \qquad (9-6)$$

$$p = \frac{2T}{dkl} \leqslant [p] \qquad (9-7)$$

式中:T 为传递的转矩,N·mm;d 为轴径,mm;k 为键与键槽的接触高度,$k \approx \frac{h}{2}$,h 为键的高度,mm;l 为键的工作长度,对 A 型键 $l = L - b$,L 为键长,b 为键宽,mm;$[\sigma_p]$、$[p]$ 为许用挤压应力和许用压强,见表 9-5。

表 9-5　键连接的许用挤压应力和许用压强　　　　MPa

许 用 值	连接中较弱零件的材料	载 荷 性 质		
		静 载 荷	轻 微 冲 击	冲 击
静连接时:$[\sigma_p]$	钢	125~150	100~120	60~90
	铸铁	70~80	50~60	30~45
动连接时:$[p]$	钢	50	40	30

注:如与键有相对滑动的被连接件表面经过淬火,则动连接的$[p]$可提高 2~3 倍。

二、花键连接

图 9-17 所示为花键连接。它由键与轴做成一体的花键轴和具有相应凹槽的毂孔组成。与普通平键比较,花键连接键齿多,其承载能力强,对中性好,具有良好的导向性。它适用于传递转矩较大或对中性要求较高、经常滑移的连接。花键连接按其齿形不同分为矩形花键(图 9-17b)和渐开线花键(图 9-17c)两种。

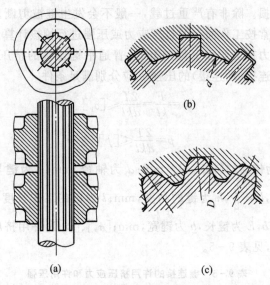

图 9 - 17　花键连接

三、过盈连接

过盈连接是利用配合零件间的过盈来实现连接(图 9 - 18)。过盈连接装配后,由于轮毂和轴的弹性变形,在配合面间产生很大的压力,工作时靠此压力产生的摩擦力来传递转矩或轴向力。

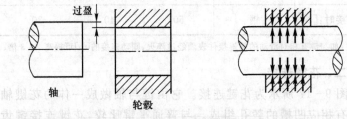

图 9 - 18　过盈连接

过盈连接结构简单、定心性好,承载能力较大并能承受振动和冲击,又可避免键槽对被连接件的削弱。但由于连接的承载能力直接取决于配合过盈量的大小,故对配合面加工精度要求较高。

四、胀套连接

图 9-19 所示胀套(胀紧连接套的简称)连接是在轴和毂孔之间放置一对(或数对)以内外锥面贴合的胀套。在轴向力作用下,内环缩小,外环胀大,形成过盈连接。这种连接的对中性好,装拆方便,有一定的承载能力,可避免零件因键槽而强度被削弱,但结构比较复杂。

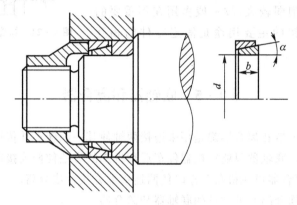

图 9-19 胀套连接

五、型面连接

型面连接是一种无键连接。如图 9-20 所示,型面连接是借

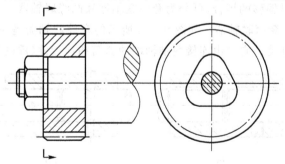

图 9-20 型面连接

助非圆剖面的轴和相应的毂孔来实现连
接。这种连接对中性比键连接好,应力集
中小,但制造复杂。

六、销连接

图9-21所示销连接通常只用于传递
不大的载荷,或作为安全装置。但销对轴
的强度削弱较大,故一般多用在不重要的
场合。销的主要用途是固定零件的相互
位置。

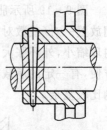

图9-21　销连接

§9-5　联轴器和离合器

联轴器和离合器都是用来连接两轴使其一起转动并传递转矩
的部件。联轴器只能在机器停车后用拆卸的方法使两连接部分分
离,而离合器可在机器工作时使两连接部分接合或分离。

下面介绍几种常见的联轴器和离合器。

一、联轴器

1. 刚性联轴器

刚性联轴器用于两轴之间连接必须严格对中,并在工作中不
发生相对偏移的场合,可分为套筒联轴器和凸缘联轴器。

(1)套筒联轴器　如图9-22所示的套筒联轴器是一种最简
单的联轴器。它是由连接两轴轴端的套筒和连接件(键或销钉)组

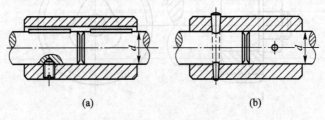

(a)　　　　　　　　　　　　　　(b)

图9-22　套筒联轴器

成的。这种联轴器结构简单,径向尺寸小,但被连接的两轴必须严格同心,也不能缓冲和吸振,装拆时轴需作轴向移动。通常用于传递转矩较小的场合。

(2)凸缘联轴器 图 9-23 所示凸缘联轴器由两个带凸缘的半联轴器 1、2 组成,半联轴器 1、2 用键与轴相连,再用螺栓 3 将两半联轴器连接起来。这种联轴器结构简单,能传递较大的转矩,但被连接的两轴必须严格对中,不能缓冲和吸振。一般用于转矩较大、两轴能很好对中以及冲击较小的场合。

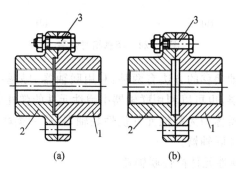

图 9-23 凸缘联轴器

凸缘联轴器有两种结构形式。图 9-23a 是利用两半联轴器的凸肩和凹槽定心,装拆时轴需作轴向移动。图 9-23b 是利用铰制孔螺栓定心,装拆时轴不需作轴向移动,故装拆较前一种方便。

2. 挠性联轴器

采用刚性联轴器的一个必要条件是两轴应保持对中。但由于制造、安装误差,两轴严格对中并非在任何情况下都能实现。图 9-24 所示为被连接的两轴可能发生的相对偏移情况。图中 x 为轴向偏移,y 为径向偏移,α 为角倾斜。图 9-24d 表示为综合偏移。在不能避免两轴线相对偏移的场合中采用刚性联轴器,将会在轴与联轴器中引起附加载荷,使轴、轴承、联轴器等工作情况恶化。在这种情况下应当采用能补偿两轴偏移的挠性联轴器。

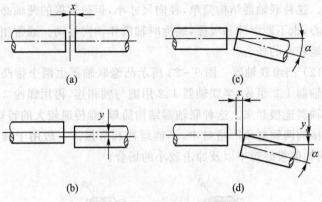

图 9 - 24　两轴相对偏移

补偿两轴偏移的方法有两种：利用联轴器中某些元件间的相对运动来补偿，也可以利用联轴器中弹性元件的弹性变形来补偿。前一类联轴器称为无弹性元件挠性联轴器，后一类联轴器称为有弹性元件挠性联轴器。

（1）无弹性元件挠性联轴器

1）滑块联轴器　如图 9 - 25 所示，滑块联轴器由两个端面开有径向凹槽的半联轴器 1、2 和一个两面都有凸榫的圆盘 3 组成。圆盘 3 的两凸榫的中线相互垂直并通过圆盘中心，两个半联轴器分别和主、从动轴连接在一起。当轴转动时，如两轴有相对径向偏移，圆盘上的两凸榫可在两半联轴器的凹槽中来回滑动。由于中间圆盘作偏心转动将产生离心力，为了避免离心力过大，尽量减小圆盘的重量，因此，常将圆盘制成空心式。为了防止圆盘凸榫和半联轴器凹槽过早磨损，应使工作表面具有足够的硬度，还应注意润滑。这类联轴器适用于低速场合。

2）齿轮联轴器　如图 9 - 26 所示，齿轮联轴器主要由两个带有外齿的半联轴器 1、2 和两个带有内齿的外套筒 3、4 组成。两半联轴器分别与主、从动轴相连，而两外壳用螺栓 5 连成一体，通过内外齿相互啮合而实现两半联轴器的连接。轮齿的齿廓为渐开

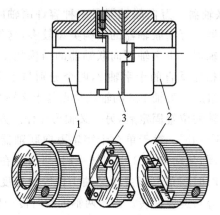

图 9-25 滑块联轴器

线,齿数一般在 $30\sim80$ 之间。在外壳的内腔装有润滑油,用来润滑轮齿,以减小啮合齿的磨损。齿轮联轴器具有良好的补偿两轴偏移的能力,传递转矩的能力比同尺寸的其他联轴器大得多,在重型机械中应用很广。但其结构复杂、笨重、制造成本高。

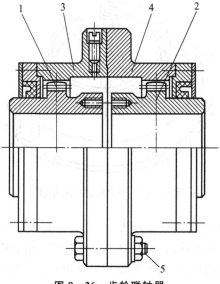

图 9-26 齿轮联轴器

3）万向联轴器 万向联轴器是一种容许两轴间有较大相对角偏移的联轴器。万向联轴器的结构类型较多，这里介绍常见的十字轴万向联轴器。十字轴万向联轴器的结构如图 9 - 27 所示。它由一个轴线相互垂直的十字轴 2，两个分别与十字轴的四端铰接的叉轴 1、3 组成。叉轴 1、3 的轴线交点与十字轴 2 的中心 O 相重合。当一叉轴的位置固定后，另一叉轴可在任意方向偏斜 α 角，通常 α 可达 35°～45°。对于单个十字轴万向联轴器，虽然其主动叉轴 1 回转一周，从动叉轴 3 也回转一周，但因存在 α 角，两叉轴的角速度并不时时相等。当主动叉轴 1 作等角速度回转时，从动叉轴 3 将作不等角速度回转。由于两轴的瞬时传动比不能保持恒定，因而引起附加动载荷。叉轴 3 转动时角速度 ω_3 的变化与两轴夹角 α 有关。当叉轴 1 以等角速度 ω_1 转动时，叉轴 3 的角速度 ω_3 的变化范围为

$$\omega_1 \cos \alpha \leqslant \omega_3 \leqslant \frac{\omega_1}{\cos \alpha}$$

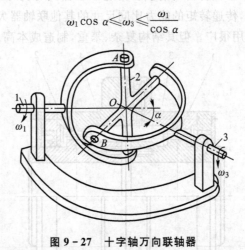

图 9 - 27 十字轴万向联轴器

由上式可见，两轴的夹角 α 越大，ω_3 变化也越大，产生的动载荷也越大。为了消除上述缺点，常将十字轴万向联轴器成对使用，称为双万向联轴器，如图 9 - 28 所示。它是用一个中间轴将两个十字

轴万向联轴器连接起来。中间轴常制成两段,并采用可滑移的花键连接,以适应两单万向联轴器的中心 O_1、O_3 之间距离的变化。要使双万向联轴器的主、从动轴实现同步转动,必须满足下列三个条件:

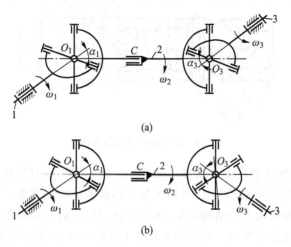

图 9-28 双万向联轴器

1) 两中间轴、主动轴和从动轴三轴的轴线应在同一平面内;

2) 中间轴两端的叉面应位于同一平面内;

3) 中间轴与主、从动轴之间的轴间夹角 α 应相等。

双万向联轴器可用来连接两平行轴或两相交轴,如图 9-28a、b 所示。图 9-29 所示为小型十字轴万向联轴器的结构。十字轴万向联轴器由于能连接夹角较大的相交轴和距离较远的两平行轴,其结构紧凑、工作可靠、维护方便,因此广泛应用于许多机械中。

(2) 有弹性元件挠性联轴器　在这类挠性联轴器中因装有弹性零件,所以不仅可以补偿两轴的线位移和角位移,而且具有缓冲和吸振的能力。它适用于受变载荷、起动频繁、经常正反向转动以及两轴不便于严格对中的场合。制造弹性元件的材料有金属和非金属两种。由橡胶和尼龙等非金属材料制成的弹性零件结构较简单,有较好的缓冲能力,同时橡胶和尼龙具有较好的阻尼特性,对扭转振动起着良好的消振作用,近年来获得广泛应用。

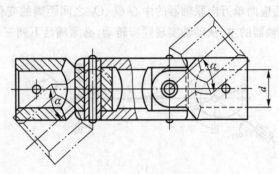

图 9 - 29　小型万向联轴器

1) 弹性套柱销联轴器　图 9 - 30 所示弹性套柱销联轴器的结构与凸缘联轴器相似,只是用套有弹性圈的柱销代替了连接螺栓。这种联轴器的结构简单,更换方便,易于制造,能补偿两轴轴线间的位移和偏斜。它适用于经常正反转、起动频繁的场合。

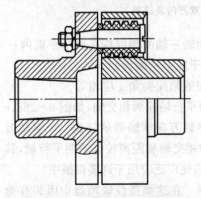

图 9 - 30　弹性套柱销联轴器

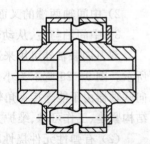

图 9 - 31　弹性柱销联轴器

2) 弹性柱销联轴器　图 9 - 31 所示弹性柱销联轴器主要由两个半联轴器和尼龙柱销组成。为了防止柱销滑出,在柱销孔外侧设置了挡板。这种联轴器与弹性套柱销联轴器很相似,但传递转矩的能力较大,结构更为简单,安装、制造方便,耐久性好,适用于轴向窜动量较大、正反转变化较快和起动频繁的场合。

3. 联轴器的选择

联轴器的选择包括类型选择和尺寸选择。联轴器多已标准化和系列化。对于已标准化的联轴器,通常可先根据机械的工作要求(例如轴的同心条件、载荷、速度、安装、维修、工作温度、绝缘要求以及制造等因素)选定适当的类型。然后根据轴的直径、转速和转矩,从标准中选择适当的型号和尺寸。必要时,可根据转矩对其中某些零件进行校核验算。

在选择和计算联轴器时,考虑到机械起动、制动时的惯性力和工作过程中过载等因素的影响,应将联轴器传递的名义转矩适当增大,即按计算转矩 T_c 进行联轴器的选择和计算。计算转矩 T_c 按下式确定

$$T_c = K_A T \tag{9-8}$$

式中:T 为名义转矩;K_A 为工作情况系数,其值见表 9-6。

表 9-6 工作情况系数 K_A

	原 动 机	
	电动机、汽轮机	内燃机
转矩变化很小,如发电机、小型通风机、小型离心泵	1.3	1.5~2.2
转矩变化小,如木工机床、运输机	1.5	1.7~2.4
转矩变化中等,如搅拌机、有飞轮的压缩机、冲床	1.7	1.9~2.6
转矩变化和冲击载荷中等,如织布机、水泥搅拌机、拖拉机	1.9	2.1~2.8
转矩变化和冲击载荷大,如造纸机、挖掘机、起重机、碎石机	2.3	2.5~3.2
转矩变化大并有强烈冲击,如压延机、重型初轧机	3.1	3.3~4.0

注:原动机为内燃机时,多缸 K_A 取小值,单缸或双缸 K_A 取大值。

二、离合器

离合器的类型很多,按其接合元件工作原理,可分为嵌合式和摩擦式。嵌合式离合器能保证被连接两轴同步运转,但只宜在停车或转速差很小时离合。摩擦离合器则可在任何不同的转速下离合。

按离合方法不同,离合器又可分为操纵离合器和自动离合器两类。前者按操纵方法又有机械式、气压式、液压式和电磁式等。自动离合器则能够在特定的工作条件下(如一定的转矩、一定的回转方向或达到一定的转速)自动分离或接合,如安全离合器、超越离合器等。

1. 牙嵌离合器

嵌合式离合器有牙嵌式、齿轮式等多种形式,这里只讲牙嵌离合器。

图 9-32 所示为牙嵌离合器,它由端面有爪的两个半离合器 1、2 组成。可动的半离合器 2 与轴用导键 3(或花键)连接。为了使两轴能很好对中,在不动的半离合器 1 上固定有对心环 4,从动轴端可以在其中自动转动。利用杠杆带动拨叉 5 使可动半离合器沿轴向移动,从而实现离合器的接合或分离。

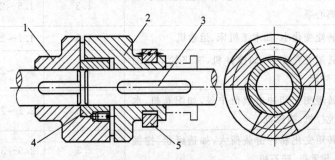

图 9-32　牙嵌离合器

牙嵌离合器的牙形有矩形、梯形、锯齿形(图 9-33)和三角形。矩形牙不便于接合和分离,故很少采用。梯形牙容易接合,牙的强度较高,能传递较大的转矩,同时梯形牙能自动补偿牙的磨损与间隙,可减少冲击,故应用较广。

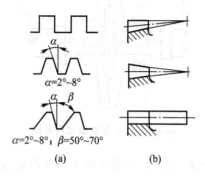

$\alpha=2°\sim8°$

$\alpha=2°\sim8°$；$\beta=50°\sim70°$

(a)   (b)

图 9-33 牙嵌离合器的牙型

牙嵌式离合器只适用于速度较低和不需在运转过程中接合的场合。

2. 圆盘摩擦离合器

摩擦离合器靠两接触表面之间的摩擦力来传递转矩。它可以在任何不同转速条件下进行离合;能减小接合时的冲击和振动,实现较平稳的接合;当过载时,离合器打滑,可避免损坏其他重要零件,起着安全装置的作用。对于必须经常起动、制动或频繁改变速度大小和方向的机械(如汽车、拖拉机等),摩擦离合器是一个重要的部件。

摩擦离合器的形式很多,其中以圆盘摩擦离合器应用最广。图 9-34 所示为一单圆盘摩擦离合器。主动摩擦盘 2 与主动轴 1 用键连接,从动摩擦盘 3 与从动轴 4 通过导向键连接。工作时,利用操纵装置对从动摩擦盘 3 上的滑环 5 施加一轴向压力 F_Q,使从动摩擦盘 3 向右移动与主动摩擦盘 2 接触并压紧,从而在两圆盘的接合面间产生摩擦力以传递转矩。单圆盘摩擦离合器结构简单,散热性好,但传递的转矩较小。

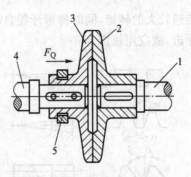

图 9 - 34　单圆盘摩擦离合器

　　为了传递较大的转矩,可采用图 9 - 35 所示的多圆盘摩擦离合器。其主动轴 1 用键与外鼓轮 2 相连;从动轴 3 也用键与内套筒 4 相连。它有两组摩擦片,一组外摩擦片 5 的外圆与外鼓轮之间通过花键连接,而其内孔不与其他零件接触;另一组内摩擦片 6 的内孔与内套筒之间也通过花键相连,其外圆不与其他零件接触。当滑环 7 沿轴向移动时,将拨动曲臂压杆 8,使压板 9 压紧或松

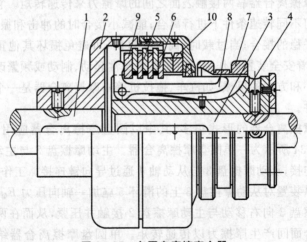

图 9 - 35　多圆盘摩擦离合器

开内、外两组摩擦片,从而使主、从动轴接合或分离。调节螺母 10 用以调节内、外两组摩擦片之间的间隙。

多圆盘摩擦离合器可以通过增加摩擦片的数目,而不增加轴向压力来传递较大的转矩,故其径向尺寸较小,但摩擦片数目不能过多,否则将影响分离的灵活性。此外,中间摩擦片的冷却比较困难。因而一般摩擦片数目不多于 12～15 对。

摩擦离合器除采用上述杠杆机构压紧外,还常利用液压、气压、电磁力来压紧。利用电磁力压紧的摩擦离合器称为电磁摩擦离合器,其动作迅速,操纵方便,适于远距离操纵和自动控制,因而应用广泛。

3. 超越离合器

超越离合器是一种具有利用主、从部分的旋转方向或转速大小的变化而自行离合功能的离合器。

图 9-36 所示为滚柱超越离合器。在星轮 1 与外壳 2 之间的楔形槽中放置滚柱 3,并用弹簧将滚柱压向楔形槽的窄处,以保持滚柱与外壳、星轮之间的接触。当星轮沿顺时针方向旋转时,滚

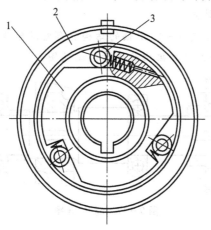

图 9-36 超越离合器

柱被楔紧在槽内,因而外壳将随星轮一同旋转,离合器即处于接合状态。当星轮逆时针旋转时,滚柱即滚至楔槽的宽阔处,外壳与星轮脱开,离合器即处于分离状态。

　　如星轮和外壳分别从两个系统同时获得顺时针方向转动,当外壳的转速比星轮转速低时,离合器就接合起来;当外壳转速比星轮转速高时,则离合器分离。星轮或外壳均可作为主动件,但无论哪一个是主动件,当从动件的转速超过主动件时,从动件均不可能反过来驱动主动件,即离合器处于分离状态。由于这种离合器具有从动件的转速可以超过主动件转速的特点,故称其为超越离合器。

　　滚柱超越离合器结构紧凑,接合及分离平稳,可以在高速下工作,但对制造精度要求较高。

习　　题

　　9-1　什么叫转轴、心轴、传动轴?试从实际机器中举例说明其特点。

　　9-2　轴上零件为什么需要轴向定位和周向固定?试说明其定位的方法及特点。

　　9-3　指出图9-37中轴的结构有哪些不合理和不完善的地方,并提出改进意见和画出改进后的结构图。

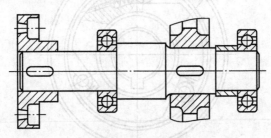

图9-37　题9-3图

　　9-4　公式 $d \geqslant A\sqrt[3]{\dfrac{P}{n}}$ 有何用处?其中 A 值取决于什么?计

算出的 d 应作为轴上哪一部分的直径？

9-5　图9-38所示为二级斜齿圆柱齿轮减速器($z_1 = 22$，$z_2 = 77, z_3 = 21, z_4 = 78$)，由高速轴Ⅰ输入的功率 $P = 40$ kW，转速 $n_1 = 590$ r/min，轴的材料为45钢。试估算三根轴的轴径。

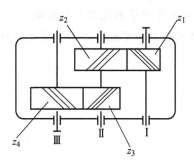

图9-38　题9-5图

9-6　按当量弯矩计算轴的直径时，对于转矩 T 为什么要乘以 α？α 的意义是什么？

9-7　图9-39所示为单级直齿圆柱齿轮减速器的输出轴。已知轴的转速 $n = 90$ r/min，传递功率 $P = 3$ kW，齿轮分度圆直径 $d = 300$ mm，齿宽 $B = 80$ mm，轴的支承间的距离 $L = 130$ mm，齿轮在轴承间对称布置，轴的材料为45钢正火处理。试设计此轴。

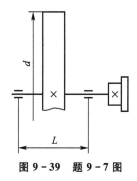

图9-39　题9-7图

9-8　轴上装齿轮处的轴段直径为60 mm，齿轮轮毂宽度为

70 mm,传递的转矩为 5×10^5 N·mm,有轻微冲击,齿轮和轴的材料均为 45 钢,齿轮与轴采用普通平键连接。试确定该键连接的尺寸。

9-9　常见的联轴器有哪些主要类型?其结构特点和使用范围如何?试从实际机器中举例说明其应用场合。

9-10　牙嵌离合器和摩擦离合器各有什么特点?

第十章 轴 承

[内容提要]

1. 介绍常见滑动轴承的结构、轴瓦材料,非液体摩擦滑动轴承的设计计算、液体动压轴承和流体静压轴承、形成流体动压油膜的条件;

2. 介绍滚动轴承的常见类型、特点,滚动轴装置设计注意事项、润滑密封方法;

3. 重点介绍了滚动轴承代号、基本额定寿命、基本额定动载荷、当量动载荷,基本额定寿命的计算。

轴承是支承轴及轴上回转零件的构件。

根据轴承工作时的摩擦性质,可分为滑动摩擦轴承(简称滑动轴承)和滚动摩擦轴承(简称滚动轴承)。

§10-1 滑动轴承的类型、结构和材料

滑动轴承按其工作表面的摩擦状态不同,可分为液体摩擦滑动轴承和非液体摩擦滑动轴承。液体摩擦滑动轴承的轴颈与轴承的工作表面完全被油膜隔开,所以摩擦系数很小。非液体摩擦滑动轴承的轴颈与轴承工作表面之间虽有润滑油存在,但在表面间仍有局部凸起部分发生直接接触,因此摩擦系数较大,容易磨损。

按照承受载荷的方向,滑动轴承又可分为径向滑动轴承和止推滑动轴承。前者承受径向载荷,后者承受轴向载荷。

这里主要介绍非液体摩擦滑动轴承。

一、径向滑动轴承

1. 整体式滑动轴承

如图 10-1 所示,整体式滑动轴承由轴承座 1、轴套 2 等组成。油孔 3 用来引入润滑油。这种轴承的结构简单,成本低,但装拆时

必须通过轴端,而且磨损后轴颈和轴瓦之间的间隙无法调整,故多用于轻载、低速和间歇工作且不甚重要的场合。

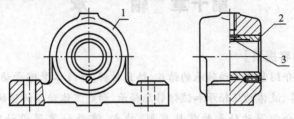

图 10 - 1 整体式滑动轴承

2. 对开式滑动轴承

如图 10 - 2 所示,对开式正滑动轴承是由轴承座 1、轴承盖 2、剖分的上下轴瓦 3 及螺柱 4 等组成。为使轴承盖和轴承座很好地对中和防止工作时移动,在剖分面上设有定位止口。剖分面间放有少量垫片,以便在轴瓦磨损后,借助减少垫片厚度来调整轴承间隙。轴承所受的径向力方向一般不超过对开剖分面垂直线左右 35°的范围,否则应采用对开式斜滑动轴承(图 10 - 3)。

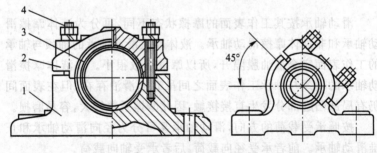

图 10 - 2 对开式正滑动轴承　　**图 10 - 3 对开式斜滑动轴承**

对开式滑动轴承便于装拆和调整间隙,因此得到广泛应用。

3. 自动调心滑动轴承

安装误差或轴的弯曲变形较大都会造成轴承两端局部接触(图 10 - 4),使轴瓦局部严重磨损。轴承宽度越大,这种情况越严重。当轴承的宽度 L 与轴颈直径 d 之比(称为宽径比)$\dfrac{L}{d}>1.5$ 时,可以采用自动调心滑动轴承,如图 10-5 所示。这种轴承的轴瓦 1 的外表面制成球面,与轴承盖 2 及轴承座 3 上的凹球面相配合。当轴变形时,轴瓦可随轴自动调位,使轴颈与轴瓦均匀接触。

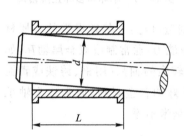

图 10-4　轴瓦端部的局部接触

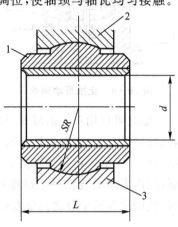

图 10-5　自动调心滑动轴承

二、止推滑动轴承

如图 10-6 所示,止推滑动轴承由轴承座 1、衬套 2、向心轴瓦 3 和止推轴瓦 4 组成。为了便于对中,止推轴瓦底部制成球面,销钉 5 用来防止止推轴瓦 4 随轴转动。润滑油从下部油管注入,从上部油管导出。向心轴瓦 3 用来保证轴的准确位置和承受径向载荷。

止推滑动轴承除了以轴的端面为工作面外,还可将止推轴颈做成环形的和多环形的(图 10-7)。多环轴颈可以承受较大的双向轴向载荷。

三、轴瓦

轴瓦是轴承中直接与轴颈接触的部分。轴瓦的结构和材料选择直接影响滑动轴承的工作能力和使用寿命。

轴瓦可以制成整体式和剖分式两种。图 10-8 所示为剖分式轴瓦,其两端的凸肩用以防止轴瓦的轴向窜动,并能承受一定的轴向力。

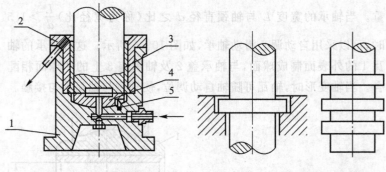

图 10 - 6　止推滑动轴承　　　　　图 10 - 7　单环和多环止推轴颈

　　轴瓦可以用单一的减摩材料制造,但为了节省贵重的金属材料(如轴承合金)及提高轴承的工作能力,通常制成双金属轴瓦,如图 10 - 9 所示。在强度较高、价格较廉的轴瓦(用钢、铸铁或青铜制造)内表面上浇注一层减摩性更好的合金材料,通常称为轴承衬,其厚度在从十分之几毫米到 6 毫米不等。

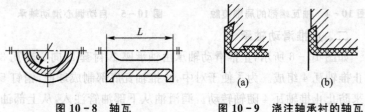

图 10 - 8　轴瓦　　　　　图 10 - 9　浇注轴承衬的轴瓦

　　为了使润滑油能够很好地分布到轴瓦的整个工作表面,在轴瓦的非承载区上要开出油沟和油孔。常见的油沟形式如图10 - 10所示。图 10 - 10a 所示为轴向油沟,润滑油沿轴向输入并充满油沟,通过轴颈转动使油分布于周向;图 10 - 10b 为斜向油沟,为了使油在整个接触面上均匀分布,油沟沿轴向应有足够的长度,通常取为轴瓦宽度的 80% 左右,但不应开通,以免油从轴瓦两端大量流失。此外,油沟的部位应开在非承载区,使润滑油从非承载区引入,以免降低轴承的承载能力。

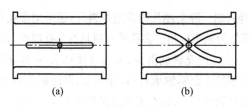

(a)   (b)

图 10−10 油沟

四、轴承材料

轴承材料是轴瓦和轴承衬材料的统称。轴承材料应具有足够的强度和塑性(即耐压、耐冲击、疲劳强度高及塑性好),良好的减摩性(摩擦系数小)和耐磨性,容易磨合(轴瓦工作时,易于降低表面粗糙度值,使之很好地与轴颈表面贴合),良好的导热、耐腐蚀和抗胶合性能以及工艺性好和价格低廉。

一种材料要完全具备上述性能是不可能的,而且某些性能彼此矛盾,因此,需要综合考虑轴承所承受的载荷大小、轴颈转速高低等具体情况,合理选择材料。

常用的轴瓦和轴承衬材料有下列几种:

(1)轴承合金(又称巴氏合金) 这种材料主要是锡(Sn)、铅(Pb)、锑(Sb)、铜(Cu)的合金。它可分为锡基和铅基两种,分别以锡和铅为软基体,其中夹杂着锑锡和铜锡的硬晶粒。硬晶粒起抗磨作用,而软基体可增加材料的塑性。受载后,硬晶粒嵌在软基体内,使承载面积增大。这种材料的嵌入性及磨合性好,抗胶合能力较强,多用于重载和高速的场合,因其价格高(含锡量高)、强度低,故将它贴附在轴瓦上作轴承衬使用(图 10−9)。

(2)青铜 青铜具有较好的减摩性和耐磨性,其强度比轴承合金高,价格较轴承合金低,但其嵌入性、磨合性等不如轴承合金。青铜广泛用于中低速、重载轴承。

(3)铸铁 它的各种性能均不如轴承合金和青铜,但价格低廉,可适用于低速不重要的轴承。

（4）其他材料　除上述几种常用材料外，还采用多孔质金属（粉末冶金）、塑料等作为轴承材料。多孔质材料具有多孔组织，将这种轴瓦在热油中浸透后，孔隙内充满润滑油，称为含油轴承，它具有自润滑性能。塑料是应用最多的非金属轴承材料，如尼龙、聚四氟乙烯、酚醛塑料等。塑料轴承具有自润滑性，可以在无润滑条件下工作，也可用油或水润滑。

常用金属轴瓦材料及其性能见表 10-1。

表 10-1　常用金属轴瓦材料

轴瓦材料		许　用　值		最小轴颈硬度 HBS	备　　注
		$[p]$/MPa	$[pv]$/ (MPa·m/s)		
锡基轴承合金	ZSnSb8Cu4 ZSnSb11Cu6	稳定　25	20	150	用于高速重载的重要轴承，价格较高
		冲击　20	15		
铅基轴承合金	ZPbSb15SnCu3Cd2	5	5	150	用于中速、中载轴承，不宜受显著冲击，可作为锡锑轴承合金代用品
	ZPbSb16Sn16Cu2	15	10		
锡青铜	ZCuSn10P1	15	15	300	用于中速、重载及变载荷轴承
	ZCuSn5Pb5Zn5	8	15	250	用于中速、中载轴承
铝青铜	ZCuAl10Fe3	15	12	300	适用于润滑充分的低速、重载轴承
铅青铜	ZCuPb30	25	30	270	用于高速、重载轴承，能承受变载和冲击

§10-2　非液体摩擦滑动轴承的计算

非液体摩擦滑动轴承至今还没有完善的计算方法,一般是从限制轴承压强 p 及其与轴颈圆周速度 v 的乘积 pv 来进行条件性计算。这里只介绍径向滑动轴承的计算。

滑动轴承设计时通常已知轴颈直径 d、转速 n、轴承承受的载荷和使用要求。设计步骤大致如下。

1. 选择轴瓦材料

根据工作条件参照表 10-1 选择轴瓦材料。

2. 确定轴承宽度 L

轴承的宽径比 $\dfrac{L}{d}$ 小,则轴向尺寸较小。但 $\dfrac{L}{d}$ 减小,轴承的承载能力随之降低,通常 $\dfrac{L}{d}=0.5\sim1.5$。高速重载轴承,宽径比取小值;低速重载轴承取较大值;要求较大支承刚性时,宜取较大值。

3. 校核平均压强 p

为了使轴承不发生过度磨损,压强 p(MPa)应满足下列条件(图 10-11):

$$p=\frac{F_{\mathrm{r}}}{dL}\leqslant[p] \qquad (10-1)$$

式中:$[p]$ 为许用压强,MPa,见表 10-1;F_{r} 为轴承所承受的径向载荷,N;d 和 L 分别为轴颈的直径和轴承宽度,mm。

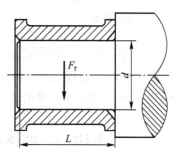

图 10-11　径向滑动轴承计算

4. 校核 pv

对于速度较高的轴承,为保证工作时不致因过度发热产生胶合,应限制轴承单位面积上摩擦功率 fpv(f 为摩擦系数)。f 可近似认为是常数,因此,pv 值间接反映了轴承的温升。pv(MPa·m/s)值应满足下列条件:

$$pv = \frac{F_r}{dL} \cdot \frac{\pi dn}{60 \times 1\,000} = \frac{F_r n}{19\,100L} \leqslant [pv] \qquad (10-2)$$

式中:n 为轴的转速,r/min;$[pv]$ 为 pv 的许用值,MPa·m/s,见表 10-1。

当验算结果不能满足要求时,可改用较好的轴瓦材料或加大轴承尺寸 d 和 L。

5. 确定轴颈与轴瓦之间的间隙

通常是选择适当的配合以得到合适的间隙。常用的配合有 $\frac{H7}{f7}$、$\frac{H8}{f8}$、$\frac{H8}{e8}$、$\frac{H9}{e9}$、$\frac{H10}{d10}$ 等。

例 10-1 已知一减速器中滑动轴承的材料为 ZPbSb16Sn16Cu2,承受的径向载荷 $F_r = 35\,000$ N,轴径 $d = 190$ mm,轴承宽度 $L = 250$ mm,转速 $n = 150$ r/min,试校核该轴承是否可用。

解 (1)校核压强 p

$$p = \frac{F_r}{dL} = \frac{35\,000}{190 \times 250} \text{ MPa} \approx 0.74 \text{ MPa}$$

(2)校核 pv

$$pv = \frac{F_r n}{19\,100L} = \frac{35\,000 \times 150}{19\,100 \times 250} \text{ MPa·m/s} = 1.099 \text{ MPa·m/s}$$

由表 10-1 查得 ZPbSb16Sn16Cu2 的 $[p] = 15$ MPa 和 $[pv] = 10$ MPa·m/s,均大于计算的 p 和 pv 值,故该轴承可用。

*§10-3　液体摩擦滑动轴承简介

轴颈与轴承工作表面之间的理想摩擦状态是液体摩擦。根据油膜形成的方法,液体摩擦轴承分为动压轴承和静压轴承。

一、液体动压轴承

如图 10-12a 所示,轴颈与轴承孔之间有一定间隙,静止时,在载荷 F_Q 的作用下轴在孔内处于偏心的位置,形成楔形间隙。当轴转动时,将油带进间隙。随着轴的转速增高,带进的油量增多,而油又具有一定的粘度和不可压缩性,来不及流出的油就会在楔形间隙内产生一定的压力,形成一个压力区。随着转速继续增高,楔形间隙中压力逐渐加大,当压力能够克服外载荷 F_Q 时,就会将轴浮起,当形成的最小间隙 h_{min} 大于两表面粗糙度的高度之和时,即当轴和轴承的工作表面完全被一层具有一定压力的油膜隔开时,就形成液体摩擦(图 10-12b)。

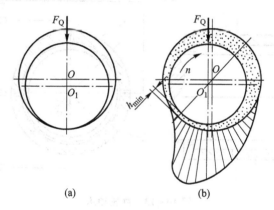

(a)   (b)

图 10-12 动压轴承的工作原理

由上面的叙述可知,形成这种压力油膜需要具备以下条件:

1) 有一个收敛的楔形间隙;

2) 有一定的相对运动速度;

3) 润滑油有适当的粘度;

4) 供油充分;

5) 轴和轴承工作表面的粗糙度值要小。

对于一些重要轴承,为了保证能形成液体摩擦所需的油膜,需要进行专门的设计和计算。

二、液体静压轴承

如图 10-13 所示,在轴瓦的内表面上开有几个对称的油腔 1。利用油泵供应具有一定压力的油,经过节流系统 3 分别进入油腔 1。进入各油腔的油经过油腔四周的间隙流到轴承两端和油腔间的回油槽 2 流回油池。当无外载荷时,各油腔压力相等,轴颈与轴承同心。

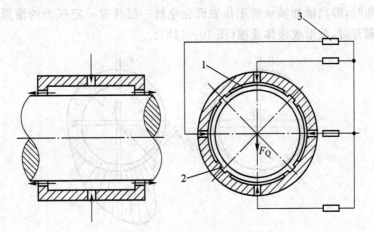

图 10-13 静压轴承

当外载荷作用时,依靠油路系统中的节流装置 3 自动调节各油腔的压力,使各油腔对轴的作用力与外载荷 F_Q 保持平衡,使轴承能在液体摩擦状态下工作。

§10-4 滚动轴承的类型和代号

一、滚动轴承的类型

滚动轴承的摩擦阻力小,是标准件,由专门工厂成批生产,选用和维护方便,故应用广泛。

如图 10-14 所示,滚动轴承一般是由外圈 1、内圈 2、滚动体 3 和保持架 4 组成。滚动体在内、外圈滚道上滚动。保持架把滚动体彼此隔开并使其沿圆周均匀分布,避免滚动体之间相互接触,使摩擦和磨损减小。滚动体是滚动轴承的基本元件,其大小和数量直接影响轴承的承载能力。滚动体有多种形状,如图 10-15 所示。

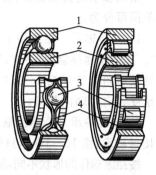

图 10-14　滚动轴承的结构

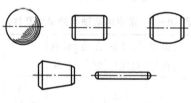

图 10-15　滚动体的形状

滚动体与轴承套圈接触处的法线与轴承径向平面(垂直于轴承轴心线的平面)之间的夹角 α 称为公称接触角(图 10-16)。

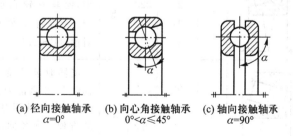

(a) 径向接触轴承　　(b) 向心角接触轴承　　(c) 轴向接触轴承
　　$\alpha=0°$　　　　　　$0°<\alpha\leqslant45°$　　　　　　$\alpha=90°$

图 10-16　滚动轴承的公称接触角

滚动轴承的类型很多,按其能承受的载荷方向或公称接触角的不同可分为:

1) 向心轴承　主要用于承受径向载荷,其公称接触角为0°至45°。其中公称接触角 $\alpha = 0°$ 的轴承为径向接触轴承(图10-16a);公称接触角大于0°至45°的为向心角接触轴承(图10-16b),能同时承受径向和轴向载荷。

2) 推力轴承　公称接触角大于45°至90°,其中 $\alpha = 90°$ 的为轴向接触轴承(图10-16c),只能承受轴向载荷。

按照滚动体的形状不同,滚动轴承可分为球轴承和滚子轴承两大类。滚子轴承又可分为圆柱滚子轴承、圆锥滚子轴承、滚针轴承等。

常用滚动轴承的类型及性能特点见表10-2。

表 10-2　常用滚动轴承的类型及性能

轴承类型	简　图	类型代号	尺寸系列代号	组合代号	极限转速	性　能　特　点
调心球轴承		1 (1) 1 (1)	(0)2 22 (0)3 23	12 22 13 23	中	调心性能好,允许内、外圈轴线相对偏斜 $1.5° \sim 3°$。可承受径向载荷及不大的轴向载荷,不宜承受纯轴向载荷
调心滚子轴承		2	22 23 31 32	222 223 231 232	低	性能与调心球轴承相似,但具有较高承载能力。允许内、外圈轴线相对偏斜 $1° \sim 2.5°$
圆锥滚子轴承		3	02 03 22 23	302 303 322 323	中	能同时承受径向和轴向载荷,承载能力大。这类轴承内、外圈分离,安装方便。在径向载荷作用下,将产生附加轴向力,因此一般都成对使用

续表

轴承类型		简　图	类型代号	尺寸系列代号	组合代号	极限转速	性　能　特　点
推力球轴承	单向		5	11 12 13 14	511 512 513 514	低	只能承受轴向载荷。安装时轴线必须与轴承座底面垂直。在工作时应保持一定的轴向载荷。双向推力轴承能承受双向轴向载荷
	双向		5	22 23 24	522 523 524		
深沟球轴承			6	(1)0 (0)2 (0)3 (0)4	60 62 63 64	高	主要承受径向载荷，也可承受一定的轴向载荷，摩擦阻力小。在转速较高而不宜采用推力轴承时，可用来承受纯轴向载荷。价格低廉，应用广泛
角接触球轴承			7	(1)0 (0)2 (0)3 (0)4	70 72 73 74	高	能同时承受径向和轴向载荷，并可以承受纯轴向载荷。在承受径向载荷时，将产生附加轴向力，因此一般都成对使用。轴承接触角 α 有 15°、25°和40°三种。轴向承载能力随接触角的增大而提高

续表

轴承类型	简　图	类型代号	尺寸系列代号	组合代号	极限转速	性 能 特 点
圆柱滚子轴承		N	10 (0)2 22 (0)3 (0)4	N10 N2 N22 N3 N4	高	能承受较大径向载荷。内、外圈分离，可作轴向相对移动，不能承受轴向载荷。另有 NU、NJ、NF 等形式
滚针轴承		NA	49	轴承基本代号NA4900	低	径向尺寸小，只能承受径向载荷，价格低廉。内、外圈分离，可作少量轴向相对移动

注：1. 轴承类型名称及代号按 GB/T 272—1993。

2. 表中括号内的数字在组合代号中省略。

二、滚动轴承的代号

滚动轴承的类型、结构及尺寸规格很多，为了便于生产和使用，规定了轴承的代号。国家标准 GB/T 272—1993 规定的轴承代号由基本代号、前置代号和后置代号构成，如表 10-3 所示。

表 10-3　滚动轴承代号的构成

前 置 代 号	基 本 代 号				后 置 代 号
轴承分部件代号	类型代号	尺寸系列代号		内径代号	轴承的结构、特殊材料、公差等级等代号
		宽度或高度系列代号	直径系列代号		

1. 基本代号

基本代号由类型代号、尺寸系列代号和内径代号依次排列构成。

（1）类型代号　用数字或字母表示。常用滚动轴承的类型代号见表 10 - 2。

（2）内径代号　用基本代号右起第一、二位数字表示。对于内径为 20～480 mm 的轴承，代号数乘以 5 即为轴承内径值（mm）。内径小于 20 mm，等于和大于 500 mm 及等于 22 mm、28 mm、32mm 的轴承，其内径代号另有规定。

（3）尺寸系列代号　轴承的尺寸系列是宽度系列（对于推力轴承是高度系列）和直径系列的组合，表示内径相同的轴承可具有不同的外径和宽度（或高度）。尺寸系列代号由两位数字构成，左面的数字表示宽度（或高度）系列，右面数字表示直径系列，代号见表 10 - 4。

表 10 - 4　滚动轴承宽度（高度）系列、直径系列代号

轴 承 种 类	宽度（高度）系列代号	直径系列代号
向心轴承	8,0,1,2,3,4,5,6 →	7,8,9,0,1,2,3,4 →
推力轴承	7,9,1,2 →	0,1,2,3,4,5 →

注：箭头表示尺寸递增。

常用轴承的尺寸系列代号及由轴承类型代号与尺寸系列代号组成的组合代号见表 10 - 2。

2. 前置代号、后置代号

前置代号和后置代号表示轴承结构形状、材料、密封、公差等级等的改变，其内容较多，下面介绍后置代号中的两个常用代号。

（1）内部结构代号　用字母表示轴承内部结构的改变。如：角接触球轴承的公称接触角 α 有 15°、25°和 40°三种，分别用 C、AC 和 B 紧跟着基本代号表示。

（2）轴承公差等级代号　轴承公差等级有 0、6、6x、5、4、2 级，共有 6 个级别，2 级最高。其代号分别为/P0、/P6、/P6x、/P5、/P4 和/P2。0 级为普通级，在轴承代号中不标出。

以上介绍的是滚动轴承代号的最基本、常用的部分，轴承详细的代号方法可查阅有关资料。

轴承代号示例：

1）6210/P4——表示内径为 50 mm、尺寸系列为 02、公差等级为 4 级的深沟球轴承；

2）7308AC——表示内径为 40 mm、尺寸系列为 03、公称接触角 $\alpha=25°$的普通级角接触球轴承。

三、滚动轴承类型的选择

滚动轴承的类型应根据载荷情况、转速高低、空间位置、调心性能以及其他要求进行选择。具体选择时可参考以下几点：

（1）球轴承承载能力较低，抗冲击能力较差，但旋转精度和极限转速较高，适用于轻载、高速和要求旋转精度高的场合；滚子轴承承载能力较强，抗冲击能力较强，多用于转速较低、载荷较大或有冲击载荷的场合。

（2）同时承受径向和轴向载荷时，一般选用角接触球轴承或圆锥滚子轴承；若轴向载荷较小时，可选用深沟球轴承；当轴向载荷较大时，可选用推力轴承和深沟球轴承的组合结构，分别承受轴向载荷和径向载荷。

（3）如轴的两轴承座孔的同轴度难以保证，或轴受载后发生较大的挠曲变形，可选用调心轴承。

（4）对于需要经常装拆或装拆困难的场合，可选用内、外圈分离的轴承（如圆锥滚子轴承）、带内锥孔的轴承等。

（5）选择轴承类型时还要考虑经济性。一般球轴承比滚子轴承便宜；公差等级越高，轴的价格越高。

§10-5　滚动轴承的寿命和选择计算

一、滚动轴承的失效形式

轴承有多种失效形式。对于制造良好、安装和维护正常的轴承，最常见的失效形式是疲劳点蚀和塑性变形。此外，一些密封不好、润滑不良的轴承或在多尘条件下工作的轴承，滚动表面会发生磨损。其他还有内、外圈断裂，保持架损坏、锈蚀等失效形式。

二、滚动轴承的寿命

滚动轴承多因疲劳点蚀而失效。在一定载荷作用下，轴承的内圈、外圈或滚动体中任一件上出现疲劳点蚀前转过的总转数，或在一定的转速下工作的总小时数称为轴承的寿命。对于一批同型号的轴承，在相同的条件下运转，由于材料、热处理、加工、装配等不可能完全一样，各轴承的寿命并不相同，有时相差很多倍。所以不能以单个轴承的寿命作为计算的依据，而是以基本额定寿命作为计算标准。

轴承的基本额定寿命 L 是指一批同型号的轴承，在相同的条件下运转，当有 10% 的轴承发生疲劳点蚀时，轴承所经历的总转数，或在一定的转速下运转的小时数。

轴承的寿命与其所受载荷有关，载荷越大，其寿命越短。将轴承的基本额定寿命为 10^6 转时所能承受的载荷定为轴承的基本额定动载荷 C。对于径向接触轴承它是指径向载荷，对角接触轴承是指载荷的径向分量，统称为径向基本额定动载荷 C_r；对推力轴承则是指轴向载荷，称为轴向基本额定动载荷 C_a。

基本额定动载荷值是衡量轴承承载能力的基本指标。各种轴承的基本额定动载荷 C 值可查轴承产品样本或有关机械设计手册。表 10-5 列出部分深沟球轴承的基本额定动载荷 C 值。当轴承的工作温度高于 120 ℃时，应对轴承的 C 值进行修正，乘以温度系数 f_t，f_t 值见表 10-6。

表 10 - 5　深沟球轴承尺寸及主要性能参数

	F_a/C_{0r}	e	Y	径　向 (轴向)系数	静 径 向 (轴向)系数
	0.014	0.19	2.30		
	0.028	0.22	1.99	当 $\dfrac{F_a}{F_r} \leqslant e$ 时	
	0.056	0.26	1.71	$X=1, Y=0$;	$X_0 = 0.6,$
	0.11	0.30	1.45	当 $\dfrac{F_a}{F_r} > e$ 时	$Y_0 = 0.5$
	0.28	0.38	1.15		
	0.56	0.44	1.00	$X=0.56, Y$ 值见表	

轴承代号	基本尺寸/mm				基本额定动 载荷 C_r/kN	基本额定 静 载 荷 C_{0r}/kN
	d	D	B	$r_{s\min}$		
6204		47	14	1	12.8	6.65
6304	20	52	15	1.1	15.9	7.88
6404		72	19	1.1	31.0	15.3
6205		52	15	1	14.0	7.88
6305	25	62	17	1.1	22.4	11.5
6405		80	21	1.5	38.3	19.2
6206		62	16	1	19.5	11.3
6306	30	72	19	1.1	27.0	15.2
6406		90	23	1.5	47.3	24.5
6207		72	17	1.1	25.7	15.3
6307	35	80	21	1.5	23.4	19.2
6407		100	25	1.5	56.9	29.6
6208		80	18	1.1	29.5	18.1
6308	40	90	23	1.5	40.8	24.0
6408		110	27	2	65.5	37.7

轴承代号	基本尺寸/mm				基本额定动载荷 C_r/kN	基本额定静载荷 C_{0r}/kN
	d	D	B	r_{smin}		
6209		85	19	1.1	31.7	20.7
6309	45	100	25	1.5	52.9	31.8
6409		120	29	2	77.4	45.4
6210		90	20	1.1	35.1	23.2
6310	50	110	27	2	61.9	37.9
6410		130	31	2.1	92.3	55.1
6211		100	21	1.5	43.2	29.2
6311	55	120	29	2	71.6	44.8
6411		140	33	2.1	101	62.5
6212		110	22	1.5	47.8	32.9
6312	60	130	31	2.1	81.8	51.9
6412		150	35	2.1	109	70.1
6213		120	23	1.5	57.2	40.0
6313	65	140	33	2.1	93.9	60.4
6413		160	37	2.1	118	78.6
6214		125	24	1.5	60.8	45.0
6314	70	150	35	2.1	104	68.0
6414		180	42	3	140	99.6
6215		130	25	1.5	66.1	49.5
6315	75	160	37	2.1	113	77.0
6415		190	45	3	154	114
6216		140	26	2	71.6	54.3
6316	80	170	39	2.1	123	86.5
6416		200	48	3	163	125

表 10 - 6　温度系数 f_t

工作温度/℃	≤120	125	150	175	200	225	250
f_t	1.00	0.95	0.90	0.85	0.80	0.75	0.70

三、滚动轴承寿命的计算公式

试验研究表明,滚动轴承的基本额定寿命 $L(10^6$ 转$)$ 与轴承载荷、基本额定动载荷之间有下列关系:

$$L = \left(\frac{C}{P}\right)^\varepsilon \qquad (10-3)$$

在实际计算中常以工作小时数(L_h)表示轴承的寿命,式(10-3)可改写为

$$L_h = \frac{10^6}{60n}\left(\frac{C}{P}\right)^\varepsilon \qquad (10-4)$$

式中:C 为基本额定动载荷,N;P 为当量动载荷,N,其确定方法见后;n 为轴承的转速,r/min;ε 为寿命指数,球轴承 $\varepsilon=3$,滚子轴承 $\varepsilon=\frac{10}{3}$。

若载荷 P、转速 n 已知,轴承预期寿命 L_h' 已给定,则可由式(10-4)确定轴承应具有的基本额定动载荷 C_j(N)

$$C_j = P\sqrt[\varepsilon]{\frac{60nL_h'}{10^6}} \qquad (10-5)$$

根据式(10-5)计算所得的 C_j 值,从手册或产品目录中选择轴承,使所选轴承的 $C > C_j$。滚动轴承的使用寿命荐用值见表 10-7。

表 10 - 7　滚动轴承的使用寿命荐用值　　　　　　　h

设备的种类	使用寿命
不常使用的设备,如闸门开闭装置	300～3 000
短期或间断使用的机械,中断使用不致引起严重后果,例如:一般手工操作的机械、农业机械等	3 000～8 000

设备的种类	使 用 寿 命
间断使用的机械,中断使用能引起严重后果,例如:发电站的辅助机械、带式运输机、流水作业线传动装置、车间吊车	8 000～12 000
每天 8 h 工作(利用率不高)的机械,如一般齿轮装置、起重机	10 000～25 000
每天 8 h 工作(利用率较高)的机械,如机床、印刷机械、木材加工机械、连续使用的起重机等	20 000～30 000
24 h 连续工作的机械,如空气压缩机、水泵、纺织机械	50 000～60 000

四、滚动轴承的当量动载荷

滚动轴承的基本额定动载荷是在一定载荷条件下确定的,而轴承工作时的受载条件往往不相同。应将实际作用于轴承的载荷换算为当量动载荷,才能与基本额定动载荷相互比较。当量动载荷是一假定的载荷,在其作用下,轴承的寿命与实际载荷作用下的寿命相同。当量动载荷 P 按下式计算

$$P = f_F(XF_r + YF_a) \tag{10-6}$$

式中:F_r、F_a 分别为轴承的径向载荷和轴向载荷,N;X、Y 分别为径向系数和轴向系数,各类轴承的 X、Y 值可以从滚动轴承产品样本或设计手册中查到,深沟球轴承的 X、Y 值见表 10-5;f_F 为载荷系数,是考虑到机械在工作中的冲击、振动所产生的动载荷对轴承寿命的影响而引入的系数,其值见表 10-8。

X、Y 的数值与 $\dfrac{F_a}{F_r}$ 值有关,当 $\dfrac{F_a}{F_r} \leqslant e$ 或 $\dfrac{F_a}{F_r} > e$ 时,X、Y 有不同的值(表 10-5)。这里 e 是一个判断系数。

表 10 - 8　载荷系数 f_F

载荷性质	f_F	举　例
无冲击或轻微冲击	1.0～1.2	电机、汽轮机、通风机、水泵
中等冲击和振动	1.2～1.8	车辆、机床、传动装置、起重机、内燃机、冶金设备
强大冲击和振动	1.8～3.0	破碎机、轧钢机、石油钻机、工程机械

　　按式(10-6)计算当量动载荷时,对于只能承受径向载荷的圆柱滚子轴承及滚针轴承,$P = f_F F_r$;对于只能承受轴向载荷的推力轴承,$P = f_F F_a$。对于角接触轴承(角接触球轴承、圆锥滚子轴承等),其当量动载荷的具体计算方法可参阅有关机械设计教科书或设计手册,这里不再作进一步介绍。

五、滚动轴承的静载荷计算

　　为了限制滚动轴承产生过大的塑性变形,需进行静载荷计算。

　　对于不回转、缓慢摆动或低速转动的轴承,其破坏形式主要是滚动体与内、外圈接触处产生较大的塑性变形。对于这种轴承一般应按静载荷选择轴承尺寸。

　　对于旋转的轴承,如作用在轴承上的载荷变化较大,尤其是受较大冲击载荷时,也需进行静载荷计算。

　　将受载最大的滚动体与滚道接触处产生的总永久变形量达到滚动体直径的万分之一时的载荷,称为基本额定静载荷,用 C_0(径向 C_{0r}、轴向 C_{0a})表示。

　　与当量动载荷类似,在计算时也需要把轴承上所受的外载荷换算成当量静载荷 P_0,其计算公式为

$$P_0 = X_0 F_r + Y_0 F_a \tag{10-7}$$

式中:X_0 和 Y_0 分别为静径向系数和静轴向系数。深沟球轴承的 X_0、Y_0 值见表 10-5。如果 P_0 的计算值小于 F_r,则取 $P_0 = F_r$。

轴承静载荷计算的公式为

$$C_0 \geqslant S_0 P_0 \qquad\qquad (10-8)$$

式中：S_0 为安全系数，见表 10 - 9；C_0 为基本额定静载荷，深沟球轴承的 C_0 值见表 10 - 5。

表 10 - 9　静载荷安全系数 S_0

工 作 条 件	旋转的轴承			非旋转或摆动的轴承
	运行时对低噪声的要求			
	较低	一般	较高	
无振动，一般场合	0.5～1	1～1.5	2～3.5	0.5～1
振动冲击场合	≥(1.5～2.5)	≥(1.5～3)	≥(2～4)	≥(1～2)

注：球轴承取小值，滚子轴承取大值。

例 10 - 2　在平稳载荷下工作的 6211 型轴承，工作转速 $n = 1\ 460\ \mathrm{r/min}$，承受径向载荷 $F_r = 2\ 400\ \mathrm{N}$，轴向载荷 $F_a = 1\ 000\ \mathrm{N}$，试计算该轴承的寿命。

解　（1）确定当量动载荷 P 值

查表 10 - 5，6211 轴承的 $C_{0r} = 29\ 200\ \mathrm{N}$，故

$$F_a / C_{0r} = 1\ 000 / 29\ 200 = 0.034$$

查表 10 - 5 得 $e = 0.23$

$$F_a / F_r = 1\ 000 / 2\ 400 = 0.42 > e$$

查表 10 - 5，$X = 0.56$，$Y = 1.93$，查表 10 - 8，取 $f_F = 1.0$，由式（10 - 6）

$$P = f_F (X F_r + Y F_a) = (0.56 \times 2\ 400 +$$
$$1.93 \times 1\ 000)\ \mathrm{N} = 3\ 274\ \mathrm{N}$$

（2）计算寿命

查表 10 - 5，$C_r = 43\ 200\ \mathrm{N}$，由式（10 - 4）

$$L_h = \frac{10^6}{60n} \left(\frac{C}{P} \right)^\varepsilon = \frac{10^6}{60 \times 1\ 460} \left(\frac{43\ 200}{3\ 274} \right)^3 \mathrm{h} = 26\ 225\ \mathrm{h}$$

该轴承的寿命为 26 225 h。

例 10-3　图 10-17 所示某传动装置中的高速轴的转速 $n_1 = 1\,400$ r/min，有轻微冲击，$F_{rI} = 800$ N，$F_{rII} = 650$ N，$F_a = 430$ N，轴颈 $d = 35$ mm，选用深沟球轴承，使用寿命不低于 20 000 h，试确定轴承型号。

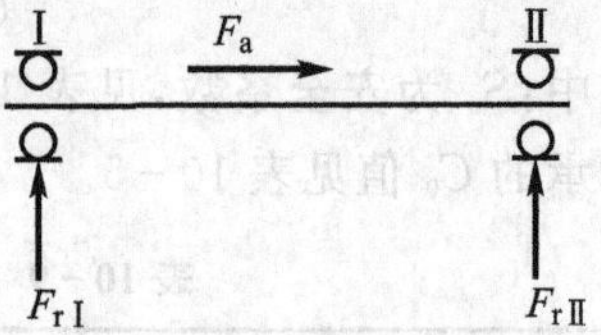

图 10-17　轴承受力图

解　（1）计算 P 值

预选 6207 轴承，查表 10-5，$C_r = 25\,700$ N，$C_{0r} = 15\,300$ N，查表 10-8，取 $f_F = 1.2$。

设轴承 I 只受径向力，故

$$P_I = f_F F_{rI} = 1.2 \times 800 \text{ N} = 960 \text{ N}$$

轴承 II 受径向力和轴向力的复合作用，$F_a/C_{0r} = 430/15\,300 = 0.028$，查表 10-5，取 $e = 0.22$，$F_a/F_{rII} = 430/650 = 0.66 > e$。查表 10-5，取 $X = 0.56$，$Y = 1.99$，故

$$P_{II} = f_F(XF_{rII} + YF_a) = 1.2 \times (0.56 \times 650 + 1.99 \times 430) \text{ N} = 1\,464 \text{ N}$$

为了两端采用同一型号的轴承，故按 $P = P_{II} = 1\,464$ N 计算 C_j。

（2）计算需要的基本额定动载荷 C_j

由式（10-5）

$$C_j = P\sqrt[3]{\frac{60nL_h'}{10^6}} = 1\,464 \times \sqrt[3]{\frac{60 \times 1\,400 \times 20\,000}{10^6}} \text{ N} = 17\,404 \text{ N}$$

即 $C_j < C_r$，故可选用 6207 轴承。

§10-6　滚动轴承的组合设计

为了使轴承能正常工作，除正确选择轴承的型号外，还必须正确地进行滚动轴承的组合设计。也就是必须根据轴承的具体要求及结构特点，对轴承支承的刚度、轴承的固定、间隙、润滑、密封、配

合以及装拆等进行全面的考虑。

一、保证支承的刚度和同轴度

轴和安装轴承的轴承座和机体必须有足够的刚度，否则会因这些零件的变形而使滚动体的运动受到阻碍，影响旋转精度，导致轴承过早损坏。为此，轴承座应有适当的壁厚，或加肋以增加刚度（图 10 − 18）。

同一轴上各轴承孔要保证必要的同轴度，否则轴安装后会产生较大变形，影响轴承运转。因此，应尽可能采用整体铸造机壳，并采用直径相同的轴承孔，以便于加工。

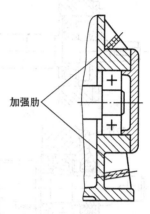

加强肋

图 10 − 18　轴承座的刚度

二、轴承的固定和调整

为了使轴和轴上零件在机器中有确定的位置，并能承受轴向载荷，必须固定轴承的轴向位置，同时还应考虑轴因受热伸长后，不会卡住滚动体而影响运转性能。

1. 轴的支承结构的基本形式

轴的支承结构形式常用的有以下两种。

(1) 两端单向固定　如图 10 − 19a 及图 10 − 19b 所示，这种方法是利用轴肩顶住轴承内圈，轴承盖顶住外圈，每一个支承只能限制一个方向的轴向移动。考虑升温后轴的伸长，深沟球轴承需在轴承外圈与轴承端盖间留有 $a = 0.2 \sim 0.4$ mm 的间隙。对于角接触轴承（圆锥滚子轴承和角接触球轴承）是在安装时使轴承内部留有适当的轴向间隙。此间隙是靠增减轴承端盖与箱体间的垫片（图 10 − 19b）来保证的。也可用调节螺钉改变轴承外圈上压盖的位置来实现调整间隙（图 10 − 20）。这种固定结构简单，便于安装，但仅适用于温升不高的短轴。

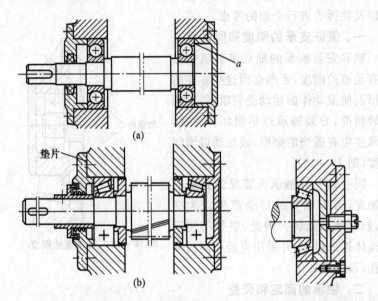

图 10 - 19 两端单向固定   图 10 - 20 轴承间隙的调整

　　(2) 一端固定、一端游动　对工作温度较高的长轴；由于其受热伸长量大,应将一个支承处的轴承内、外圈两侧固定,而另一支承的轴承可沿轴向自由游动(图 10 - 21a)。图 10 - 21b 所示则是将两个角接触轴承装在轴的一端并一起双向固定,另一端自由游动的支承采用深沟球轴承。

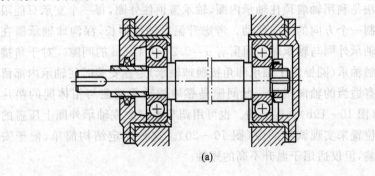

(a)

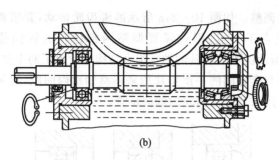

(b)

图 10-21　一端固定、一端游动

2.滚动轴承的轴向固定

内圈在轴上的轴向固定方法如图 10-22 所示,图 10-22a 为利用轴肩单向固定,只能承受单向轴向力;图 10-22b 为利用轴肩和弹性挡圈嵌入轴的环槽内作双向固定;图 10-22c 为利用轴肩和轴端挡圈固定轴承内圈;图 10-22d 为利用轴肩和轴端螺母固定。

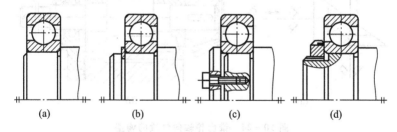

(a)　　　　　(b)　　　　　(c)　　　　　(d)

图 10-22　轴承内圈的轴向固定

外圈在轴承孔内的轴向固定方法如图 10-23 所示。图 10-23a 为利用端盖单向固定,可以承受较大的轴向力;图 10-23b 为利用端盖和凸肩作双向固定,可承受较大的双向轴向力;图 10-23c 为利用弹性挡圈和凸肩作双向固定,只能承受较小的轴向力。

3.轴向位置的调整

为了使轴上零件具有准确的工作位置,要求轴承组合的轴向位置可以调整。如图 10 - 24a 所示的锥齿轮传动,要求两个齿轮的锥顶重合于一点,因此需要调整两锥齿轮的轴向位置。图 10 - 24b所示的锥齿轮轴的轴承组合结构中设置了两个垫片组,其中轴承盖与套杯间的一组垫片用来调整轴承内间隙,机体与套杯间的垫片用来调整锥齿轮的轴向位置。

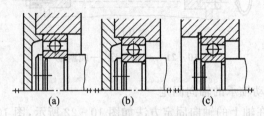

(a)　　　　　　(b)　　　　　　(c)

图 10 - 23　轴承的外圈轴向固定

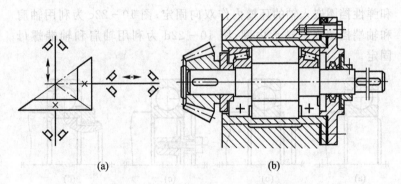

(a)　　　　　　　　　　　(b)

图 10 - 24　锥齿轮轴向位置的调整

三、滚动轴承的配合和装拆

1. 滚动轴承的配合

滚动轴承的配合是指内圈与轴颈、外圈与轴承座孔的配合。这些配合的松紧将直接影响轴承间隙的大小,从而关系到轴承的运转精度和使用寿命。

轴承的配合,应根据轴承的类型、尺寸、载荷、转速以及内外圈是否转动来确定。轴承是标准件,其内圈与轴颈的配合采用基孔制,外圈与座孔的配合采用基轴制。转动套圈(通常为内圈)的转速高,载荷和振动大以及工作温度变化较大时,应采用较紧的配合。不动套圈(通常为外圈)、游动套圈或经常拆卸的轴承应采用较松的配合。其公差与配合的具体选择,可参考有关机械设计手册。

2. 轴承的装拆

设计轴承组合时,必须考虑轴承的安装与拆卸。轴承内圈与轴颈的配合通常较紧,可采用压力机在内圈上加力将轴承压套到轴颈上。大尺寸的轴承,可将轴承放在 $80 \sim 120$ ℃的油中加热后进行热装。拆卸轴承需用专用的拆卸工具,如图 10 - 25a 所示。为便于拆卸轴承,内圈在轴肩上应露出足够的高度或在轴肩上开槽(图 10 - 25b),以便放入拆卸工具的钩头。

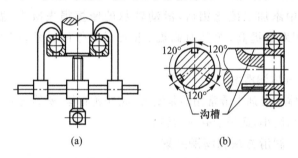

(a)　　　　　　　　(b)

图 10 - 25　轴承的拆卸

§10 - 7　轴承的润滑、润滑装置和密封装置

轴承润滑的目的是为了减少摩擦和磨损,提高效率和延长使用寿命,同时润滑剂也起冷却、吸振、防锈和降低噪声的作用。

一、润滑剂的种类及其性能

润滑剂分为:液体润滑剂、半固体润滑剂、固体润滑剂和气体润滑剂。

1. 液体润滑剂

液体润滑剂又称润滑油,其中以矿物油用得最多,合成润滑油也正在日益发展。润滑油最主要的性能指标是粘度,用以表征润滑油流动时内部摩擦阻力的大小。工业上常用运动粘度来表示。

2. 半固体润滑剂

半固体润滑剂又称润滑脂,是在润滑油中加稠化剂后形成的。润滑脂的流动性能差,不易流失,其主要性能指标用针入度表示。

3. 固体润滑剂

常用的固体润滑剂有石墨和二硫化钼。应用时,主要是将其粉剂加入润滑油和润滑脂中,用以提高润滑性能。实践表明,润滑剂中添加二硫化钼后,滑动轴承的摩擦损失减少,温升降低,使用寿命提高,尤其对高温、重载下工作的轴承,润滑效果良好。

4. 气体润滑剂

气体润滑剂中最常用的是空气,此外还有氢、氦等气体。气体润滑剂粘度小,适用于高速运转。

二、润滑方法和润滑装置

低速和间歇工作的轴承可用油壶向轴承的油孔(图 10-26)内注油。为了不使污物进入轴承,可在油孔上装压注油杯(图 10-27)。

图 10-26　油孔

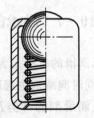

图 10-27　压注油杯

　　比较重要的轴承应采用连续供油润滑方法。图 10-28 所示为针阀式油杯,当轴承需要供油时,可将手柄 1 直立,提起针阀 3,油即通过油孔自动缓慢而连续地滴入轴承。需要停止供油时,可将手柄按倒,针阀即堵住油孔。供油量可用螺母 2 调节针阀的开启高度来控制。

　　图 10-29 所示为芯捻油杯,利用棉纱的毛细管吸油作用将油滴入轴承。但应注意不要将芯捻碰到轴颈。这种装置无法调节供油量,且在停车时仍继续滴油。

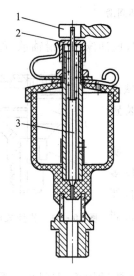

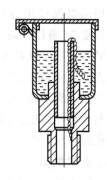

图 10-28　针阀式油杯　　　　　图 10-29　芯捻油杯

　　图 10-30 所示为油环润滑。油环 2 套在轴颈 1 上,其下部浸在油池中,当轴颈旋转时,靠摩擦力带动油环旋转,把油带入轴承。供油量与轴的转速、油环剖面形状和油的粘度有关。这种润滑方法适用于轴颈转速范围在 60 r/min$<n<$2 000 r/min 的场合。

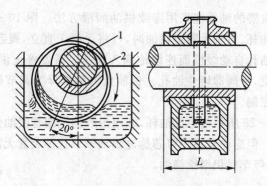

图 10-30　油环润滑

此外,还可利用零件转动时将油溅成油沫来润滑轴承,称为飞溅润滑。

在重载、载荷变化较大的重要机械设备中常用油泵循环供油润滑。这种装置结构比较复杂,费用较高。

润滑脂只能间歇补充。图 10-31 所示旋盖式油杯是润滑脂润滑中用得较多的润滑装置。润滑脂贮存在杯体 2 内,杯盖 1 用螺纹与杯体连接,旋紧杯盖可将润滑脂压送到轴承孔内。

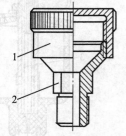

图 10-31　旋盖式油杯

三、密封装置

为了防止外界的灰尘、水分等浸入滚动轴承,并阻止润滑剂的漏失,需要密封。密封装置有接触式密封和非接触式密封两类。

1. 接触式密封

接触式密封常用的有图 10-32 所示的毡圈(图 10-32a)和唇形密封圈(图 10-32b)。毡圈密封主要用于润滑脂润滑的轴承,密封接触面滑动速度 $v < 5$ m/s。唇形密封圈的密封效果较好,可用于接触面滑动速度 $v < 12$ m/s。

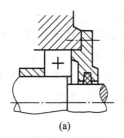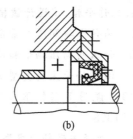

(a)　　　　　　　　(b)

图 10-32　接触式密封

2. 非接触式密封

非接触式密封常用的有图 10-33 所示的间隙密封（图 10-33a）和迷宫密封（图 10-33b）两种。间隙密封是在油沟内填充润滑脂以防止内部润滑脂泄漏和外部水汽的浸入。其结构简单，密封面不直接接触，适用于温度不高、用润滑脂润滑的轴承。迷宫式密封安装时在缝隙内填充润滑脂。迷宫密封工作寿命较长，可用于高速场合，但结构比较复杂，安装要求较高。

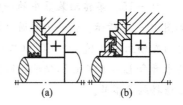

(a)　　　　(b)

图 10-33　非接触式密封

为了提高密封效果，可以将几种密封装置组合使用。

习　题

10-1　液体摩擦滑动轴承和非液体摩擦滑动轴承有何区别？

10-2　径向滑动轴承常见结构有哪几种？各有什么特点？

10-3　对轴瓦上的油沟有什么要求？

10-4　对轴瓦和轴承衬的材料有什么要求？

10-5　对非液体摩擦滑动轴承进行校核计算的目的是什么？当 $p>[p]$ 和 $pv>[pv]$ 时如何解决？

10-6　某机械上采用对开式向心滑动轴承，已知轴承处所承受的载荷 $F_r=200\,000$ N，轴颈直径 $d=200$ mm，轴的转速 $n=$

500 r/min,工作平稳,试设计该轴承。

10-7 为什么要润滑?常用的润滑方法和装置有哪些?

10-8 什么叫动压轴承和静压轴承?

10-9 滚动轴承主要类型有哪几种?各有什么特点?

10-10 说明下列轴承代号的意义:N210、6308、6212/P4、30207/P6、51308。

10-11 选择滚动轴承类型时要考虑哪些因素?

10-12 滚动轴承组合设计时,应考虑哪些问题?

10-13 滚动轴承在轴上和机座孔中的轴向固定方法有哪些?

10-14 某设备中有一轴承为 6214 型,受径向力 $F_r=5\,000$ N,转速 $n=970$ r/min,工作中有中等冲击,试计算该轴承的寿命。

10-15 某传动装置中的一根传动轴上装有齿轮及带轮,尺寸如图 10-34 所示。齿轮上圆周力 $F_t=780$ N,径向力 $F_r=290$ N,V 带作用在轴上的力 $F_Q=2\,020$ N(与水平线成 30°),转速 $n=1\,420$ r/min,要求寿命 $L_h=10\,000$ h,轴承处轴径 $d=40$ mm。若采用深沟球轴承,试选择轴承型号。

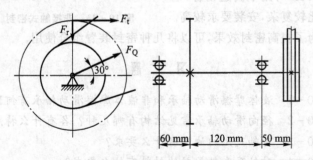

60 mm　　120 mm　　50 mm

图 10-34 题 10-15 图

第十一章 弹 簧

[内容提要]

1. 简介弹簧的功能、常见类型、常用材料；

2. 重点介绍圆柱压簧的结构、几何尺寸、特性曲线和设计计算。

§11-1 概 述

一、弹簧的功用

弹簧是具有一定柔度的弹性零件,弹簧的主要功用有:

1) 缓和冲击、吸收振动,例如车辆中的缓冲弹簧;

2) 控制运动,例如内燃机的阀门弹簧;

3) 储存能量作为动力源,例如钟表弹簧、仪器发条等;

表 11-1 弹簧的基本形式

受载性质	拉 伸	压 缩	
螺旋弹簧	圆柱形	圆柱形	截锥形
其他弹簧		碟形	环形

续表

受 载 性 质	扭 转	弯 曲
螺旋弹簧	圆柱形 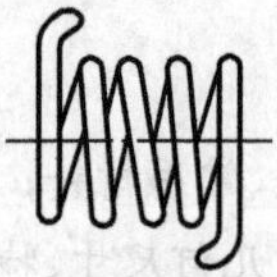	
其他弹簧	涡卷弹簧 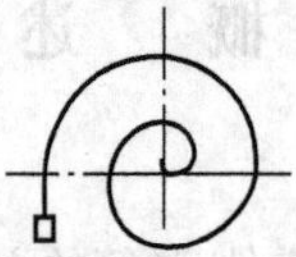	板簧 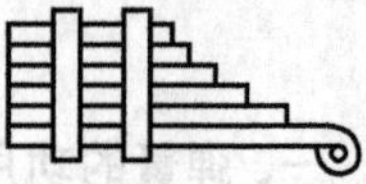

4) 测量力或力矩,例如测力器、弹簧秤中的弹簧等。

二、弹簧的类型

弹簧的基本形式见表 11-1。按弹簧形状可分为螺旋弹簧、蝶形弹簧、环形弹簧、涡卷弹簧和板簧。螺旋弹簧由于制造简便,得到广泛应用。蝶形弹簧和环形弹簧都是压缩弹簧,刚性很大,能承受很大的冲击载荷,并具有良好的吸振能力,故常用做缓冲弹簧。若扭矩不大而又要求弹簧的轴向尺寸很小,则常用涡卷弹簧,主要作为各种仪表中的储能零件。板簧主要承受弯矩,有较好的消振能力,多在车辆中应用。

本章主要介绍圆形截面钢丝的圆柱螺旋压缩弹簧的设计计算。

§11-2 弹簧材料和制造

一、弹簧的材料

弹簧材料应具备下列性能:高的弹性极限、疲劳极限,足够的冲击韧性和良好的热处理性能。弹簧的常用材料有碳素弹簧钢、硅锰钢、铬钒钢和不锈钢、铜合金等。碳素弹簧钢价格比较低廉,多用于制造尺寸较小的弹簧或要求不高的大弹簧;重要的弹簧应采用硅锰钢、铬钒钢;对于有耐高温、耐腐蚀、防磁等要求的弹簧,应选用铬钒钢、不锈钢和铜合金。

弹簧常用材料见表 11-2,碳素弹簧钢丝的抗拉强度 σ_b 见表 11-3。

表 11-2 弹簧常用材料和许用应力

材　　料	许用切应力[τ]/MPa			切变模量 G/MPa	推荐使用 温度/℃	特性及用途
	Ⅲ类 弹簧	Ⅱ类 弹簧	Ⅰ类 弹簧			
碳素弹 簧钢丝 B、 C、D 级	$0.5\sigma_b$	$0.4\sigma_b$	$0.3\sigma_b$	$d=0.5\sim4$ mm 80 000 $d>4$ mm 78 700	$-40\sim120$	强度高,加工性能 好,适用于制造小弹 簧
合金弹 簧钢丝 60Si2Mn	785	628	471	78 700	$-40\sim250$	弹性好、回火稳定 性好,用于受高载荷 弹簧
50CrVA	735	588	441	78 700	$-40\sim400$	有高的疲劳性能, 耐高温,常用于受变 载荷弹簧
不锈弹 簧钢丝 1Cr18Ni9	533	432	324	71 600	$-250\sim300$	耐腐蚀、耐高温
4Cr13	735	588	441	75 500	$-40\sim300$	
青铜丝 QSi3-1	441	353	265	40 200	$-40\sim120$	耐腐蚀、防磁好

注:1. 弹簧按其载荷性质分为三类:Ⅰ类—受变载荷作用 10^6 次以上;Ⅱ类—受变载荷作用 $10^3\sim10^5$ 次及受冲击载荷;Ⅲ类—受变载荷作用 10^3 次以下。

2. 表中许用切应力为压缩弹簧的许用值,对于拉伸弹簧则取表中数值的 80%。

3. 弹簧的极限切应力 τ_{lim} 取为:Ⅰ类$\leqslant1.67[\tau]$;Ⅱ类$\leqslant1.25[\tau]$;Ⅲ类$\leqslant1.12[\tau]$。

表 11 – 3　碳素弹簧钢丝的拉伸强度极限 σ_b

	钢丝直径 d/mm	1	1.2	1.6	2.0	2.5	3.0	3.5	4.0	4.5	5	6	8
σ_b/MPa	B 级	1 660	1 620	1 570	1 470	1 420	1 370	1 320	1 320	1 320	1 320	1 220	1 170
	C 级	1 960	1 910	1 810	1 710	1 660	1 570	1 570	1 520	1 520	1 470	1 420	1 370
	D 级	2 300	2 250	2 110	1 910	1 760	1 710	1 660	1 620	1 620	1 570	1 520	

注：碳素弹簧钢丝分为三级；B 级用于低应力弹簧；C 级用于中等应力弹簧；D 级用于高应力弹簧。表中 σ_b 均为下限值。

二、弹簧的制造

弹簧制造过程包括卷绕、两端修整、热处理和工艺试验等。为了提高承载能力，还可在弹簧制成后进行强压处理或喷丸处理。

弹簧的卷绕成形分冷卷和热卷两种。当钢丝直径较小时（通常为 8～10 mm 以下），一般采用冷卷法。冷卷的钢丝多为经过热处理的冷拉碳素弹簧钢丝，强度很高，冷拉后有时再经低温回火以消除内应力。弹簧钢丝直径大于 8 mm 时则需用热卷法。热卷前需先加热，卷成后再进行热处理。

弹簧的疲劳强度和抗冲击强度取决于弹簧表面状况。所以，弹簧的表面必须光洁，没有裂纹、伤痕、气泡、夹杂和压痕等，表面脱碳也会严重影响材料的疲劳强度和抗冲击性能。

§11 – 3　圆柱螺旋压缩弹簧的设计计算

一、圆柱螺旋压缩弹簧的结构和几何尺寸

图 11 – 1 所示为圆柱螺旋压缩弹簧。弹簧的两端为支承圈，由 $\frac{3}{4}$～$1\frac{1}{4}$ 圈并紧的弹簧所组成，工作时不变形，故又称"死圈"。支承圈的结构如图 11 – 2 所示。图 11 – 2a 为接触型，其两端圈并

紧磨平,也可采用两端圈并紧不磨平。图 11-2b 为开口型,两端圈不并紧,端面一般不磨平。重要的弹簧应选用并紧磨平型。

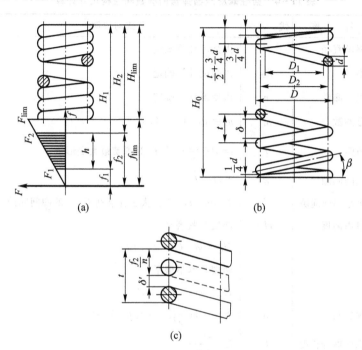

(a)　　　　　　　　　　(b)

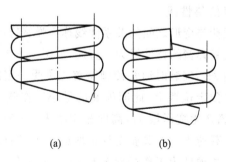

(c)

图 11-1　圆柱螺旋压缩弹簧

(a)　　　　　　(b)

图 11-2　支承圈的结构

圆柱螺旋压缩弹簧的有关参数和结构尺寸计算见表 11 - 4。

表 11 - 4　圆柱螺旋压缩弹簧的参数和结构尺寸计算

名　　称	代　号	公式与说明
钢丝直径	d	由强度计算确定
中径	D_2	由强度计算确定
工作圈数	n	由变形计算确定
总圈数	n_1	$n_1 = n + (1.5 \sim 2.5)$
节距	t	$t = d + \dfrac{f_2}{n} + \delta'$，$f_2$ 为弹簧最大变形量
圈间间隙	δ	$\delta = t - d$
最小圈间间隙	δ'	$\delta' \geqslant 0.1d$，δ' 为最大工作载荷 F_2 下的圈间间隙
自由高度	H_0	两端并紧磨平 $$H_0 = n\delta + (n_1 - 0.5)d$$ 两端并紧不磨平 $$H_0 = n\delta + (n_1 + 1)d$$
螺旋角	β	$\beta = \arctan \dfrac{t}{\pi D_2}$，一般 $\beta \approx 5° \sim 9°$
钢丝展开长度	L	$L = \dfrac{\pi D_2 n_1}{\cos \beta}$

二、弹簧的特性线

弹簧的载荷与变形之间的关系曲线称为弹簧特性线。等节距的圆柱螺旋压缩弹簧的特性线为一直线，如图 11 - 1a 所示。弹簧的自由高度为 H_0，安装时通常使弹簧首先承受一定的载荷，使它稳定地安装在预定位置上，此即弹簧的最小工作载荷 F_1。在 F_1 的作用下，弹簧产生变形量 f_1，高度相应由 H_0 变为 H_1。当弹簧承受最大工作载荷 F_2 时，弹簧变形量增加到 f_2，高度相应减少到 H_2。f_2 与 f_1 之差即为工作行程 h，$h = f_2 - f_1 = H_1 - H_2$。$F_{\lim}$ 为弹簧的极限载荷，相应的弹簧变形量为 $f_{\lim}$，高度为 $H_{\lim}$。弹簧的

最小载荷通常取为 $F_1 = (0.3 \sim 0.5)F_2$，最大载荷 F_2 由工作条件决定。通常应使 $F_2 \leqslant 0.8F_{\lim}$。

等节距的圆柱螺旋弹簧的特性线可用下式表示

$$\frac{F_1}{f_1} = \frac{F_2}{f_2} = \cdots = F' \tag{11-1}$$

式中：F' 称为弹簧刚度，即单位变形所需的载荷，它是弹簧重要性能之一，F' 越大则弹簧越硬，反之越软。

三、圆柱螺旋压缩弹簧的计算

1. 强度计算

设计计算时，通过强度计算确定钢丝直径 d 和弹簧圈中径 D_2。图 11-3 所示为一受轴向载荷 F 的压缩弹簧。由于普通压缩弹簧的螺旋角较小，为了简化计算，可认为 $\beta = 0$。这样，当弹簧承受载荷 F 时钢丝的任何横剖面主要承受扭矩 $T = F\dfrac{D_2}{2}$ 和切向

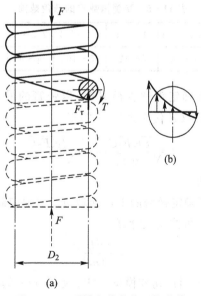

(a)

图 11-3　受轴向载荷的压缩弹簧

力 $F_\tau = F$，如图 11-3a 所示，使横剖面产生切应力。考虑到弹簧钢丝曲率对应力的影响，实际的切应力分布如图 11-3b 所示。钢丝内侧的切应力及强度条件为

$$\tau_{max} = K\frac{8FD_2}{\pi d^3} \leqslant [\tau] \tag{11-2}$$

式中：$[\tau]$ 为许用切应力，MPa，见表 11-2；K 为曲度系数，可按下式计算

$$K = \frac{4C-1}{4C-4} + \frac{0.615}{C} \tag{11-3}$$

式中：C 为弹簧指数（旋绕比），$C = \dfrac{D_2}{d}$。

钢丝直径 d 相同时，C 值越小，弹簧圈的中径越小，弹簧较硬，弹簧在绕制或工作时钢丝内、外侧的应力差也越大；C 值越大，弹簧直径越大，弹簧较软，弹簧易发生颤动，C 值一般选用范围见表 11-5。

表 11-5　弹簧指数 C 的选用范围

钢丝直径/mm	0.2~0.4	0.5~1	1.1~2.2	2.5~6	7~16	18~50
C	7~14	5~12	5~10	4~9	4~8	4~6

按强度条件确定钢丝直径 d 时，以弹簧的最大工作载荷 F_2 代替 F，并以 $D_2 = Cd$ 代入式（11-2）得

$$d = \sqrt{\frac{8KF_2C}{\pi[\tau]}} = 1.6\sqrt{\frac{KF_2C}{[\tau]}} \tag{11-4}$$

2. 变形计算

由变形计算确定弹簧的工作圈数 n。在轴向载荷 F 作用下，弹簧轴向变形 f 可按下式计算

$$f = \frac{8FD_2^3 n}{Gd^4} \tag{11-5}$$

式中：G 为弹簧材料的切变模量，MPa，见表 11-2。

如以最大工作载荷 F_2 代替 F，则得弹簧最大轴向变形为

$$f_2 = \frac{8F_2 D_2^3 n}{Gd^4} \tag{11-6}$$

由式(11-5)可得弹簧刚度 F' 的计算公式为

$$F' = \frac{F}{f} = \frac{Gd^4}{8D_2^3 n} \tag{11-7}$$

由式(11-6)可以求出所需弹簧的工作圈数(有效圈数)

$$n = \frac{f_2 Gd^4}{8F_2 D_2^3} = \frac{(f_2 - f_1)Gd^4}{8(F_2 - F_1)D_2^3} \tag{11-8}$$

求出的 n 值小于 15 时应取 0.5 圈的倍数,如 n 大于 15 时则取整数圈。弹簧的工作圈数不少于 2 圈。

3. 稳定性计算

弹簧的稳定性指标是高径比 b,$b = \dfrac{H_0}{D_2}$。当弹簧圈数较多或自由高度 H_0 太大时,为了避免在工作时产生侧向弯曲而失稳,应校核弹簧的稳定性指标。如采用两端固定支座,应保证 $b \leqslant 5.3$。如 $b > 5.3$,则应在弹簧内侧加装导向心杆或在弹簧外侧加装导向套筒,如图 11-4 所示。

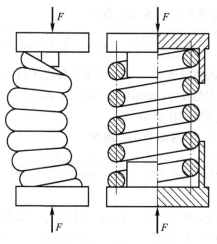

图 11-4　增加压缩弹簧稳定性的措施

例　试根据下列条件设计圆柱螺旋压缩弹簧:最大工作载荷 $F_2 = 500$ N,最小工作载荷 $F_1 = 200$ N,工作行程 $h = f_2 - f_1 = 10$ mm,Ⅱ类弹簧,弹簧外径 $D = 25$ mm,弹簧两端并紧磨平。

解　(1) 确定钢丝直径 d 和弹簧中径 D_2

选用 C 级碳素弹簧钢;初选弹簧指数 $C = 4$,因 $C = \dfrac{D_2}{d} = \dfrac{D - d}{d}$,故 $d = 5$ mm。由式(11 - 3)得 $K = 1.4$,由表 11 - 2、表 11 - 3查得$[\tau] = 0.4\sigma_b = 0.4 \times 1\ 470$ MPa $= 588$ MPa。由式(11 - 4)得

$$d = \sqrt{\frac{8KF_2C}{\pi[\tau]}} = \sqrt{\frac{8 \times 1.4 \times 500 \times 4}{\pi \times 588}}\ \text{mm}$$

$$= \sqrt{12.12}\ \text{mm} = 3.48\ \text{mm}$$

求得的钢丝直径 d 与原假设的直径 5 mm 相差较大,应重新计算。

改选 $d = 4$ mm,由表 11 - 3查得$[\tau] = 0.4\ \sigma_b = 0.4 \times 1\ 520$ MPa $= 608$ MPa,$D_2 = D - d = (25 - 4)$ mm $= 21$ mm,$C = \dfrac{D_2}{d} = \dfrac{21}{4} = 5.25$,由式(11 - 3)得 $K \approx 1.3$,故钢丝直径

$$d = \sqrt{\frac{8 \times 1.3 \times 500 \times 5.25}{\pi \times 608}}\ \text{mm} = \sqrt{14.29}\ \text{mm} = 3.78\ \text{mm}$$

由于假设的钢丝直径(4 mm)大于并接近求得的 d(3.78 mm),故可确定钢丝直径 $d = 4$ mm,中径 $D_2 = 21$ mm。

(2) 计算弹簧工作圈数 n

根据式(11 - 8)得弹簧工作圈数

$$n = \frac{(f_2 - f_1)Gd^4}{8(F_2 - F_1)D_2^3} = \frac{10 \times 80\ 000 \times 4^4}{8 \times (500 - 200) \times 21^3} = 9.2$$

取 $n = 9.5$ 圈。

为了保持 F_2 和 h 不变,需重新计算最小工作载荷 F_1

$$F_1 = F_2 - \frac{(f_2 - f_1)Gd^4}{8nD_2^3} = \left(500 - \frac{10 \times 80\ 000 \times 4^4}{8 \times 9.5 \times 21^3}\right)\ \text{N} = 209\ \text{N}$$

（3）验算极限载荷 F_{lim}

由表 11-2 得 $\tau_{lim} \leqslant 1.25[\tau] = 1.25 \times 608$ MPa $= 760$ MPa，取 $\tau_{lim} = 750$ MPa，由式（11-2）得极限载荷

$$F_{lim} = \frac{\pi d^3 \tau_{lim}}{8KD_2} = \frac{\pi \times 4^3 \times 750}{8 \times 1.3 \times 21} \text{ N} = 690 \text{ N}$$

应满足 $F_2 \leqslant 0.8 F_{lim}$。而 $0.8 F_{lim} = 0.8 \times 691$ N $= 552.8$ N $> F_2$，可用。

（4）求变形量 f_{lim}、f_2 和 f_1

$$f_{lim} = \frac{8 F_{lim} D_2^3 n}{Gd^4} = \frac{8 \times 691 \times 21^3 \times 9.5}{80\ 000 \times 4^4} \text{ mm} = 23.75 \text{ mm}$$

$$f_2 = F_2 \frac{f_{lim}}{F_{lim}} = 500 \times \frac{23.75}{690} \text{ mm} = 17.19 \text{ mm}$$

$$f_1 = F_1 \frac{f_{lim}}{F_{lim}} = 210 \times \frac{23.75}{690} \text{ mm} = 7.22 \text{ mm}$$

（5）求弹簧其余几何尺寸

圈间间隙 δ 可根据单圈极限变形量决定，即

$$\delta \leqslant \frac{f_{lim}}{n} = \frac{23.75 \text{ mm}}{9.5} = 2.5 \text{ mm}$$

取 $\delta = 2.5$ mm。

节距 t

$$t = d + \delta = (4 + 2.5) \text{ mm} = 6.5 \text{ mm}$$

总圈数 n_1

$$n_1 = n + 2 = 9.5 + 2 = 11.5$$

自由高度 H_0

$$H_0 = n\delta + (n_1 - 0.5)d$$
$$= [9.5 \times 2.5 + (11.5 - 0.5) \times 4] \text{ mm} = 67.75 \text{ mm}$$

螺旋角 β

$$\beta = \arctan \frac{t}{\pi D_2} = \arctan \frac{6.5}{\pi \times 21} = 5°37'$$

钢丝展开长度 L

$$L = \frac{n_1 \pi D_2}{\cos\beta} = \frac{11.5 \times \pi \times 21}{0.995} \text{ mm} \approx 763 \text{ mm}$$

（6）稳定性计算

$$b=\frac{H_0}{D_2}=\frac{67.75}{21}=3.2$$

采用两端固定支座，$b=3.2<5.3$，不会失稳。

（7）画工作图

工作图如图 11-5 所示。

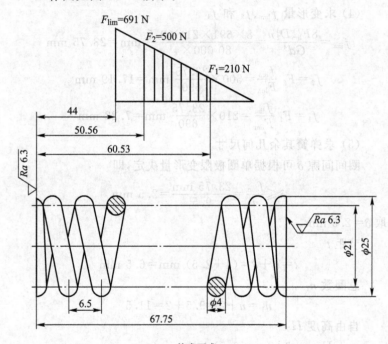

技术要求

1）材料：C 级碳素弹簧钢丝；

2）钢丝展开长度：$L\approx763\ mm$；

3）旋向：右旋；

4）工作圈数：$n=9.5$；

5）总圈数：$n_1=11.5$；

6）两端并紧磨平。

图 11-5　弹簧工作图

习　题

11-1　弹簧的功用有哪些？

11-2　弹簧有哪些种类？

11-3　弹簧材料应具有哪些性质？

11-4　圆柱螺旋弹簧易损坏的是内侧还是外侧，为什么？

11-5　如果弹簧的中径 D_2 增大，其余参数不变，试问 1）在相同载荷 F 的作用下，弹簧的变形是增加还是减少？2）要产生同样的变形量 f，载荷 F 应该增大还是减小？

11-6　设计弹簧时发现弹簧软了一些，改变哪些参数可以得到较硬的弹簧？

11-7　某圆柱螺旋压缩弹簧参数如下：$D=36$ mm，$d=3$ mm，$n=5$，弹簧材料为 C 级碳素弹簧钢丝，Ⅱ类弹簧，最大工作载荷 $F_2=100$ N，试校核此弹簧的强度和计算最大载荷下的变形量 f_2。

第十二章　机械的平衡和调速

[内容提要]

1. 介绍回转构件的静平衡,简要介绍回转构件的动平衡;

2. 重点介绍机械周期性速度波动以及用飞轮来调节周期性速度波动的基本原理和飞轮转动惯量的计算;

3. 简要介绍机械非周期性速度波动及其调节方法。

平衡和调速是两个不同的机械动力学问题,在机械设计时,特别是高速机械和精密机械中,必须加以考虑。本章仅介绍回转构件的平衡和机械速度波动调节的基本概念。

§12-1　回转构件的平衡

机械中的回转构件由于结构、工艺和材料组织的不均匀性等原因,其质心可能不在回转轴线上。转动时产生的离心惯性力为

$$F = me\omega^2 \qquad\qquad (12-1)$$

式中:m 为回转构件的质量,kg;e 为质心到回转轴线的距离,简称偏距,mm;ω 为回转构件的角速度,rad/s。

离心惯性力 F 使构件内产生附加应力,在运动副中引起动压力和附加摩擦力。由于惯性力的方向是周期性变化的,使机械及其基础发生周期性受迫振动,不仅易引起机械中零件的疲劳损坏,影响机械的工作精度和可靠性,还可波及附近工作的机械和厂房建筑,甚至可能使之遭到破坏。为了消除这些不良影响,需对离心惯性力加以消除或减小,这就是回转构件平衡的目的。离心惯性力的大小与角速度的平方成正比,因此,机械的平衡对于高速机械更显得重要。

一、静平衡

为了消除构件转动时产生的离心惯性力,需使其质心 C 与回

转轴线重合。例如图12-1所示的曲轴,当已知其不平衡质量 m 的大小和质心 C 的位置时,可在其质心的对方加一平衡质量 m',令 m' 的质心 C' 的偏距为 e',使其产生的离心惯性力 F' 与不平衡质量产生的离心惯性 F 平衡,即

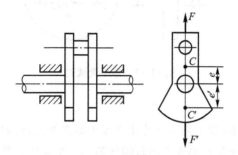

图 12-1 回转件的静平衡

$$F'+F=0 \text{ 或 } m'e'\omega^2+me\omega^2=0$$

即
$$m'e'+me=0 \qquad (12-2)$$

式中质量与偏距的乘积称为质径积。若要平衡回转构件的离心惯性力,仅需使所加平衡质量的质径积与原不平衡质量的质径积之和等于零。

当加上平衡质量后,理论上曲轴的总质心已与回转轴线重合(有许多回转构件,如齿轮、带轮等,在理论上质心是与转动轴线重合的),但由于制造和装配的误差、材料组织的不均匀性等原因,实际上还多少存在一些不平衡,需要进一步用试验方法来平衡。

如图12-2所示,将需要平衡的回转构件1用轴安装在两个水平的刀刃上,任其自由滚动。当构件停止滚动时,通过其轴心作一铅垂线,其质心 C 必位于此直线上,并在轴心 O 的下方。此时可在质心的相反方向(轴心 O 的上方)一定偏距处,试加一平衡质量(通常用胶合油泥)继续试验,不断调整这个质量或改变偏距,直至该构件转到任何位置都能停止,这时表明其总质心已移到回转轴线上,然后取下胶合油泥,以相等质径积的金属焊接在构件上,或在其相反方向去掉相等质径积的构件材料,即可使此回转构件

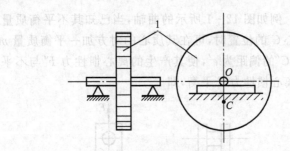

图 12 - 2　静平衡试验

达到平衡。

　　综上所述,对于轴向尺寸比直径小得多的回转构件,可以认为所有质量都分布在垂直于回转轴线的同一平面内。转动时这些质量产生的离心惯性力组成一平面汇交力系。这个力系如不平衡,可在同一平面内加一平衡质量,使其产生的离心惯性力与上述力系的合力相平衡。这种回转构件各质量的离心惯性力的平衡,即使质心与回转轴线重合所达到的平衡称为静平衡。

　　二、动平衡简介

　　对于轴向尺寸较大的回转构件(如电动机的转子、多缸发动机的曲轴等),不能认为其所有质量都分布在垂直于回转轴线的同一平面内,而是分布在一系列垂直于回转轴线的平行平面内。如图12 - 3a 所示的双拐曲轴,其质量分布可简化在图 12 - 3b 所示的两平行平面Ⅰ和Ⅱ上的 A 点和 B 点处,即使整个曲轴的质心位于回转轴线上,这时虽已满足静平衡,但回转时平面Ⅰ和平面Ⅱ上的质量产生的离心力构成不平衡的惯性力偶,仍将引起机械的振动。这种不平衡现象是在回转构件回转时才显示出来,称其为动不平衡。如果整个曲轴的质心不在回转轴线上,则既有不平衡的惯性力,又有不平衡的惯性力偶。这种包含惯性力偶的平衡,称为动平衡。

　　一般回转构件的质量可认为是分布在垂直于回转轴线的一系列平行平面上,它们产生的惯性力构成空间力系,故回转时既有不平衡

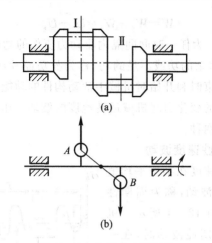

图 12-3　曲轴的动不平衡

的惯性力,又有不平衡的惯性力偶。这个空间力系可简化为两个平面力系,即将各力向任意选定的两个垂直于回转轴线的平面分解。在这两个平面上各得一平面汇交力系,分别可用一力来平衡。因此,当已知回转构件上各不平衡质径积的大小和方向时,可先选定垂直于回转轴线的两个准备加平衡重的平面(称为校正平面)。将各不平衡的质径积分解到这两个校正平面上,然后对每个校正平面按静平衡方法求出平衡的质径积,达到理论上的动平衡。实际上,与静平衡情况类似,由于制造的误差、材料组织的不均匀性等原因,仍不能达到完全平衡,需要在专门的动平衡机上进行动平衡试验。

§12-2　机械速度波动的调节

当机械工作时,驱动力所作的功和克服阻力所需的功在每一瞬时并不总是相等的。由能量守恒定律可知:在任一时间间隔内,驱动力所作的功和克服阻力所需的功之差,等于该时间间隔内机械动能的变化。即

$$W=W_{\rm d}-W_{\rm r}=U_{\rm e}-U_{\rm s} \qquad (12-3)$$

式中：$W_{\rm d}$ 和 $W_{\rm r}$ 为任一时间间隔内驱动力所作的功和克服阻力所需的功；W 为多余的功或不足的功，称为盈功或亏功；$U_{\rm e}$ 和 $U_{\rm s}$ 为该时间间隔结束时和开始时机械中活动构件的动能。

机械动能的变化引起机械运转速度的波动。速度波动有周期性和非周期性两种。

一、周期性速度波动

机械运转速度在某个平均值上下作周期性波动，称为周期性速度波动，如图 12-4 所示。机械运转速度周期性波动时，在一个周期内驱动力所作的功和克服阻力所需的功相等，没有盈亏功，即在周期的开始和结束时机械的功能相等。但在周期中的某段时

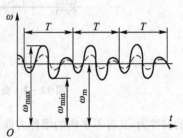

图 12-4　周期性速度波动

间内，驱动力所作的功，有时大于克服阻力所需的功，出现盈功，使速度增高；有时小于克服阻力所需的功，出现亏功使速度降低。周期性速度波动使运动副中产生附加的动压力，引起机械的振动。

控制周期性速度波动，使速度的波动在允许的范围内，称为周期性速度波动的调节。调节周期性速度波动的方法是在机械的回转构件上加装一个转动惯量较大的回转件，称为飞轮。加装飞轮后，当驱动力所作的功大于克服阻力所需的功时，飞轮转速增加将盈功转变为动能储存起来，但由于转动惯量增加，其转速上升较少；而当驱动力所作的功小于克服阻力所需的功时，又将动能放出以补偿亏功，同样由于转动惯量增加，其速度下降也较少，从而可使机械速度波动变小。例如图 12-4 实线所示为没有安装飞轮时的速度波动，虚线表示安装飞轮后速度的波动。

二、飞轮的基本概念

在一般机械中，飞轮常装在机械的高速轴上，因飞轮的转动惯

量较大、转速高,故其动能较大。其他活动构件与飞轮比较动能甚小,故可近似认为飞轮的动能等于整个机械的动能。飞轮轴的最大角速度 ω_{max} 与动能的最大值 E_{kmax} 相对应,飞轮轴的最小角速度 ω_{min} 与动能的最小值 E_{kmin} 相对应。E_{kmax} 与 E_{kmin} 之差即为动能的最大变动量,它是与最大盈亏功 W_{max} 相对应的,即

$$W_{max}=E_{kmax}-E_{kmin}=\frac{J_W}{2}(\omega_{max}^2-\omega_{min}^2)=J_W\omega_m^2\delta \quad (12-4)$$

式中:J_W 为飞轮的转动惯量;ω_m 为飞轮的平均角速度,rad/s(图 12-4),$\omega_m=\dfrac{\omega_{max}+\omega_{min}}{2}$;$\delta$ 为机械运转速度的不均匀系数 $\delta=\dfrac{\omega_{max}-\omega_{min}}{\omega_m}$,表示机械角速度波动的大小对平均角速度之比。一些机械允许的 δ 值列于表 12-1。

表 12-1 机械运转速度不均匀系数 δ 的允许值

机 械 名 称	δ	机 械 名 称	δ
破碎机	1/5~1/20	金属切削机床	1/30~1/50
冲床、剪床	1/7~1/10	造纸机、织布机	1/40~1/50
农业机械	1/10~1/50	内燃机、压缩机	1/80~1/150
汽车、拖拉机	1/20~1/60	交流发电机	1/200~1/300

由式(12-4)得

$$J_W=\frac{W_{max}}{\omega_m^2\delta}=\frac{900W_{max}}{\pi^2 n_m^2\delta} \quad (12-5)$$

式中 n_m 为与 ω_m 对应的平均转速,r/min。当已知机械的外力变化规律时,可求出其最大盈亏功 W_{max},选定允许的不均匀系数 δ 值和根据平均角速度 ω_m(或平均转速 n_m),可由式(12-5)求出所需飞轮的转动惯量 J_W,以保证机械的速度波动在允许的范围之内。对于圆盘状飞轮,转动惯量为

$$J_W=m\frac{D^2}{8}$$

式中：m 为飞轮的质量，kg；D 为飞轮的外径，mm。

对于轮辐状飞轮，忽略轮辐、轮毂，则转动惯量为

$$J_W = m_1 \frac{D_m^2}{4}$$

式中：D_m 为飞轮轮缘的平均直径，mm；m_1 为飞轮轮缘的质量，kg。

由式(12-5)可知，只要有盈亏功，无论用多大的飞轮，不均匀系数 δ 都不可能等于零，这表明机械的速度波动总是存在的，而飞轮只是起着减小速度波动的作用。

三、非周期性速度波动

如果驱动力或阻力发生突然变化，使驱动力所作的功一直大于或一直小于克服阻力所需的功，则机械的速度会一直增大或减小，从而机械将因速度过高而损坏或因速度降低而停止运动。这种没有一定周期的速度变化，称为非周期性速度波动。要调节非周期性速度波动，利用飞轮不能达到目的。这时应当采用调节输入系统中的能量的办法，使驱动力的功与阻力的功相适应，以达到新的稳定运转。为此，需采用一种自动调节装置——调速器。

图 12-5 所示为常见的机械式离心调速器的工作原理图。两重球 3 分别装在两摇杆的末端，两摇杆铰接在中心轴上并由弹簧拉住，使两球有互相接近趋势。中心轴经圆锥齿轮与原动机 2 的主轴相连，原动机则与工作机 1 相连。当外载荷减小时，原动机和工作机主轴的转速增加，因而调速器中心轴的转速也随之升高，致使重球在离心惯性力作用下远离中心轴，带动套筒 4 上升。上升的套筒通过连杆机构将节流

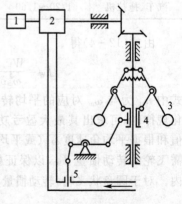

图 12-5　离心调速器

阀5关小,进入原动机的工作介质(燃气、蒸汽等)便减小,使驱动力减小并与阻力相适应,从而使机械的速度下降并达到稳定运转。反之,如果外载荷增大,工作机和原动机转速降低,重球下落,套筒4下降,使节流阀开大,进入原动机的工作介质增加,驱动力增大,使机械的速度上升并重新达到稳定运转。

习 题

12-1 什么叫回转构件的静平衡和动平衡?

12-2 为什么要进行平衡试验?

12-3 机械运转速度波动的原因是什么?

12-4 何谓周期性速度波动和非周期性速度波动?

12-5 如图12-6所示,转盘上有2个圆孔,其直径和位置为:$d_1=40$ mm,$d_2=50$ mm,$r_1=100$ mm,$r_2=140$ mm,$\alpha=120°$,$D=400$ mm,$t=20$ mm。拟在转盘上再制一圆孔使之达到静平衡,要求该孔的转动半径$r=150$ mm,试求该孔的直径及方位角。

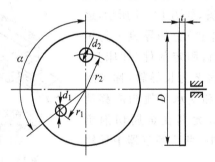

图 12-6 题 12-5图

12-6 试说明安装飞轮的目的和作用。设计飞轮时,需要的原始数据是哪些?在什么情况下要采用调速器来调节机械速度的波动?

第十三章 导 轨

[内容提要]

1. 介绍导轨的功用、类型及设计要求;
2. 主要叙述滑动导轨的构造、特点及材料;
3. 简要介绍滚动导轨的构造、静压导轨的原理。

§13-1 导轨的类型及设计要求

一、导轨的类型

导轨是用金属或其他材料制成的槽或脊,以承受、固定、引导移动装置或设备并减少其摩擦的一种装置。在机械中,用来使运动部件按规定的轨迹运动,并承受重力和载荷的装置,如图 13-1 所示,运动部件(如工作台)上的导轨 1 为短导轨,称动导轨;固定部件(如床身、机架)上的导轨 2 为长导轨,称支承导轨。动导轨和支承导轨构成移动副。在机械中,尤其在金属切削机床、锻压机械和一些实验仪器中导轨得到广泛应用。

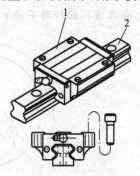

图 13-1 导轨

导轨按运动轨迹可分为直线运动导轨和圆周运动导轨两类,前者如车床和龙门刨床床身导轨等,后者如立式车床和滚齿机的工作台导轨等。

按两导轨面间的摩擦性质可分为滑动导轨和滚动导轨两类。若前者处于纯流体摩擦,称为液体静压导轨或气体静压导轨。

按运动性质可分为高速运动导轨,如机床主运动导轨、压力机滑块导轨;低速运动导轨,如机床进给导轨等;移置导轨,这种导轨只用于调整位置,工作中不移动,如卧式镗床后立柱导轨、轧钢机导轨等。

按导轨受力情况分为开式导轨和闭式导轨。开式导轨部件受颠覆力矩不大,靠部件自重和外载使导轨面始终贴合,不用压板。闭式导轨受力情况相反,需加压板辅助导轨,使导轨面良好接触。

二、导轨的设计要求

一般导轨设计的基本要求:

1. **导向精度**

导向精度是指保证运动轨迹的准确度。影响导向精度的主要因素有:导轨的几何精度和接触精度、结构形式、基础件刚度和热变形、油膜厚度和刚度等。

直线运动导轨的几何精度一般包括:垂直平面和水平平面内的直线度,两条导轨面间的平行度。导轨几何精度可以用导轨全长上的误差或单位长度上的误差表示。

2. **精度保持性**

精度保持性是指导轨工作过程中保持原有几何精度的能力。导轨的精度保持性主要取决于导轨的耐磨性及其尺寸稳定性。耐磨性与导轨副的材料、匹配、受力、加工精度、润滑方式和防护装置的性能等因素有关,另外,导轨及其支承件内的残余应力也会影响导轨的精度保持性。

3. **运动精度**

导轨运动精度是指导轨在低速运动或微量移动时不出现爬行现象,定位准确的性能。它与导轨结构和润滑、动静摩擦系数差值、传动系统刚度等有关。

4. **承载能力和刚度**

承载能力和刚性是指导轨抵抗受力变形的能力。变形将影响构件之间的相对位置和导向精度,这对于精密机械与仪器尤为重要。导轨变形包括导轨本体变形和导轨副接触变形,两者均应考虑。主要影响因素有:导轨的结构形式、尺寸、与支承件连接方式及受力情况等。

5. **结构简单、工艺性好、便于调整和维修、成本低**

6. 具有良好的润滑和防护装置

由于各种机械的精度和导轨用途的不同,在导轨设计中应针对所设计机械的导轨,对上述各项要求既要有所侧重,又要全面考虑。

§13-2　滑动导轨

动导轨和支承导轨的工作面直接接触,两导轨面间的摩擦性质是滑动摩擦,大多处于边界摩擦或混合摩擦的状态。滑动导轨结构简单、接触刚度高、阻尼大和抗震性好,起动摩擦力大、低速运动时易爬行、摩擦表面易磨损。

一、滑动导轨的截面形状

滑动导轨的截面形状主要有三角形、矩形、燕尾形和圆形等,如表 13-1 所示。

三角形导轨:该种导轨无间隙,磨损后能自动补偿,故导向精度高。它的截面角度由载荷大小及导向要求而定,一般为 90°。为增加承载面积,减小比压,在导轨高度不变的条件下可采用较大的顶角(110°~120°),为提高导向性可采用较小的顶角(60°)。如果导轨上所受的力,在两个方向上的分力相差很大,则应采用不对称三角形,以使力的作用方向尽可能垂直于导轨面。

矩形导轨:优点是结构简单,制造、检验和修理方便,导轨面较宽,承载力较大,刚度高,故应用广泛。但它的导向精度没有三角形导轨高;导轨间隙需用压板或镶条调整,且磨损后需重新调整。

燕尾形导轨:燕尾形导轨的调整及夹紧较简便,用一根镶条可调节各面的间隙,且高度小、结构紧凑,但制造检验不方便、摩擦力较大、刚度较差。燕尾形导轨用于运动速度不高、受力不大、高度尺寸受限制的场合。

圆形导轨:制造方便,外圆采用磨削,内孔珩磨可达精密的配合,但磨损后不能调整间隙。为防止转动,可在圆柱表面开键槽或加工出平面,但不能承受大的扭矩。圆形导轨宜用于承受轴向载荷的场合。

表 13-1　滑动导轨截面形状

棱 柱 形				圆形
对称三角形	不对称三角形	矩 形	燕 尾 形	

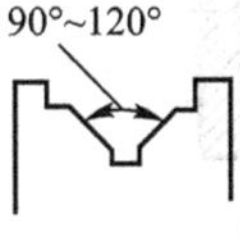

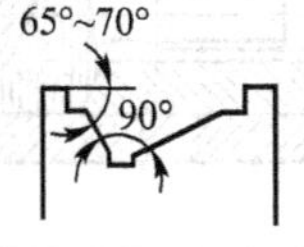

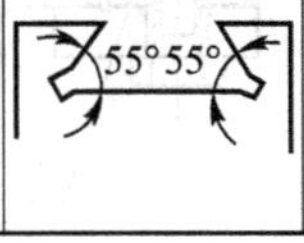

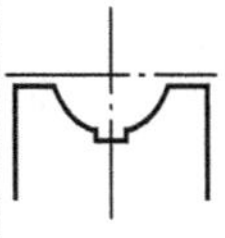

当导轨的防护条件较好,切屑不易堆积其上时,下导轨面常设计成凹形,以便于储油,改善润滑条件;反之则宜设计成凸形。

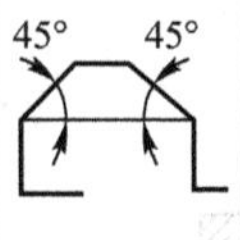

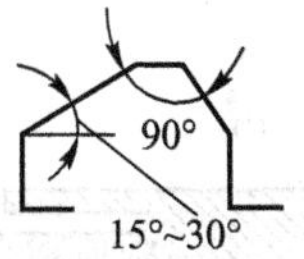

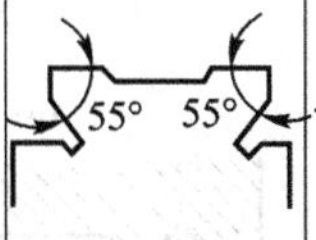

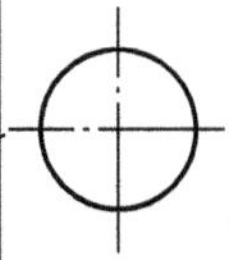

二、导轨间隙调整装置

为保证导轨正常工作,导轨滑动表面之间应保持适当的间隙。间隙过小会增加摩擦阻力;间隙过大,会降低导向精度。而且导轨经过长期使用后会因磨损而增大间隙,需要及时调整,故导轨应有间隙调整装置。

矩形导轨需要在垂直和水平两个方向上调整间隙。在垂直方向上一般采用下压板调整它的底面间隙,其方法有(图 13-2):① 通过刮研或配磨下压板的结合面 1 来保持适当的间隙(图 13-2a);② 用螺钉调整镶条位置实现间隙的调整(图 13-2b);③ 用改变垫片 1 的片数或厚度来调整间隙(图 13-2c)。

燕尾形导轨或矩形导轨,在水平方向上常用平镶条或斜镶条调整它的侧面间隙,见图 13-2d。

圆形导轨的间隙不能调整。

三、导轨材料

导轨材料应具有良好的耐磨性,摩擦系数小和动静摩擦系数差小,加工和使用时产生的内应力小、尺寸稳定性好等性能。常用

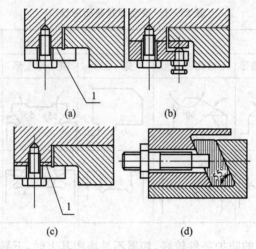

(a)　　　　　　　　　　(b)

(c)　　　　　　　　　　(d)

图 13 - 2　间隙调整装置

的导轨材料有铸铁、钢、工程塑料。

1. 铸铁

导轨与承导件或运动件铸成一体时常用灰铸铁。它具有成本低、工艺性好、热稳定性高等优点。在润滑和防护良好的情况下，具有一定的耐磨性。常用的是 HT200～HT400，硬度以 180～200 HBS 较为合适。适当增加铸铁中的含碳量和含磷量，减少含硅量，可提高导轨的耐磨性。若灰铸铁不能满足耐磨性要求，可使用耐磨铸铁，如高磷铸铁，硬度为 180～220 HBS，耐磨性能比灰铸铁高一倍左右。若加入一定量的铜和钛，成为磷铜钛铸铁，其耐磨性比灰铸铁高两倍左右。但高磷系铸铁的脆性和铸造应力较大，易产生裂纹，应采用适当的铸造工艺。

此外，还可采用低合金铸铁及稀土铸铁。

为提高铸铁导轨的耐磨性，常对导轨表面进行淬火处理。

2. 钢

对于要求较高或焊接机架上的导轨，常用淬火的合金钢制造。淬硬的钢导轨，其耐磨性比普通灰铸铁高 5～10 倍。常用的有

20Cr 钢渗碳淬火和 40Cr 钢高频淬火。

钢导轨镶接的方法：

(1) 螺钉连接　应使螺钉不受剪切，为避免导轨上有孔（孔内积存污物而加速磨损），一般采用倒装螺钉，见图 13-3a。结构上不便于从下面伸入螺钉固定时，可采用如图 13-3b 所示的方法。螺钉固紧后，将六角头磨平，使导轨上的螺钉孔和螺钉头之间没有间隙。

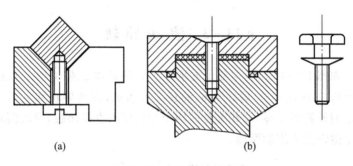

(a)　　　　　　　　　(b)

图 13-3　钢导轨镶接方法

(2) 用环氧树脂胶接　胶接面之间的间隙不超过 0.25 mm，胶粘导轨具有一定的胶接刚度和强度，并有一定的抗冲击性能，工艺简单、成本较低。

3. 工程塑料

导轨常用的工程塑料有酚醛树脂层压布材、聚酰胺、聚四氟乙烯等，以涂层、软带或复合导轨板的形式做在导轨面上。它具有耐磨、抗振以及动、静摩擦系数低(0.04)，可消除低速"爬行"现象，在实际应用中有良好的效果。

四、导轨的润滑和防护

润滑油能使导轨间形成一层极薄的油膜，阻止或减少导轨面直接接触，减小摩擦和磨损，以延长导轨的使用寿命。同时，对低速运动，润滑可以防止"爬行"；对高速运动，可减少摩擦热，减少热变形。

普通滑动导轨有油润滑和脂润滑两种方式。速度很低或垂直布置，不宜用油润滑的导轨，可以用脂润滑。采用润滑脂润滑的优点是不会泄漏,不需要经常补充润滑剂,其缺点是防污染能力差。

　　用脂润滑时,通常用脂枪或脂杯将润滑脂供到动导轨摩擦表面,用油润滑时,可采用人工加油、浸油、油绳、间歇或连续压力供油方式。

　　为了防止切削、灰尘等污物落到导轨表面,使导轨擦伤、生锈和过早的磨损,需在动导轨端部安装刮板,或采用各种样式的防护罩,等防护措施使导轨不外露。

§13-3　滚 动 导 轨

　　如图13-4所示,主要由支承导轨1、滚动体2、保持架3、橡胶密封垫4、返向器5、动导轨6、油杯7等组成,在动导轨和支承导轨之间放置滚动体,使相配合的两个导轨面不直接接触,导轨面间的摩擦性质为滚动摩擦。

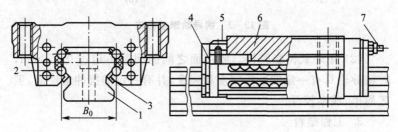

图 13-4　滚动导轨

　　滚动导轨的优点是摩擦阻力小,运动轻便、灵活;磨损小,能长期保持精度;动、静摩擦系数差别小,低速时不易出现"爬行"现象,故运动平稳。

　　滚动导轨的缺点是:导轨面和滚动体是点接触或线接触,抗震性差、接触应力大,故对导轨的表面硬度要求高;对导轨的形状精度和滚动体的尺寸精度要求高。

　　因此,滚动导轨常用于要求微量移动和精确定位的设备上,如高精度机床、数控机床和要求实现微量进给的机床等。

　　滚动导轨常用的滚动体有滚珠、滚柱、滚针或滚柱导轨块等。

　　图13-5a所示为滚珠导轨,由于滚珠和导轨面是点接触,故运动轻便,灵活性最好,结构简单、制造容易,但承载能力小、刚度低,常用于精度要求高、运动灵活、轻载的场合。

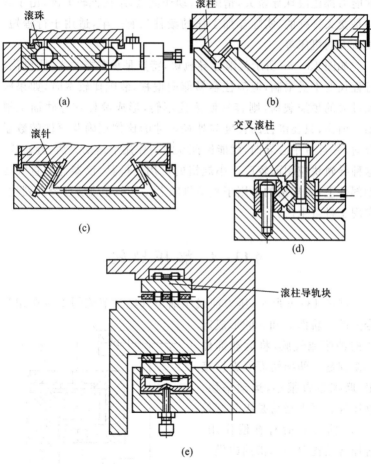

图 13-5　滚动导轨常用的滚动体

　　如图13-5b、c所示,滚柱(针)导轨中的滚柱(针)与导轨面是线接触,故它的承载能力和刚度比滚珠导轨大,耐磨性较好,灵活性稍差,对位置精度要求高。

如图 13-5d 所示,滚柱交叉导轨中前后相邻的滚柱轴线交叉 90°,使导轨无论哪一方向受载,都有相应的滚柱支承,故刚度和承载能力都比滚珠导轨大,精度高、动作灵敏、结构比较紧凑,由于滚柱是交叉排列的,实际参加工作的滚柱只有一半,适用于行程短、载荷大的机床等。

如图 13-5e 所示为滚柱导轨块,特点是承载能力大、刚度高、行程长度不受限制,但滚柱容易侧向偏移,装配比较费时,如果施加过大的预加载荷,则容易使滚柱不转,形成滚柱在导轨面上滑动。但是,只要滚柱的长度与外径尺寸的比例正确及滚柱的数量合适,并且有中心导向,就能保证在载荷作用下运动灵活、寿命长。这种导轨块应用面较广。小规格的可用在模具、仪器等的直线运动部件上,大规格的可用于重型机床上。这种导轨块已经系列化,实现了批量生产。

§13-4　静压导轨

如图 13-6 所示,压力油或压缩空气经过节流阀 1 后在相配合的两导轨面 2 和 3 间形成定压的油膜或气膜,将运动部件略微浮起。两导轨面不直接接触,摩擦系数很小,运动平稳。静压导轨对大载荷是极其有效的,对偏心载荷有补偿作用。静压导轨需要一套供油或供气系统,主要用于精密机床、坐标测量机和大型机床上。

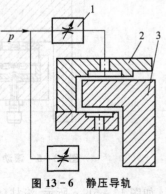

图 13-6　静压导轨

习　题

13-1　导轨的功用是什么？

13-2　导轨有哪些类型？

13-3　导轨的基本设计要求是什么？

13-4　滑动导轨有哪些常用的截面形状？

13-5　滑动导轨间隙的调整方法有哪些？

第十四章　机械设计作业

设计作业是机械设计基础课程中完成机械设计实践的一个重要环节。本章根据教学要求安排了有 V 带传动设计、轴系部件结构设计和轴系部件结构改错三个作业。

设计作业的目的：

（1）学习综合运用所学知识，通过设计作业培养机械设计的初步工作能力；

（2）了解和掌握机械零件设计、部件设计和简单机械传动装置设计的过程，一般方法以及基本原则。

（3）对学生进行机械设计基本技能的训练，如设计计算、绘图，应用设计资料、手册、图册、国家标准和规范等。

一、V 带传动设计

1. 题目：设计由电动机驱动鼓风机的 V 带传动

图 14-1 所示为传动机构简图，主动带轮 1 直接安装在电动机轴上，从动带轮 2 安装在鼓风机轴上，两带轮水平中心距离 a 约大于从动带轮 d_2 的 2 倍。本设计的原始数据见表 14-1。

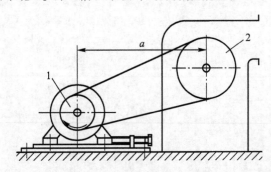

图 14-1　V 带传动机构简图

表 14 - 1　V 带传动设计的原始数据

作业题号		1	2	3	4	5
鼓风机	主轴转速 n_2/(r/min)	760	730	730	680	650
电动机	型号	Y100L2 - 4	Y112M - 4	Y132S - 4	Y132M - 4	Y160M - 4
	额定功率 P/kW	3	4	5.5	7.5	11
	满载转速 n_1/(r/min)	1 430	1 440	1 440	1 440	1 460
	主轴直径 D/mm	28	28	38	38	42
	主轴轴长 E/mm	60	60	80	80	110
一天工作时间/h				16		

2. 作业要求

(1) 绘制主动带轮装配简图一张；

(2) 编写 V 带传动设计计算说明书一份。

3. 作业指导

(1) V 带传动的设计计算

根据本教材第六章中的设计方法和步骤进行 V 带传动设计计算。主要设计内容有：选择 V 带的型号、根数、长度；V 带轮的直径、带速、包角，V 带传动的中心距，V 带对轴的作用力等。

(2) V 带轮的结构设计

参考本教材 §6 - 4 V 带轮的材料和结构，选择带轮的材料、带轮的结构形式，并设计计算带轮的基本结构尺寸。

(3) 完成主动带轮装配简图设计

参考图 14 - 2 所示的 V 带轮的装配简图，完成主动带轮装配简图设计工作。

装配简图上应选择带有零件明细表的装配图标题栏,电动机可以省略,只留电动机主轴伸出端与主动带轮等,见图 14 - 2。图上应标出各零件序号、轴与带轮的配合尺寸等。

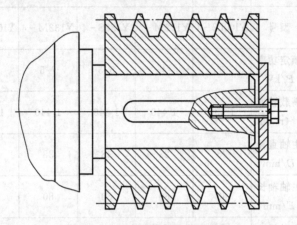

图 14 - 2　主动带轮的装配简图

（4）编写 V 带传动设计计算说明书

根据本教材第六章的相关要求编写 V 带传动设计计算说明书。

二、轴系部件结构设计

1. 题目

闭式直齿圆柱齿轮传动的输出轴轴系部件结构设计,图 14 - 3 所示为本题目的齿轮传动机构简图,原始数据见表 14 - 2。

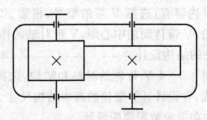

图 14 - 3　齿轮传动机构简图

表 14 - 2 设计的原始数据

作 业 题 号	1	2	3	4	5
输出轴转速 n_2 /(r/min)	130	135	140	155	165
输出功率 P/kW	2.4	2.6	2.8	3.0	3.5
齿轮齿数 z_2	96	102	109	120	115
齿轮模数 m/mm	3	3	3	3	3
齿轮宽度 b/mm	70	70	70	70	70
轴承间距 L/mm	150	150	150	150	150
齿轮中心线到轴承中心距离 a/mm	75	75	75	75	75
轴承中点到外伸端轴头中点距离 c/mm	100	100	100	100	100
外伸端轴头长度 l/mm	70	70	70	70	70
载荷变化情况	轻微冲击				
轴承寿命、工作温度	滚动轴承寿命 9 000 h,工作温度<120 ℃				

2. 作业要求

(1) 绘制输出轴轴系部件结构装配图一张;

(2) 编写设计计算说明书一份。

3. 作业指导

在完成输出轴轴系部件结构设计前,应仔细阅读本教材第九章中有关轴的计算和结构设计,第十章中的滚动轴承类型选择、寿命计算以及滚动轴承的组合设计等内容后,方可进行。

（1）确定齿轮结构形式、尺寸，计算齿轮上的作用力

首先参照本教材第七章齿轮传动，确定齿轮的结构形式及尺寸。根据设计的原始数据计算输出轴的转矩 T，然后计算齿轮上的作用力。

（2）轴的结构设计

轴的结构设计包括确定轴的合理结构和全部结构尺寸。轴的结构设计应满足：轴和轴上零件应有准确的工作位置；轴上零件应便于装拆和调整；轴应具有良好的制造工艺性。轴的结构设计步骤如下：

① 确定轴的径向尺寸

按输出轴上的转矩估算轴的最小直径。轴径的确定是从一端向另一端或两端向中间的顺序进行。

② 确定轴的轴向尺寸

大多数轴一般都设计成阶梯轴，各轴段的轴向尺寸取决于轴上各回转零件的宽度，轴上零件定位，并考虑轴的加工和轴上零件装拆方便等因素。

（3）轴、轴承、键连接的校核计算

完成轴的结构设计后，便可以进行轴的强度计算、滚动轴承寿命和键连接强度的验算。

（4）滚动轴承组合设计

滚动轴承的组合设计，应该根据轴承的具体要求及结构特点，从轴承的固定、间隙、润滑、密封、配合以及装拆等方面进行考虑。

（5）完成轴系部件结构装配图设计

轴系部件结构装配图设计内容可参考图 14-4。

（6）编写设计计算说明

三、轴系部件结构改错

1. 题目一：指出图 14-5 所示的圆柱齿轮轴系部件结构中的错误，并绘制出其正确结构图。该轴系部件中的轴承采用脂润滑。

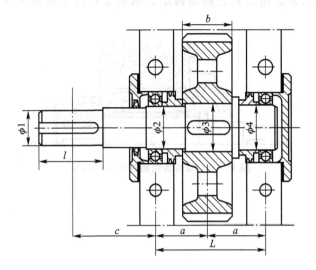

图 14 - 4 轴系部件结构装配图

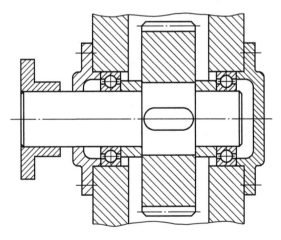

图 14 - 5 圆柱齿轮轴系部件结构图

2. 题目二:指出图 14 - 6 所示的圆锥齿轮轴系部件结构中

的错误,并绘制出其正确结构图。该轴系部件中的轴承采用脂
润滑。

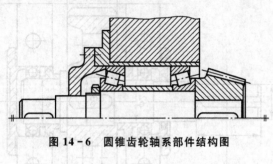

图 14 - 6　圆锥齿轮轴系部件结构图

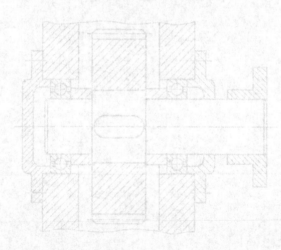

附录Ⅰ 极限与配合

一、互换性概念

机器是由零件装配而成的。从同样规格的零件中,任取一件不需作附加加工,就能装在机器上并达到预期的要求,就称这样的零件具有互换性。日常生活中到处可以感受到互换性的存在。例如,自行车、钟表零件损坏了,灯泡损坏了,都可以很方便地更换。

互换性对发展生产具有重要意义。只有零件具有互换性,才能组织大规模的专业化生产,采用先进工艺和高效率的专用设备,为自动化创造条件;装配机器时,能减轻劳动量,缩短装配周期;如果零件损坏,可以立即调换备用零件,使机器正常运行。因此,零件具有互换性对提高产品质量、降低成本和便于使用、维修等都起着重要作用。在现代工业生产中,互换性已成为一个普遍遵循的原则。

机械零件的互换性应包括其力学性能、物理和化学性能、几何参数等方面的互换性。这里讨论的是几何参数互换性,是指零件的尺寸、几何形状、位置和表面粗糙度等必须保持在一定的变动范围,即规定相应的公差。

二、尺寸公差

1. 公差的术语及其定义

(1)公称尺寸 由图样规范确定的理想形状要素的尺寸,称为公称尺寸,如图Ⅰ-1所示。它是设计零件时,根据使用要求,通过计算或按照结构要求确定,并经圆整后的尺寸,一般以 mm 为单位。

(2)实际尺寸 通过测量所得的尺寸称为实际尺寸。由于存在测量误差,所以实际尺寸并非尺寸的真实值。此外,因为形状误差的影响,零件同一表面不同部位的实际尺寸往往是不相等的。

(3)极限尺寸 尺寸要素允许的尺寸的两个极端值称为极限尺寸。它以基本尺寸为基数来确定。尺寸要素允许的最大尺寸称为上极限尺寸,尺寸要素允许的最小尺寸称为下极限尺寸。合格零件的实际尺寸应介于上极限尺寸和下极限尺寸之间,也可达到极限尺寸。

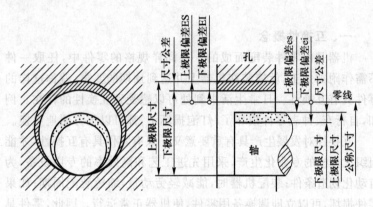

图Ⅰ-1　公差与配合的示意图

(4)偏差　某一尺寸减其公称尺寸所得的代数差称为偏差。某一尺寸可以是上极限尺寸、下极限尺寸或实际尺寸。

上极限尺寸减其公称尺寸所得的代数差,称为上极限偏差。下极限尺寸减其公称尺寸所得的代数差,称为下极限偏差。上极限偏差与下极限偏差统称为极限偏差。实际尺寸减其公称尺寸所得的代数差,称为实际偏差。

偏差的代号为:孔的上极限偏差用 ES 表示,下极限偏差用 EI 表示;轴的上极限偏差用 es 表示,下极限偏差用 ei 表示。

(5)尺寸公差(简称公差)　允许尺寸的变动量称为尺寸公差。公差等于上极限尺寸与下极限尺寸的代数差,也等于上极限偏差与下极限偏差之代数差。尺寸公差是一个没有正、负号的绝对值。

例　某零件尺寸为 50 mm±0.02 mm,试指出其上极限尺寸、下极限尺寸、上极限偏差、下极限偏差和公差。

解　公称尺寸为 50 mm,上极限偏差为 0.02 mm,下极限偏差为 −0.02 mm。

上极限尺寸＝(50＋0.02)mm＝50.02 mm

下极限尺寸＝(50－0.02)mm＝49.98 mm

公差＝[0.02－(－0.02)]mm＝0.04 mm

2. 公差的规定

在图I-2所示的公差带图解中,零线代表公称尺寸的一条直线。它是计算偏差的起始线,即零偏差线。正偏差位于零线的上方,负偏差位于零线的下方。由代表上、下极限偏差的两条直线所限定的一个区域称为公差带。其中 ES 和 EI 两条直线所限定的区域是孔的公差带;es 和 ei 两条直线所限定的区域是轴的公差带。

由图 I-2 可看出,公差带由"公差大小"和"公差带位置"两个基本要素形成。前者指公差带在零线垂直方向的宽度,由标准公差确定;后者指公差带沿零线垂直方向的坐标位置,由基本偏差确定。

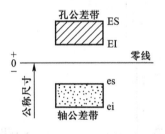

图 I-2 公差带图解

(1)标准公差 标准公差的数值由国家标准规定。标准公差共分 20 个等级,即 IT01、IT0、IT1、IT2、…、IT18。IT 是标准公差的代号,后面的阿拉伯数字是公差等级的代号,随着数字的增加,公差等级依次降低,标准公差依次增加,即 IT01 公差等级最高,IT18 最低。

(2)基本偏差 基本偏差的数值由国家标准规定。基本偏差是用来确定公差带相对于零线位置的上极限偏差或下极限偏差,一般为靠近零线的那个极限偏差。设置基本偏差是为了将公差带相对于零线的位置加以标准化,以满足组成不同配合的需要。国家标准共规定了 28 个孔和 28 个轴的公差带位置。基本偏差的代号用拉丁字母表示,按顺序排列,其中孔用大写字母表示,轴用小写字母表示。基本偏差系列如图 I-3 所示。

基本偏差仅决定公差带靠近零线的那个极限偏差,故图 I-3 中只画出公差带属于基本偏差的一端,另一端是开口的。公差带中另一极限偏差取决于公差等级。

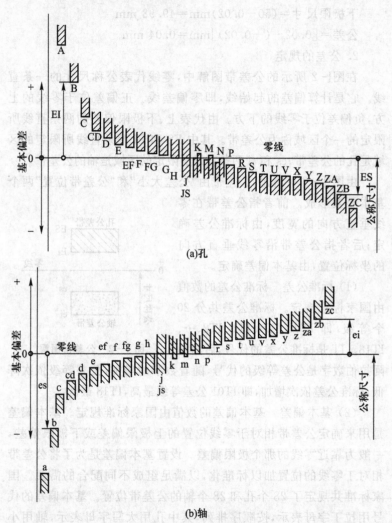

图 I-3　基本偏差系列

3. 公差的标注

在零件图上,尺寸公差可按图 I-4 所示三种形式标注。

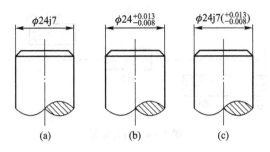

图Ⅰ-4 公差的标注

三、配合

如图Ⅰ-5所示,孔的公称尺寸不变,通过改变其上、下极限偏差值,组成许多孔公差带。同样,如图Ⅰ-6所示,轴的基本尺寸不变,通过改变其上、下极限偏差值,组成许多轴公差带。将上述各种公差带的孔和轴装配后,可得到不同松紧程度的结合关系。这种公称尺寸相同的孔和轴结合时,其公差带之间的关系称为配合。

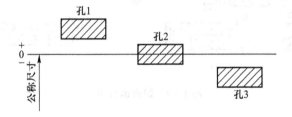

图Ⅰ-5 孔公差带

需要指出,"孔"、"轴"不仅指内、外圆柱面,而且包括其他由单一尺寸确定的包容面、被包容面。例如在键和键槽的配合中,键槽宽度属于孔的尺寸,键宽属于轴的尺寸。

1. 配合的分类

(1) 间隙配合 孔比轴大,轴与孔之间存在间隙。凡具有间隙(包括最小间隙等于零)的配合称为间隙配合。此时,孔的公差带在轴的公差带之上,如图Ⅰ-7a所示。例如轴颈和滑动轴承孔的配合属于间隙配合。

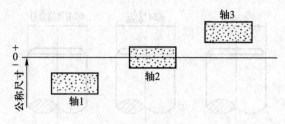

图 I-6　轴公差带

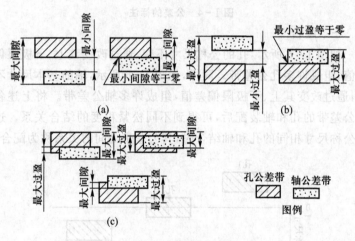

图 I-7　配合的分类

（2）过盈配合　孔比轴小，轴与孔之间产生过盈。凡具有过盈（包括最小过盈等于零）的配合称为过盈配合。此时，孔的公差带在轴的公差带之下，如图 I-7b 所示。例如火车轮轴和毂孔的配合属于过盈配合，过盈量越大，则配合得越紧密。

（3）过渡配合　可能具有间隙或过盈的配合称为过渡配合。此时，孔的公差带与轴的公差带相互重叠，如图 I-7c 所示。过渡配合的特点是间隙或过盈都较小，配合后轴和孔具有较高同轴度，一般键连接的轴和齿轮孔之间常用过渡配合。

2. 配合的基准制

当轴和孔的公称尺寸确定后,要得到上述三类不同性质的配合有两种办法:① 保持轴或孔的公差带不变,而改变另一公差带;② 同时改变轴和孔的公差带。采用第一种办法,可以给设计和制造带来方便。为此,国家标准规定了两种体制的配合,即基孔制和基轴制。

(1)基孔制配合 基本偏差为一定的孔的公差带,与不同基本偏差的轴的公差带形成各种配合的一种制度。基孔制配合中的孔称为基准孔。基准孔的基本偏差代号用 H 表示。

(2)基轴制配合 基本偏差为一定的轴的公差带,与不同基本偏差的孔的公差带形成各种配合的一种制度。基轴制配合中的轴称为基准轴。基准轴的基本偏差代号用 h 表示。

3. 配合的标注

在装配图中,轴与孔的配合处应注明配合代号,用以表示配合的基准制和类别。

配合代号用分数形式在公称尺寸的右边注出。例如,在图 I-8 中轴、孔的公称尺寸为 $\phi30$ mm,采用基孔制配合,公差等级为 8 级的基准孔与公差等级为 7 级、基本偏差为 f 的轴组成间隙配合,应标注为 $\phi30\dfrac{\text{H8}}{\text{f7}}$。

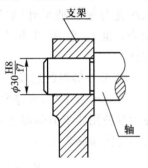

图 I-8 配合的标注

四、公差与配合的选用原则

当公称尺寸确定后,应选择公差与配合,其中包括下列三项:① 基准制的选择;② 公差等级的选择;③ 配合的选择。

1. 基准制的选择

应根据机器结构、工艺特点和经济效益确定基准制。

(1)一般情况下,优先采用基孔制配合。这是因为加工孔比加工轴困难,特别是在加工精度较高的中小孔时,需要采用钻头、铰刀等定值刀具,每把刀具只能加工一种尺寸规格的孔,而加工不同尺寸的轴,可以采用车刀等通用刀具,所以采用基孔制配合可以减少定值刀具和量具的种类,能获得明显的经济效益。

（2）在同一公称尺寸的轴上要装上具有不同配合性质的零件,如图Ⅰ-9所示,活塞销与连杆孔应为间隙配合,而活塞销与活塞销孔应为过渡配合,这时应采用基轴制配合。此外,配合零件中有标准件时,如轴承座孔与滚动轴承外圈的配合,也应采用基轴制配合。

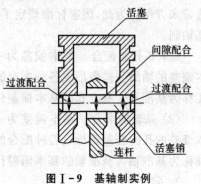

图Ⅰ-9　基轴制实例

2. 公差等级的选择

公差等级愈高,公差愈小,加工愈困难,则制造成本愈高。应在满足使用要求的前提下,选用较低的公差等级。各公差等级的应用范围参阅表Ⅰ-1。

表Ⅰ-1　公差等级的应用范围

公 差 等 级	应 用 范 围
IT01～IT4	精密测量工具。如块规、量规等
IT5～IT7	精度要求高的重要配合。如内燃机中活塞销和与其相配的活塞销孔、高精度齿轮及与其相配的轴
IT7～IT9	一般精度要求的配合。如带轮及与其相配的轴
IT10～IT12	精度要求不高的配合,如与螺栓相配的螺栓孔
IT12～IT18	非配合的尺寸、铸件等

3. 配合的选择

正确地选择配合能提高机器的使用性能,延长使用寿命和降低成本。生产中常根据机器的使用要求和工作条件,参照同类型机器的经验,用类比法来选择配合,但配合间隙或过盈的大小应按具体情况作适当调整,如表Ⅰ-2所示。

配合的种类很多,为了便于使用,减少专用刀具和量具的品种规格,有利于标准化,应尽量采用国家标准规定的优先配合(基本尺寸至 500 mm 的基孔制和基轴制的优先配合各有 13 种),其配合特性和应用如表Ⅰ-3 所示。

表Ⅰ-2　用类比法选择配合时的调整

具 体 情 况	间隙	过盈*	具 体 情 况	间隙	过盈*
材料许用应力小	—	↓	转速较高	↑	↑
有冲击载荷	↓	↑	有轴向运动	↑	—
工作时,孔的温度比轴高	↓	↑	润滑油粘度较大	↑	—
配合长度较长	↑	↓	表面粗糙度数值大	↓	↑
零件形状误差较大	↑	↓	装配精度高	↓	↓
装配时可能歪扭	↓	↓	经常拆卸	—	↓

注:↑表示增加;↓表示减少;*过盈量指过盈的绝对值。

表Ⅰ-3　基本尺寸至 500 mm 优先配合的配合特性和应用

优 先 配 合		配合特性和应用
基孔制	基轴制	
$\dfrac{H11}{c11}$	$\dfrac{C11}{h11}$	间隙非常大,用于很松的、转动很慢的动配合;要求大公差或大间隙的外露组件;要求装配方便的很松的配合
$\dfrac{H9}{d9}$	$\dfrac{D9}{h9}$	间隙很大的自由转动配合。用于精度要求不高,但高转速时有较大温度变动或轴颈压力大的配合
$\dfrac{H8}{f7}$	$\dfrac{F8}{h7}$	间隙不大的转动配合。用于中等转速或中等轴颈压力的精确转动,或较易装配的中等定位配合,如齿轮减速器、小电动机和泵等的转轴与滑动支承的配合等

续表

优 先 配 合		配合特性和应用
基孔制	基轴制	
$\dfrac{H7}{g6}$	$\dfrac{G7}{h6}$	间隙很小的滑动配合。用于无自由转动,但可自由移动和滑动的精密定位,如精密连杆轴承、活塞与滑阀、连杆销等
$\dfrac{H7}{h6}$	$\dfrac{H7}{h6}$	间隙定位配合。用于零件可自由拆装,而工作时一般无相对运动的场合
$\dfrac{H8}{h7}$	$\dfrac{H8}{h7}$	
$\dfrac{H9}{h9}$	$\dfrac{H9}{h9}$	
$\dfrac{H11}{h11}$	$\dfrac{H11}{h11}$	
$\dfrac{H7}{k6}$	$\dfrac{K7}{h6}$	过渡配合。用于精密定位的配合
$\dfrac{H7}{n6}$	$\dfrac{N7}{h6}$	过渡配合。用于有较大过盈的精密定位配合
$\dfrac{H7}{p6}$	$\dfrac{P7}{h6}$	过盈定位配合,即小过盈配合(当公称尺寸小于或等于 3 mm 时为过渡配合)。用于定位精度特别重要时,能以最好的定位精度达到部件的刚性和同轴度要求,但不能用来传递摩擦载荷
$\dfrac{H7}{s6}$	$\dfrac{S7}{h6}$	中等压入配合。用于一般钢件或薄壁件的冷缩配合;用于铸铁件可得到最紧的配合
$\dfrac{H7}{u6}$	$\dfrac{U7}{h6}$	压入配合。用于依靠装配结合力传递一定载荷的零件

五、表面粗糙度

表面粗糙度是指零件表面的微观几何形状误差。它主要是在零件加工过程中,由于刀痕、切屑分离时的塑性变形、刀具和零件表面之间的摩擦以及振动等原因造成的。

表面粗糙度直接影响机械零件的使用性能。表面粗糙的零件,在间隙配合中将使接触面积减小,加速磨损,增大间隙,影响配合精度,缩短使用寿命;在过盈配合中,粗糙的配合表面被挤平,减小实际过盈量,削弱连接强度。此外,零件的粗糙表面还会引起应力集中,降低疲劳强度;容易生锈和影响外表美观等。

　　国家标准规定以轮廓中线为测量表面粗糙度数值的基准线。中线的方向与被测轮廓的方向一致。评定表面粗糙度的主要参数是轮廓算术平均偏差 Ra。它指在取样长度 l 内,被测轮廓上各点至基准线偏距(Y_1、Y_2、…)的绝对值的算术平均值(图 I-10),即

$$Ra = \frac{1}{n} \sum_{i=1}^{n} |Y_i|$$

式中 n 为取样长度 l 内的测点数。

　　表面粗糙度的符号如表 I-4 所示。一般应在表面粗糙度符号上标注出轮廓算术平均偏差 Ra 的数值(单位为 μm),如表 I-5 所示。

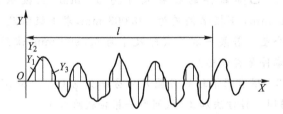

图 I-10　轮廓算术平均偏差 Ra

表 I-4　表面粗糙度符号

符　号	意　义
√	基本符号,表示表面可用任何方法获得
▽	基本符号上加一短划,表示表面粗糙度是用去除材料的方法获得。例如:车、刨、铣、钻、磨、剪切、抛光、腐蚀、电火花加工等
◯√	基本符号上加一小圆,表示表面粗糙度是用不去除材料的方法获得。例如:铸、锻、冲压变形、热轧、冷轧、粉末冶金等。或者是用于保持原供应状态的表面(包括保持上道工序的状况)

表 I - 5　表面粗糙度标注 Ra 数值示例

示　　例	意　　义
$\sqrt{}$ $Ra\,3.2$	用任何方法获得的表面,Ra 的最大允许值为 $3.2\ \mu\mathrm{m}$
$\sqrt{}$ $Ra\,3.2$	用去除材料方法获得的表面,Ra 的最大允许值为 $3.2\ \mu\mathrm{m}$
$\sqrt{}$ $Ra\,3.2$	用不去除材料方法获得的表面,Ra 的最大允许值为 $3.2\ \mu\mathrm{m}$
$\sqrt{}$ $Ra\,3.2$ $Ra\,1.6$	用去除材料方法获得的表面,Ra 的最大允许值($Ra_{\max}$)为 $3.2\ \mu\mathrm{m}$,最小允许值($Ra_{\min}$)为 $1.6\ \mu\mathrm{m}$

习　　题

I-1　什么叫互换性? 互换性在机械制造中有什么意义?

I-2　已知零件的公称尺寸为 $50\ \mathrm{mm}$,上极限偏差为 $+0.008\ \mathrm{mm}$,下极限偏差为 $-0.008\ \mathrm{mm}$,求上极限尺寸、下极限尺寸、公差。若某一零件实际尺寸为 $49.990\ \mathrm{mm}$,试问按上述要求,该零件是否合格?

I-3　现有两根轴的外圆尺寸分别为 $\phi 50^{+0.110}_{+0.095}$ 和 $\phi 50^{+0.015}_{-0.010}$,如果采用同一种方法加工,试问哪一根轴较难加工?

I-4　什么叫基孔制配合和基轴制配合? 为什么生产中多采用基孔制配合?

I-5　试说明下列表面粗糙度符号的含义:$\sqrt{}$ 、$\sqrt{}\,Ra\,25$ 、$\sqrt{}\,Ra\,3.2$ 、$\sqrt{}\,Ra\,0.2$。

附录Ⅱ 机械零件制造工艺简介

机械制造的一般过程可概括为：

通常先将金属材料用铸造、锻压或焊接等方法制成与零件的形状、尺寸接近的毛坯，再经切削加工获得具有一定尺寸精度和表面粗糙度要求的零件。为了改善材料和零件的性能，常在制造过程中穿插进行热处理。最后，将零件装配成机器。

一、毛坯的种类

常用的毛坯有铸件、锻件、型材、冲压件和焊接件等。

1. 铸件

将液态金属浇入铸型型腔中，待其冷却凝固，以获得具有一定形状、尺寸的铸件生产方法，称为铸造。

铸造的基本方法是砂型铸造。图Ⅱ-1 所示为轴承座铸件的砂型铸造过程示意图。

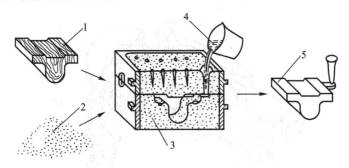

图Ⅱ-1 砂型铸造工艺过程

砂型铸造过程包括：

(1) 按照零件的要求,用木材制造模样 1,并用砂、粘土、水等混制成型砂 2;

(2) 用模样和型砂制造砂型 3;

(3) 将液体金属 4 浇入到砂型的型腔中;

(4) 待液体金属冷却凝固后,从砂型中取出铸件 5;

(5) 清理铸件上的浇口、毛刺和粘砂等,并对铸件进行检验。

砂型铸造的适应性强,它适合于生产铸铁、铸钢、有色合金等各种尺寸规格的铸件,在单件和成批生产中具有设备简单、生产准备时间短、成本低等优点。但砂型铸造也存在一些缺点,如一个砂型只能浇注一次,生产率低;铸件尺寸不够精确、表面粗糙;劳动条件差等。

为了克服砂型铸造的缺点,在生产中还采用其他铸造方法,如金属型铸造、压力铸造、熔模铸造、离心铸造等,这些方法统称为特种铸造。例如内燃机活塞常用金属型铸造,其铸型采用金属材料制成。图 Ⅱ-2 所示为铸造活塞的金属型示意图。工作时,将底板 1 上的活动半型 2 向固定半型 3 合拢锁紧,把液体金属浇入到金属型的型腔中,待其冷却凝固后,即可取出铸件 4。一个金属型可浇注几千次到几万次,生产率高,而且铸件的尺寸精确、表面光洁。但制造金属型的成本高,故主要适用于大批量生产有色合金铸件。

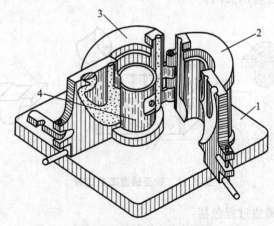

图 Ⅱ-2　铸造活塞的金属型

铸造是液态成形,由于液态金属的流动性好,能铸造形状复杂的毛坯,其形状和尺寸与零件接近,从而节省金属、减少切削加工工时和降低成本。但液态金属在凝固时容易产生缩孔、气孔等铸造缺陷,内部组织不够紧密,故铸件的力学性能不如锻件高。铸造适合于制造形状复杂的毛坯,如内燃机缸体、减速器箱体、机床床身和带轮等。

2. 锻件

对于力学性能要求高的零件,如起重机吊钩、机器主轴和重要齿轮等,铸件往往不能满足力学性能的要求,可采用锻件。

锻件是在外力作用下使金属材料产生塑性变形而制成的。锻造时,能压合金属材料中存在的缺陷(如微裂纹、气孔等),并获得细密的金属组织,从而提高了力学性能。但由于金属材料是在固态时变形,金属的流动受到一定的限制,故锻件形状不宜复杂,仅能锻造塑性材料(如钢和大多数有色合金等),对脆性材料(如铸铁等)则无法锻造。

锻造前往往要把金属材料加热到适当温度,以提高其塑性和降低变形抗力。在锻造过程中,温度降低到一定程度时,应停止锻造,以避免锻件开裂,如需继续锻造,应重新加热。金属材料允许加热的最高温度称为始锻温度,必须停止锻造的最低温度称为终锻温度。如 45 钢的始锻温度为 1 200 ℃,终锻温度为 800 ℃。

锻造可分为自由锻造(图Ⅱ-3a)和模型锻造(图Ⅱ-3b)两类。自由锻造时,金属材料在上砧铁 1 和下砧铁 2 之间变形,在水平面的各个方向上都能自由流动,因而得名。自由锻造的工艺过程是通过一系列变形工序,如镦粗、拔长、冲孔等,将坯料逐渐锻成锻件。由于自由锻件的形状和尺寸主要依靠工人操作技术来控制,故生产率低,劳动强度大,但工具简单、灵活性大,广泛应用于单件小

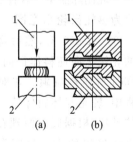

图Ⅱ-3 锻造的种类

批生产和修配工作中。对于形状复杂的中小型锻件,在大量生产时

可采用模型锻造,它是将金属材料放在由上模 1 和下模 2 组成的模膛中变形,因而提高了锻件的精度和生产率,但需使用模锻设备和锻模,故不适用于单件小批生产。

3. 型材

双头螺柱、直径相差不大的阶梯轴、光轴等零件,广泛采用型材作为毛坯。型材由钢铁厂集中生产,按一定的形状和尺寸规格供应用户,使用简便,成本较低。

型材主要用轧制方法生产。轧制是使金属坯料通过一对回转轧辊之间的缝隙或型槽,产生塑性变形,获得要求的截面形状,如图Ⅱ-4 所示。型材的种类如图Ⅱ-5 所示。选择型材时,应使其形状和尺寸与零件尽量接近,以减少加工工时和节省金属。

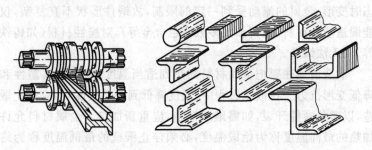

图Ⅱ-4　轧制示意图　　　　图Ⅱ-5　型材的种类

轧制除能生产各种型材外,还能直接轧制机械零件。图Ⅱ-6 所示为热轧齿轮示意图。轧制前用感应加热器 3 将坯料 2 加热到 1 000~1 050 ℃,然后将带齿的轧轮 1 向坯料作径向进给,同时与坯料对碾。在对碾过程中,轧轮与坯料保持一定的传动比,根据展成原理在坯料外缘挤出轮齿。与切削加工法相比,热轧齿轮具有生产率高、节省金属和机械性能高的

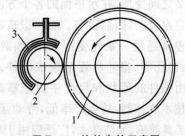

图Ⅱ-6　热轧齿轮示意图

优点,齿形精度可达 8～9 级,齿面粗糙度可达 $Ra3.2～Ra1.6$。对于精度高于 8 级的齿轮,可先用热轧成形,再用冷精轧或少量切削加工达到所需的精度。

4. 冲压件

冲压是利用模具使板料分离或塑性变形的加工方法。冲压件具有一定的尺寸精度和表面粗糙度,可以满足互换性要求,一般不再切削加工。冲压件还具有强度高、刚度好、材料利用率高和成本低等优点。

进行冲压的金属材料必须具有良好的塑性。冲压板料通常在室温下进行,故又称为冷冲压。冲压要准备专用模具,适用于大量生产。

图Ⅱ-7 所示为垫圈的冲压过程。当上模下降时,定位销 2 对准板料 7 上预先冲好的孔定位;随着上模继续下降,凸模 1 进入凹模 3,冲落垫圈 8,同时凸模 4 进入凹模 5,在板料上冲孔;随着上模回升,退料板 6 从凸模上推下板料,再送进板料,完成一次冲压工艺过程。

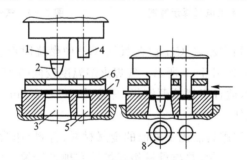

图Ⅱ-7 垫圈的冲压过程

5. 焊接件

在起重运输、化工、桥梁、锅炉、船舶制造等行业中,广泛采用焊接的金属结构件。减速器箱体、滑轮等零件的毛坯,通常采用铸件,但在单件生产或维修时,为了缩短生产周期或减轻零件重量,也可采用焊接件。

焊接的方法很多,下面介绍常用的手工电弧焊、气焊和钎焊。

　　手工电弧焊是利用焊条和工件间产生的电弧热来熔化金属，以达到焊接的目的。图Ⅱ-8所示为手工电弧焊示意图。焊接前，工件1和焊钳3分别与电焊机2的两个电极相接，并用焊钳夹持焊条4。焊接时，先将焊条和工件瞬时接触，随即把焊条提起，产生温度高达6 000 ℃左右的电弧，使焊条和工件接头处熔化。随着焊条的移动，熔化的金属陆续冷却凝固成焊缝，从而使分离的工件连接成整体。手工电弧焊适宜焊接厚度≥3 mm的钢板。

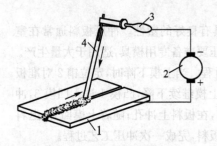 

图Ⅱ-8　手工电弧焊示意图　　　　　图Ⅱ-9　气焊示意图

　　气焊是利用乙炔(C_2H_2)在氧气(O_2)中燃烧时产生的火焰来进行焊接的，如图Ⅱ-9所示。气焊火焰温度较低(3 150 ℃左右)，热量较分散，适合于焊接薄钢板(厚度为0.5～2 mm)、有色合金和铸铁等工件。

　　钎焊是利用熔点比工件低的金属材料(钎料)作为填充金属，加热后仅钎料熔化，并与母材相互扩散实现连接焊件的方法。根据钎料熔点不同，可分为硬钎焊和软钎焊两种。硬钎焊钎料熔点在450 ℃以上，常用钎料有铜合金、铜锌银合金等，如铜焊、银焊等；软钎焊钎料熔点低于450 ℃，常用钎料为锡铅合金，如锡焊。钎焊的加热温度较低，对焊接件性能影响小，变形小，容易保证尺寸。钎焊常用于刀具、仪表零件、电器及薄壁容器的焊接。

　　焊接时对工件局部加热和冷却，容易产生较大的残余内应力，严重时会引起工件变形和开裂，应采取相应的工艺措施加以预防和消除,如选择合理的焊接顺序、焊前预热和焊后进行去应力退火等,并加强焊缝检验,以确保焊接质量。

二、切削加工方法

切削加工是用刀具从毛坯上切去多余的金属,使零件具有一定几何形状、尺寸和表面粗糙度的方法。

切削加工是依靠刀具相对工件的切削运动来实现的。切削运动可分为切屑所需的主运动和使金属连续被切削的进给运动。切削加工的基本方法如图Ⅱ-10所示。其中图Ⅱ-10a为车削,图Ⅱ-10b为钻削,图Ⅱ-10c为刨削,图Ⅱ-10d为铣削,图Ⅱ-10e为磨削。它们分别在车床、钻床、刨床、铣床和磨床上进行切削加工。

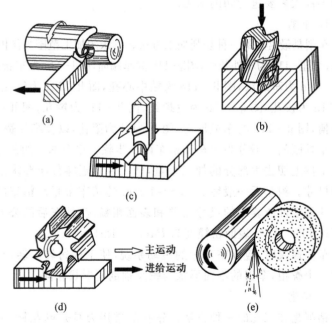

图Ⅱ-10　切削加工的基本方法

车削时(图Ⅱ-10a),工件的转动是主运动,车刀的直线移动是进给运动。

钻削时(图Ⅱ-10b),钻头(或工件)的转动是主运动,钻头的直线移动是进给运动。

在牛头刨床上刨平面时(图Ⅱ-10c),刨刀的往复直线移动是主运动,工件的间歇直线移动是进给运动;在龙门刨床上则相反,工件的往复直线移动是主运动,刨刀的间歇直线移动是进给运动。

铣削时(图Ⅱ-10d),铣刀的转动是主运动,工件的直线移动是进给运动。

磨削时(图Ⅱ-10e),砂轮的转动是主运动,工件的转动及直线移动都是进给运动。

切削加工在现代机械制造业中占有重要地位。需精度要求较高的零件大多要进行切削加工。

1. 车削

车削是最常用的一种切削加工方法。车床的加工范围如图Ⅱ-11所示。图Ⅱ-11a 为车外圆面,图Ⅱ-11b 为车端面,图Ⅱ-11c 为车锥面,图Ⅱ-11d 为车螺纹,图Ⅱ-11e 为钻中心孔,图Ⅱ-11f 为钻孔,图Ⅱ-11g 为铰孔,图Ⅱ-11h 为攻螺纹,图Ⅱ-11i 为镗孔,图Ⅱ-11j 为切槽,图Ⅱ-11k 为车成形面,图Ⅱ-11l 为滚花,以及绕弹簧等。

车外圆面一般分为粗车和精车两个步骤。粗车的目的是尽快地从工件上切去大部分的加工余量,使工件接近零件所要求的形状和尺寸。粗车后一般留有 $0.5 \sim 1$ mm 的精车余量。精车的目的是获得零件所要求的尺寸公差和表面粗糙度,精车后的公差等级可达 IT9～IT7,表面粗糙度为 $Ra6.3 \sim Ra1.6$。

车削螺纹时,应调整车床的传动系统,使工件每转一转,车刀移动一个螺距,车刀的剖面形状与螺纹轴剖面形状相同。

2. 钻削

钻削是加工孔的一种方法。钻孔的常用刀具是麻花钻,如图Ⅱ-12a 所示。钻孔时应先钻一个浅坑,以检查孔的中心是否在规定的位置,否则应校正后再钻。对于通孔,在临近钻通时,为避免振动和折断钻头,应降低进给速度。当孔径 $D \geqslant 30$ mm 时,一般应分两次钻孔,先用小钻头(直径为孔径的 0.4～0.6 倍)钻孔,第二次再钻至所需的孔径。实践表明,分两次钻孔比用大钻头一次钻孔的生产率高。钻孔后公差等级可达 IT12～IT10,表面粗糙度为 $Ra50$～$Ra12.5$。若要提高孔的加工精度,可在钻孔时留出精加工余量,再进行扩孔和铰孔。

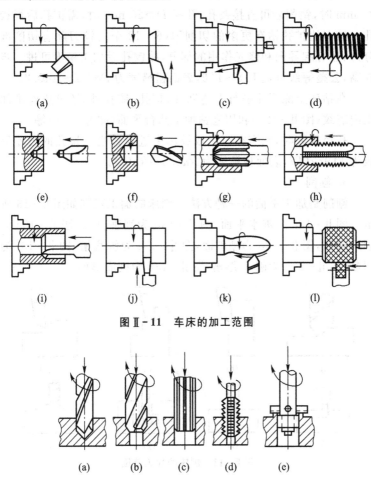

图Ⅱ-11　车床的加工范围

图Ⅱ-12　钻床的加工范围

扩孔是用扩孔钻将孔径扩大,如图Ⅱ-12b所示。扩孔钻和麻花钻相似,但其切削部分的顶端是平的,切削刃较多,螺旋槽较浅,扩孔钻的刚度好,切削时不易变形,且因加工余量小,故可提高加工精度,公差等级可达IT10~IT9,表面粗糙度为$Ra6.3~Ra3.2$。

铰孔是用铰刀对孔进行精加工,如图Ⅱ-12c所示。孔径$D\leqslant$25 mm时,钻削后可直接铰孔;孔径$D>$25 mm时,需扩孔后再铰孔。铰刀比扩孔钻有更多的切削刃(6~12个),铰刀除有切削部分外,还有起导向和修光作用的部分,故铰孔后加工精度可进一步提高,公差等级可达IT8~IT6,表面粗糙度为$Ra3.2~Ra0.2$。

在钻床上除了能进行上述钻孔、扩孔、铰孔外,还可用丝锥加工内螺纹(图Ⅱ-12d)和用锪钻加工凸台平面(图Ⅱ-12e)等。

孔径较大时,则需在车床或镗床上进行镗削。镗孔的公差等级为IT9~IT7,表面粗糙度为$Ra6.3~Ra0.8$。

3. 刨削

刨削是加工平面的一种方法。刨床的加工范围如图Ⅱ-13所示。图Ⅱ-13a为刨水平面,图Ⅱ-13b为刨垂直面,图Ⅱ-13c为刨阶梯面,图Ⅱ-13d为刨斜面,图Ⅱ-13e为刨直槽,图Ⅱ-13f为切断,图Ⅱ-13g为刨T形槽,图Ⅱ-13h为刨成形面。

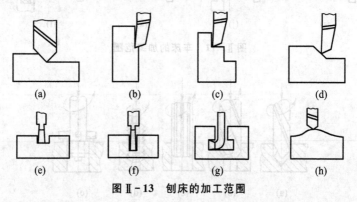

(a)　　　(b)　　　(c)　　　(d)

(e)　　　(f)　　　(g)　　　(h)

图Ⅱ-13 刨床的加工范围

刨床有牛头刨床和龙门刨床。牛头刨床主要用于加工长度不超过 1 000 mm 的中小型工件;龙门刨床主要用于加工大型工件或同时加工几个中小型工件。

刨削时,刀具或工件作往复直线移动,只在工作行程切削,空回行程中不切削,而且刀具切入和离开工件的瞬时切削力有突变,将引起冲击和振动,限制了切削速度的提高,生产率低。但刨床和刨刀结构简单,操作方便,在单件小批生产和维修工作中应用较多。刨削的公差等级可达 IT9~IT7,表面粗糙度为 $Ra6.3 \sim Ra1.6$。

轮毂上的键槽常在插床(相当于立式牛头刨床)上加工。插刀
1 的上下往复直线移动是主运动,工件 2
安装在工作台上作横向间歇的进给运
动,如图Ⅱ-14 所示。

4. 铣削

铣削也是加工平面的一种方法。由
于铣刀作转动,可以连续切削。铣刀是
多齿刀具,由若干个刀刃共同参与切削
工件,刀刃的散热条件较好,有利于提高

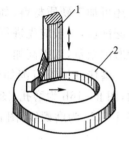

图Ⅱ-14　插键槽

切削速度,故铣削的生产率高于刨削。在大批量生产中,常用铣削代替刨削,铣削所能达到的尺寸公差和表面粗糙度与刨削基本相同。

铣床的加工范围很广,除加工平面外,还能铣键槽、齿轮、螺旋槽、凸轮等。

图Ⅱ-15 所示为铣键槽的示意图,图Ⅱ-15a 为铣 A 型普通平键的键槽,图Ⅱ-15b 为铣 B 型普通平键的键槽。

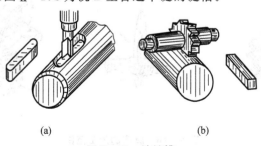

(a)　　　　　　　　　　(b)

图Ⅱ-15　铣键槽

5. 磨削

磨削是精加工的一种方法。凡对加工精度和表面质量要求较高的零件表面(如与滚动轴承配合的轴颈、机床导轨、高精度轮齿表面等),通常都要进行磨削。

磨削所用的刀具是砂轮。砂轮上的磨料微粒相当于刀齿,以极高的速度磨削工件表面,切下极薄的金属层,因此能获得很高的加工精度和表面质量,公差等级可达 IT7~IT5,表面粗糙度为 $Ra0.8~Ra0.2$。

磨削不仅能加工中等硬度的材料(如未淬火钢、灰铸铁等),而且还可加工硬质材料(如淬火钢、白口铸铁和硬质合金等)。工件在磨削前,一般应先进行粗加工及半精加工,仅留很薄的金属层作为磨削余量,以提高加工质量和生产率。

磨床的加工范围如图Ⅱ-16 所示:其中图Ⅱ-16a 为磨外圆面,图Ⅱ-16b 为磨孔,图Ⅱ-16c 为磨平面,图Ⅱ-16d 为磨花键,图Ⅱ-16e 为磨螺纹,图Ⅱ-16f 为磨轮齿。

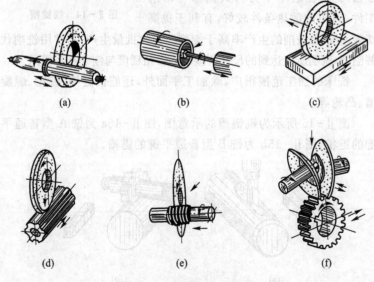

(a)　　　　　　(b)　　　　　　(c)

(d)　　　　　　(e)　　　　　　(f)

图Ⅱ-16　磨床的加工范围

三、典型零件的制造过程

零件的形状是由许多几何表面组成的,这些表面的技术要求往往不同。零件的制造过程有多种不同方案,但在保证零件技术要求的前提下,从提高生产率、改善劳动条件和降低生产成本等方面考虑,可以找出一个比较合理的方案。因此,拟定零件的制造过程,应考虑实际情况,选择合适的毛坯和切削加工方法,并按照一定顺序加工零件的各个表面。

下面以轴、齿轮和箱体为例,简要说明在中小型工厂进行单件或小批量生产时的制造过程。

1. 轴

轴的毛坯有圆钢、锻件和铸件等。光轴和直径相差不大的阶梯轴用圆钢切削加工较为经济;当轴的阶梯直径相差悬殊或对力学性能要求较高时,应采用锻件。

在轴的加工工艺路线中,应恰当安排热处理工序。对力学性能要求不高的轴,可在粗车外圆后进行正火处理;对力学性能要求较高的轴,应在粗车外圆后进行调质处理,与滑动轴承配合的轴颈等要求表面耐磨,可在磨削前进行表面淬火和低温回火,以提高其硬度。

轴的大部分切削加工是在车床上进行的。对于表面粗糙度为 $Ra6.3 \sim Ra1.6$ 的外圆面用车削即能达到;要求表面粗糙度为 $Ra0.8 \sim Ra0.2$ 时,则需进行磨削。为保证各外圆面的同轴度要求,精车和磨削时应采用顶尖定位安装,故车削前要在轴的两端钻出中心孔。轴上键槽等其他表面加工,一般都安排在精车外圆后进行,以免精车时因断续切削引起振动和损坏刀具,但应安排在精磨外圆面之前铣键槽,以防止铣键槽时破坏外圆面已经达到的尺寸公差和表面粗糙度。

由上可知,制造阶梯轴的工艺路线大致为:圆钢下料或锻造→粗车外圆→热处理(正火或调质)→精车外圆→加工次要表面(如车螺纹、铣键槽、钻孔等)→热处理(如表面淬火和低温回火等)→磨削外圆。

图Ⅱ-17 所示轴的材料为 45 钢,调质处理,硬度为 210 ~

230HBS。最大直径为 $\phi48$，最小直径为 $\phi30$，直径相差不大，故采用 $\phi55$ 圆钢切削加工。该轴的制造过程大体如表Ⅱ-1所示。

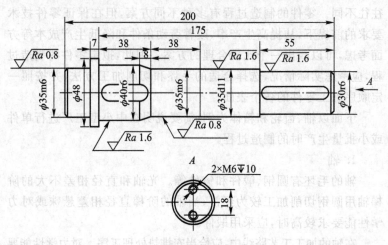

图Ⅱ-17　轴

表Ⅱ-1　轴的制造过程

序号	名称	简　图	说　明
1	下料	205 $\phi55$	在 $\phi55$ 圆钢上截取长度 205 mm
2	车端面和钻中心孔	1　　　2 200	卡盘1夹持一端，并用中心架2作辅助支承，车端面和钻中心孔，再调头车另一端面和钻中心孔，并保持轴长度为200 mm

续表

序号	名 称	简　　图	说　　明
3	粗车		卡盘 1 夹持一端,另一端用顶尖 3 支承。车一端后,调头车另一端,应留精车余量
4	调质处理		硬度为 210~230HBS
5	精车		两端均用顶尖支承。车一端后,再调头车另一端。在安装滚动轴承的轴颈上应留磨削余量
6	铣键槽		外圆面支承在 V 形铁 4 上,用键槽铣刀加工

续表

序号	名 称	简　　图	说　　明
7	钻孔和攻螺纹	（见图Ⅱ-17）	在轴端加工 2 - M6 深 10mm
8	磨削	$\overline{Ra\,0.8}$　$\overline{Ra\,0.8}$	两端均用顶尖支承。磨削两个安装滚动轴承的轴颈

2. 齿轮

除小模数齿轮可采用冲压件外,一般采用切削加工,其工艺路线大致为:生产齿坯→加工齿坯→加工齿形→加工次要表面。

齿坯的生产方法主要根据齿轮的工作条件和结构形状来选择。直径小于 100 mm,形状简单的低速轻载齿轮可用圆钢加工。直径较大、力学性能要求较高的齿轮应用锻件:单件小批生产用自由锻件,大批量生产用模锻件。形状复杂的大型齿轮锻造困难,多用铸钢件或铸铁件。低噪声、高速轻载齿轮可用塑料或夹布胶木等制成。

锻造或铸造的齿坯在切削加工前都要进行预备热处理,以减少内应力和改善切削加工性能。锻件或铸钢件一般进行完全退火或正火处理,铸铁件进行去应力退火处理。

加工齿坯主要是加工孔、外圆面和端面,除要达到预定的尺寸公差、表面粗糙度外,还应保证相互位置精度。例如在车床上应在一次装夹中完成孔、外圆面和基准端面的加工。

加工齿形的方法有铣齿、滚齿、插齿和磨齿等。在单件小批生产中加工低精度齿轮可用铣齿;在批量生产加工中等精度齿轮时可用滚齿或插齿;对高精度齿轮,尚需磨齿,以保证齿形的精度。

次要表面是指键槽、辐板孔等。在加工次要表面时,应保护好已加工过的齿形和孔等高精度表面。

图Ⅱ-18 所示齿轮的材料为 35SiMn、调质处理、硬度为 220～250HBS。齿顶圆直径为 $\phi154.36$、小批量生产、采用自由锻件，故齿坯形状要求简单。该齿轮的制造过程如表Ⅱ-2 所示。

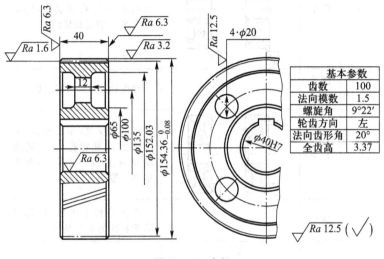

基本参数	
齿数	100
法向模数	1.5
螺旋角	9°22′
轮齿方向	左
法向齿形角	20°
全齿高	3.37

图Ⅱ-18　齿轮

表Ⅱ-2　齿轮的制造过程

序 号	名 称	简 图	说 明
1	锻造		自由锻造
2	完全退火		退火目的是减小内应力和改善切削加工性能

序号	名称	简　图	说　明
3	粗车		用卡盘夹持,车外圆面、基准端面 A,镗孔和切槽,再调头车另一端面和切槽
4	调质处理		硬度达到 $220\sim250\mathrm{HBS}$
5	精车		用卡盘反夹,车外圆面、基准端面 A 和镗孔,并在基准端面 A 上做上记号,再调头车另一端面
6	滚齿		在滚齿机上滚齿,以基准端面和孔为定位基准
7	插键槽		在插床上插键槽
8	钻孔	(见图Ⅱ-18)	在钻床上钻 $\phi4\sim\phi20$ 的孔

3. 箱体

箱体的结构形状复杂,需要加工的表面较多。为便于装配和调整,减速器箱体常做成剖分式,用螺栓连接箱盖和箱座。制造箱体的工艺路线大致为:生产毛坯→加工主要平面→加工轴承孔→加工次要表面(如钻孔、攻螺纹、铣油槽等)。

箱体通常用铸铁件,载荷大时可用铸钢件。在制造重型机械的箱体或单件生产时,也可用焊接件。

铸造或焊接的箱体毛坯应先进行去应力退火,再切削加工。

对精度要求高的箱体,在加工过程中也要穿插进行去应力退火,以免加工后引起内应力重新分布而发生变形,破坏原有的加工精度。

加工箱体的一般原则是先加工平面再加工孔。由于箱体的设计基准多是平面,故先加工平面,以平面作为定位基准再加工孔,使设计基准和定位基准重合,以免产生定位误差。此外,先加工平面还能为加工孔提供有利条件,如钻孔时不易偏斜、延长钻头寿命等。

在加工剖分式箱体时,对剖分面要求较高,其表面粗糙度为 $Ra1.6$,以免减速器工作时润滑油从剖分面处渗漏。在单件小批生产时,因箱体毛坯的制造精度不高,加工前要先进行划线,合理分配箱体各表面的加工余量。然后在铣床或刨床上按划线加工剖分面,再将箱座翻转 $180°$,以剖分面作为定位基准加工底面。

为保证箱座和箱盖具有正确的相对位置,用螺栓连接加工好剖分面的箱座和箱盖,钻、铰圆锥销孔,并安装好圆锥销定位,再加工轴承孔及其端面。加工轴承孔是箱体制造过程中的关键工序,应保证轴承孔的尺寸公差、表面粗糙度、轴承孔轴线间的平行度以及轴承孔轴线与端面的垂直度。

图Ⅱ-19 所示为减速器箱座简图。该箱座材料为灰铸铁 HT200,其制造过程大致如表Ⅱ-3 所示。

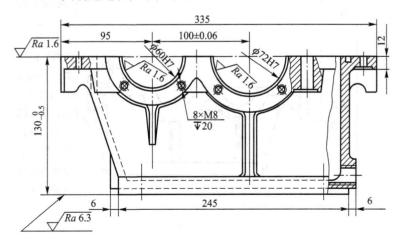

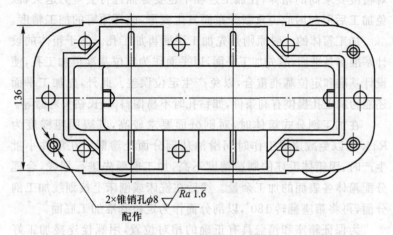

2×锥销孔φ8　$Ra\,1.6$
配作

图Ⅱ-19　减速器箱座简图

表Ⅱ-3　箱座的制造过程

序号	名称	简图	说明
1	铸造		砂型铸造
2	去应力退火		减小内应力
3	铣剖分面		根据 A、B 面的位置划剖分面 C 的加工线，然后在铣床上加工剖分面。保持剖分面凸缘厚度为 12 mm

续表

序号	名称	简图	说明
4	铣底面	$130_{-0.5}^{0}$	以剖分面为定位基准铣底面。保持箱座高度为 $130_{-0.5}^{0}$
5	钻孔和攻螺纹	（见图Ⅱ-19）	划线后钻剖分面螺栓孔、底面安装孔和放油孔，并在放油孔上攻螺纹
6	加工圆锥销孔		用螺栓连接箱座和箱盖，钻、铰两个圆锥销孔，并装入定位用圆锥销
7	铣端面	$140_{-0.26}^{0}$　N　M	划线找正后铣端面 N 和 M，保持两端面距离 $140_{-0.26}^{0}$

序号	名称	简图	说明
8	镗轴承孔		划出轴承孔中心线后,在镗床上加工轴承孔
9	钻孔和攻螺纹	(见图Ⅱ-19)	端面上加工 8×M8
10	铣油槽	(见图Ⅱ-19)	在铣床上铣油槽

习　题

Ⅱ-1　机械制造过程可划分为哪几个阶段?为什么要这样划分?

Ⅱ-2　选择下列零件的毛坯种类:自行车链轮、吊钩、辐条式带轮、双头螺柱、起重机的金属结构。

Ⅱ-3　分别说明车削、钻削、刨削、铣削、磨削的应用范围和能达到的公差等级及表面粗糙度。

Ⅱ-4　加工平面和孔各有哪些方法?

Ⅱ-5　试说明你所熟悉的某个零件的制造过程。

主要参考文献

[1] 喻怀正.机械设计基础[M].北京:人民教育出版社,1979.

[2] 喻怀正.机械设计基础[M].2版.北京:高等教育出版社,1985.

[3] 汪信远,奚鹰.机械设计基础[M].4版.北京:高等教育出版社,2010.

[4] 邱宣怀.机械设计[M].4版.北京:高等教育出版社,1997.

[5] 濮良贵,陈国定,吴立言.机械设计[M].9版.北京:高等教育出版社,2013.

[6] 余俊,等.机械设计[M].2版.北京:高等教育出版社,1986.

[7] 孙桓,陈作模,葛文杰.机械原理[M].8版.北京:高等教育出版社,2013.

[8] 郑文纬,吴克坚.机械原理[M].7版.北京:高等教育出版社,1997.

[9] 杨可桢,程光蕴,李仲生,等.机械设计基础[M].6版.北京:高等教育出版社,2013.

[10] 洪孟仁,汪信远.机械原理及机械零件[M].上海:同济大学出版社,1990.

[11] 陈云飞,卢玉明.机械设计基础[M].7版.北京:高等教育出版社,2008.

[12] 唐金松.机械设计[M].上海:上海科学技术出版社,1994.

[13] 邹慧君.机械设计原理[M].上海:上海交通大学出版社,1995.

[14] 邓文英,郭晓鹏.金属工艺学[M].5版.北京:高等教育出版社,2008.

[15] 王昆,何小柏,汪信远.机械设计课程设计.北京:高等

　　　　　教育出版社,1995.

[16]　周开勤.机械零件设计手册[M].4 版.北京:高等教育
　　　　　出版社,1994.

[17]　徐灏.机械设计手册[M].北京:机械工业出版社,1991.

[18]　机械工程手册编辑委员会编.机械工程手册:4,5,6 卷
　　　　　[M].2 版.北京:机械工业出版社,1996.

[19]　机械设计手册编委会.机械设计手册[M].新版.北京:
　　　　　机械工业出版社,2004.

郑重声明

高等教育出版社依法对本书享有专有出版权。任何未经许可的复制、销售行为均违反《中华人民共和国著作权法》，其行为人将承担相应的民事责任和行政责任；构成犯罪的，将被依法追究刑事责任。为了维护市场秩序，保护读者的合法权益，避免读者误用盗版书造成不良后果，我社将配合行政执法部门和司法机关对违法犯罪的单位和个人进行严厉打击。社会各界人士如发现上述侵权行为，希望及时举报，我社将奖励举报有功人员。

反盗版举报电话　（010）58581999　58582371

反盗版举报邮箱　dd@hep.com.cn

通信地址　北京市西城区德外大街4号　高等教育出版社法律事务部

邮政编码　100120

防伪查询说明

用户购书后刮开封底防伪涂层，使用手机微信等软件扫描二维码，会跳转至防伪查询网页，获得所购图书详细信息。

防伪客服电话　（010）58582300

网络增值服务使用说明

一、注册/登录

访问http://abook.hep.com.cn/，点击"注册"，在注册页面输入用户名、密码及常用的邮箱进行注册。已注册的用户直接输入用户名和密码登录即可进入"我的课程"页面。

二、课程绑定

点击"我的课程"页面右上方"绑定课程"，正确输入教材封底防伪标签上的20位密码，点击"确定"完成课程绑定。

三、访问课程

在"正在学习"列表中选择已绑定的课程，点击"进入课程"即可浏览或下载与本书配套的课程资源。刚绑定的课程请在"申请学习"列表中选择相应课程并点击"进入课程"。

如有账号问题，请发邮件至：abook@hep.com.cn。